口絵1 森林土壌の断面を観察することから土壌の理解や研究は始まる
(a) 筑波山の黄褐色森林土，(b) 北海道北部の褐色森林土（断面下部は湿潤で鉄の斑紋が見られる），(c) 樽前山の火山礫を母材とする火山放出物未熟土（B層はまだ発達していない若い土壌），(d) 秋吉台の草原土壌（下層の風化は進んでおり赤色化しているがA層直下はより風化程度の低い褐色森林土の特徴をもっている．詳細は第3章を参照されたい）．撮影者：平舘俊太郎（a, d），柴田英昭（b, c）．→p. 1

口絵2 北海道の火山灰土壌
2m深が2万年前の地表面．新たに堆積した火山灰を母材として何度もA層が発達している．→p. 16

口絵3 モーダー型の堆積有機物層
原形を残すL層,破砕され原形が崩れたF層,細かくなり植物組織の形状をとどめないH層からなる. →p. 17

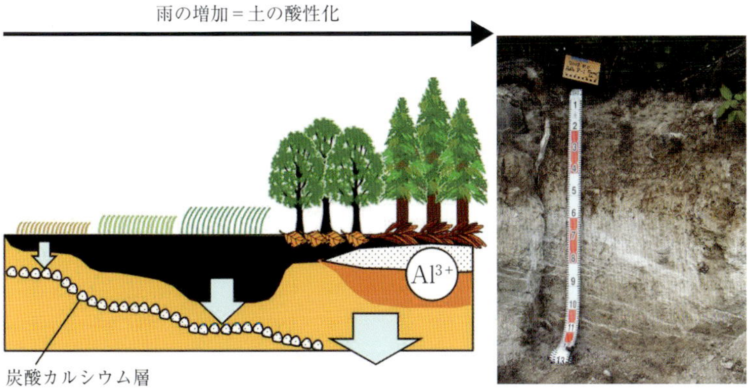

口絵4　土の酸性度と降水量の関係
下向き矢印は土壌溶液の下方浸透に伴う溶脱強度を表す（アメリカ大陸の乾燥地から森林を例に）．　→p. 31

口絵5　砂質母材上のポドゾル発達（エストニア）
左（初期段階）から右（数百年後）へと漂白層および集積層が発達している．　→p. 33

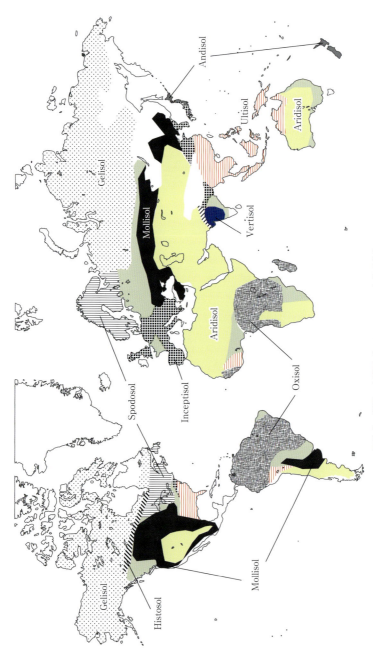

口絵 6　世界の土壌図（soil taxonomy を簡易化）　→p. 50

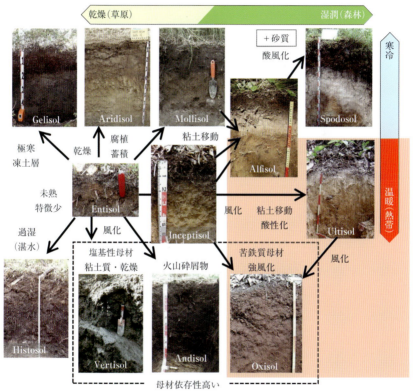

口絵 7　代表的な土壌群と規定要因
soil taxonomy に基づく 12 オーダー．　→p. 51

口絵8 代表的な累積土である火山灰土壌の断面例

AおよびBは,それぞれ1エピソードの噴火活動によってもたらされた土壌母材をもとに累積的に生成された土層.Aは,およそ6,200年前に十和田火山の噴火活動によってもたらされた中 撮軽石とその上部に堆積する黒色土層で構成されている.Bは,およそ9,400年前に十和田火山の噴火活動によってもたらされた南部軽石とその上部に堆積する黒色土層で構成されている.これらの土層は上方に向かって成長したが,黒色土層と軽石層とでは異なった土壌生成作用が働いたと考えられる.青森県三戸郡新郷村の露頭(1996年撮影). →p.68

口絵9 A層の厚さが約2mに達する土壌断面
神奈川県藤沢市,2014年撮影. →p.101

口絵 10　一握りのヒノキ林土壌（100 mL）からツルグレン装置で得られた中型土壌動物．10 種以上のトビムシやダニ類が見える．ここでは土壌 1 m² あたり 10 万匹ほどの中型土壌動物が生息していた． →p. 108

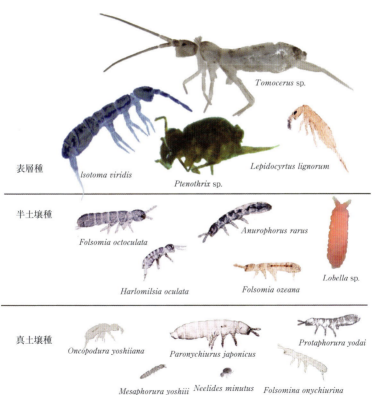

表層種　*Tomocerus* sp.　*Isotoma viridis*　*Ptenothrix* sp.　*Lepidocyrtus lignorum*

半土壌種　*Folsomia octoculata*　*Anurophorus rarus*　*Harlomilsia oculata*　*Folsomia ozeana*　*Lobella* sp.

真土壌種　*Oncopodura yoshiiana*　*Paronychiurus japonicus*　*Protaphorura yodai*　*Mesaphorura yoshiii*　*Neelides minutus*　*Folsomina onychiurina*

口絵 11　表層性，半土壌性，真土壌性のトビムシ
　　　　　特徴については表 4.2 を参照． →p. 125

口絵12　ある落葉広葉樹林の林床土壌表面
もともと何の植物かわかるもの，わからないもの，褐色化または白色化したものなど，さまざまなリターが堆積している．　→p. 204

口絵13　アラスカ北方林の表層の土壌断面
浅いところに永久凍土面が見える．表層に厚く堆積している有機物層（ミズゴケリターを多く含む）が熱を遮断する役割を果たしている（撮影：廣部宗氏）．　→p. 216

森林科学シリーズ

# 森林と土壌

柴田英昭 編

# Series in Forest Science

7

共立出版

## 執筆者一覧

柴田英昭　　北海道大学北方生物圏フィールド科学センター（第1章）
藤井一至　　（国研）森林研究・整備機構森林総合研究所立地環境研究領域
　　　　　　（第2章）
平舘俊太郎　九州大学大学院農学研究院（第3章）
菱　拓雄　　九州大学大学院農学研究院（第4章）
磯部一夫　　東京大学大学院農学生命科学研究科（第5章）
保原　達　　酪農学園大学農食環境学群（第6章）


『森林科学シリーズ』編集委員会
菊沢喜八郎・中静　透・柴田英昭・生方史数・三枝信子・滝　久智

## 『森林科学シリーズ』刊行にあたって

　樹木は高さ100 m, 重さ100 tに達する地球上で最大の生物である. 自ら移動することはできず, ふつうは他の樹木と寄り合って森林を作っている. 森林は長寿命であるためその変化は目に見えにくいが, 破壊と修復の過程を経ながら, 自律的に遷移する. 破壊の要因としては, 微生物, 昆虫などによる攻撃, 山火事, 土砂崩れ, 台風, 津波などが挙げられるが, それにも増して人類の直接的・間接的影響は大きい. 人類は森林から木を伐り出し, 跡地を農耕地に変えるとともに, 環境調節, 災害防止などさまざまな恩恵を得てきた. 同時に, 自ら植林するなど, 森林を修復し, 変容させ, 温暖化など環境条件そのものの変化をもたらしてきた. 森林は人類による社会的構築物なのである.

　森林とそれをめぐる情勢の変化は, ここ数十年に特に著しい. 前世紀, 森林は破壊され, 木材は建築, 燃料, 製紙などに盛んに利用された. 日本国内においては拡大造林の名のもとに, 奥地の森林までが開発され, 針葉樹造林地に変化した. しかし世紀末には, 地球環境への関心が高まり, とりわけ温暖化と生物多様性の喪失が懸念されるようになった. それを受けて環境保全の国際的枠組みが作られ, 日本国内の森林政策も木材生産中心から生態系サービス重視へと変化した. いまや, 森林には木材資源以外にも大きな価値が認められつつある. しかしそれらはまた, 複雑な国際情勢のもとで簡単に覆される可能性がある. 現に, アメリカ前大統領のバラク・オバマ氏は退任にあたり「サイエンス」誌に論文を書き, 地球環境問題への取り組みは引き返すことはできないと遺言したが, それは大統領交代とともに, 自国第一の名のもとにいとも簡単に破棄されてしまった.

　動かぬように見える森林も, その内外に激しい変化への動因を抱えていることが理解される. 私たちは, 森林に新たな価値を見い出し, それを持続的に利用してゆく道を探らなくてはならない.

### 『森林科学シリーズ』刊行にあたって

　本シリーズは，森林の変容とそれをもたらしたさまざまな動因，さらにはそれらが人間社会に与えた影響とをダイナミックにとらえ，若手研究者による最新の研究成果を紹介することによって，森林に関する理解を深めることを目的とする．内容は高校生，学部学生にもわかりやすく書くことを心掛けたが，同時に各巻は現在の森林科学各分野の到達点を示し，専門教育への導入ともなっている．

『森林科学シリーズ』編集委員会
菊沢喜八郎・中静　透・柴田英昭・生方史数・三枝信子・滝　久智

# まえがき

　樹木は人間よりもはるかに背が高く，時には数十 m 以上に達することがある．そして，巨大な樹木を中心とした複雑な森林空間には，多種多様な動植物が生息している．その樹木の成長を支えるためには土壌に含まれる水と養分が不可欠であり，樹木は大地に生やした根を通じてそれらを吸収している．その土壌の厚さは，樹高のように数十 m を超えることはほとんどなく，ほぼ 1～2 m 以内，養分が特に多い土壌は数十 cm 以内に分布している．このことは，森林の高い光合成能力や豊富な生物多様性が，地面のごく表層の薄い土壌によって支えられていることを意味している．

　樹木の高さと比べごく薄い厚さしかない土壌の中には，実に多種多様な微生物，土壌動物が生育している．そこには，地上からは直接目にすることのできないダイナミックな生物の営みと，さまざまな物質や水の動きが存在している．本書では森林と土壌の関係を理解することを目的に，多様な角度からの解説を試みた．土壌の分類から生成過程，土壌動物や微生物，土壌有機物に関して，初学者向けの基礎知識の説明に加え，最新研究の動向や詳しい研究成果，具体的な応用例についても含んでいる．

　第 1 章の総論で述べるように，地球温暖化，大気汚染などさまざまな環境変化や人間活動の結果，森林土壌が本来もっている性質や働きを大きく損ねることが懸念されている．それらの課題をきちんと理解し，解決策を見い出すためには，森林生態系のエネルギーや養分の動きの中で鍵となる構成要素としての土壌について，しっかりとした理解が欠かせない．

　森林土壌の種類や特徴，それぞれの生成過程については，第 2 章で詳しく述べる．第 3 章では土壌の材料のうち，大気から供給される火山灰や風成塵の重要性について解説する．第 4 章と第 5 章では森林土壌に生息している土壌動物と土壌微生物の特徴や働きについて，第 6 章では土壌有機物の構成や

## まえがき

機能について述べる．

　土壌はとても複雑で，時に難解な研究対象ではあるが，その世界は奥深く，不思議に満ちている．土壌を見つめることで長大な時間の流れとつながりを感じることができ，広大な空間スケールを持つ自然の精巧な仕組みに感動することもできる．本書を通読することにより，読者の森林土壌への理解や関心が一層深まれば幸いである．

　本書を出版するにあたりご尽力いただいた，共立出版株式会社の信沢孝一氏ならびに山内千尋氏に心より御礼申し上げる．

柴田英昭

# 目　次

## 第1章　総　論

はじめに ………………………………………………………………… 1
1.1　森林と土壌の相互関係 ………………………………………… 2
1.2　日本の森林土壌を取り巻く環境変化と学術的課題 ………… 6
　　1.2.1　気候変動（地球温暖化，極端気候） ……………………… 6
　　1.2.2　大気汚染（酸性雨，窒素沈着，重金属） ………………… 7
　　1.2.3　森林施業 …………………………………………………… 9
　　1.2.4　里山放棄，土地利用変化 ………………………………… 10
1.3　本書のねらいと構成 …………………………………………… 10

## 第2章　森林土壌の分類と機能

はじめに ………………………………………………………………… 14
2.1　土壌構成成分 …………………………………………………… 14
　　2.1.1　三相分布，土性，土壌層位 ……………………………… 14
　　2.1.2　有機物 ……………………………………………………… 16
　　2.1.3　母材と鉱物 ………………………………………………… 19
　　2.1.4　土壌の荷電，イオンの吸着・脱着 ……………………… 27
2.2　土壌生成因子 …………………………………………………… 29
　　2.2.1　気　候 ……………………………………………………… 30
　　2.2.2　時　間 ……………………………………………………… 32
　　2.2.3　地　形 ……………………………………………………… 34
　　2.2.4　母　材 ……………………………………………………… 34

目　次

　　　2.2.5　生　物 ……………………………………………… 35
　2.3　土壌生成プロセス ………………………………………… 39
　　　2.3.1　物質の付加（降下，固定，堆積） ………………… 39
　　　2.3.2　物質の損失（侵食（風食，水食），分解，溶脱）… 40
　　　2.3.3　形態変化（腐植化，風化） ………………………… 44
　2.4　土壌分類および分布 ……………………………………… 50
　　　2.4.1　soil taxonomy および WRB ………………………… 50
　　　2.4.2　林野土壌分類 ………………………………………… 54
　　　2.4.3　日本土壌分類体系 …………………………………… 57
　2.5　世界および日本の土壌の機能 …………………………… 57
　　　2.5.1　日本の森林土壌と物質循環 ………………………… 57
　　　2.5.2　熱帯の森林土壌と物質循環 ………………………… 60
　　　2.5.3　周極域の土壌（未熟土，永久凍土，泥炭）と物質循環 …… 62
おわりに ……………………………………………………………… 64

## 第3章　広域風成塵と火山噴出物が土壌生成に及ぼす影響

はじめに ……………………………………………………………… 66
　3.1　残積土と累積土 …………………………………………… 66
　3.2　累積土的な土壌生成概念の必要性 ……………………… 67
　　　3.2.1　火山灰土壌 …………………………………………… 68
　　　3.2.2　石灰岩上の土壌 ……………………………………… 69
　　　3.2.3　土壌層位間で土性や鉱物組成などの違いが小さい土壌 … 70
　　　3.2.4　歴史的イベントを記録する物質が断面内で層状に出土する土壌 …………………………………………… 71
　3.3　土壌中における累積性堆積物としての広域風成塵 …… 71
　　　3.3.1　広域風成塵とは ……………………………………… 72
　　　3.3.2　広域風成塵を構成する物質 ………………………… 74
　　　3.3.3　広域風成塵の風化に伴う変化 ……………………… 75

|  |  |  |  |
|---|---|---|---|
|  | 3.3.4 | 広域風成塵の飛来パターンと飛来量 …………… | 78 |
|  | 3.3.5 | 広域風成塵を主要母材とする土壌 ……………… | 80 |
| 3.4 | 土壌中における累積性堆積物としての火山噴出物………… | | 82 |
|  | 3.4.1 | 岩石と火山噴出物のタイプと名前 ……………… | 83 |
|  | 3.4.2 | 日本における火山噴出物の分布と堆積状況 …… | 85 |
|  | 3.4.3 | 火山噴出物を構成する成分の風化抵抗性 ……… | 88 |
|  | 3.4.4 | 火山噴出物の風化とそれに伴う化学特性変化および土壌分類との関係 …………………………… | 88 |
|  | 3.4.5 | 火山噴出物の一次堆積と二次堆積およびその土壌化 …… | 98 |
| おわりに | ……………………………………………………………… | | 101 |

## 第4章　森林土壌に生息する土壌動物

| | | | |
|---|---|---|---|
| はじめに | ……………………………………………………………… | | 107 |
| 4.1 | 土壌動物を制御する土壌環境 ……………………………… | | 108 |
|  | 4.1.1 | 土壌水分 …………………………………………… | 108 |
|  | 4.1.2 | 土壌堆積腐植型 …………………………………… | 110 |
|  | 4.1.3 | 堆積腐植と土壌微生物 …………………………… | 113 |
|  | 4.1.4 | 土壌堆積腐植と養分動態 ………………………… | 113 |
| 4.2 | 土壌動物の特徴と種類 ……………………………………… | | 114 |
|  | 4.2.1 | 土壌動物の機能群 ………………………………… | 114 |
|  | 4.2.2 | 腐植食物網 ………………………………………… | 117 |
|  | 4.2.3 | 土壌動物の分類群 ………………………………… | 119 |
| 4.3 | 土壌環境条件に対する土壌動物の分布の特徴 …………… | | 134 |
|  | 4.3.1 | 自然環境が決定する土壌動物現存量 …………… | 134 |
|  | 4.3.2 | さまざまな撹乱が土壌動物の現存量に影響する … | 135 |
| 4.4 | 土壌動物による土壌機能への影響 ………………………… | | 136 |
|  | 4.4.1 | 土壌動物の有機物分解への寄与 ………………… | 136 |
|  | 4.4.2 | 微生物食土壌動物が微生物分解機能に与える影響 …… | 138 |

目　次

　　　　4.4.3　リター変換者が土壌分解機能に与える影響 ……………… 141
　　　　4.4.4　生態系改変者が土壌の有機物分解および貯留機能に与える
　　　　　　　影響 ………………………………………………………… 142
　おわりに ……………………………………………………………………… 143

## 第5章　森林土壌微生物の構成と養分動態へのかかわり

　はじめに ……………………………………………………………… 151
　5.1　微生物の進化系統と生理生態機能 ……………………………… 154
　　　5.1.1　微生物の進化系統 ………………………………………… 154
　　　5.1.2　微生物のエネルギーと栄養の獲得 ……………………… 161
　　　5.1.3　微生物の生理生態機能と進化系統の関係 ……………… 164
　5.2　森林土壌中の微生物群集の解析 ………………………………… 167
　　　5.2.1　（メタ）ゲノムと（メタ）トランスクリプトーム …… 167
　　　5.2.2　土壌からの核酸抽出と進化系統・代謝機能の解析 …… 169
　　　5.2.3　微生物の培養と生理生態機能解析 ……………………… 172
　5.3　微生物の生息環境と構成および地理分布 ……………………… 174
　　　5.3.1　微生物の生息環境 ………………………………………… 174
　　　5.3.2　微生物の構成および地理分布 …………………………… 178
　5.4　土壌微生物の窒素動態へのかかわり …………………………… 182
　　　5.4.1　微生物の窒素代謝に関する発見 ………………………… 182
　　　5.4.2　微生物の窒素代謝と土壌の窒素動態 …………………… 187
　　　5.4.3　微生物の窒素代謝の制御要因および他元素とのかかわり
　　　　　　 ………………………………………………………………… 189
　5.5　森林における土壌微生物群集の生態系機能 …………………… 191
　　　5.5.1　森林の形成と土壌微生物群集 …………………………… 191
　　　5.5.2　植物と土壌微生物群集の相互作用 ……………………… 193
　おわりに ……………………………………………………………… 195

## 第6章　土壌有機物の特性と機能

- はじめに ……………………………………………………………………… 202
- 6.1　土壌有機物とは ………………………………………………………… 203
  - 6.1.1　森林土壌に蓄積する土壌有機物 ……………………………… 203
  - 6.1.2　土壌有機物の多様性と普遍性 ………………………………… 206
- 6.2　土壌有機物の組成 ……………………………………………………… 208
  - 6.2.1　元素および官能基 ……………………………………………… 209
  - 6.2.2　生体分子 ………………………………………………………… 210
- 6.3　土壌有機物が土壌環境にもたらすもの ……………………………… 215
  - 6.3.1　土壌物理的環境への影響 ……………………………………… 215
  - 6.3.2　イオン成分動態への影響 ……………………………………… 216
  - 6.3.3　土壌生物の活性への影響 ……………………………………… 217
- 6.4　土壌有機物の生成：落葉分解と土壌有機物 ………………………… 217
  - 6.4.1　リターの分解 …………………………………………………… 217
  - 6.4.2　微生物体の寄与 ………………………………………………… 218
  - 6.4.3　葉リターと材リターの分解の違い …………………………… 222
- 6.5　植物栄養と土壌有機物 ………………………………………………… 222
  - 6.5.1　無機態養分の供給源としての土壌有機物 …………………… 222
  - 6.5.2　有機態窒素の吸収 ……………………………………………… 223
  - 6.5.3　重金属とのキレート …………………………………………… 224
- 6.6　土壌有機物と鉱物の相互作用 ………………………………………… 224
- 6.7　森林の外とつながる土壌有機物 ……………………………………… 226
  - 6.7.1　地球規模の炭素循環と土壌有機物 …………………………… 226
  - 6.7.2　森林と河川・海洋をつなげる土壌有機物 …………………… 230
- おわりに ……………………………………………………………………… 231

索　引　　237

目 次

| | | |
|---|---|---|
| Box 1.1 | 森林土壌について参考になる情報源（書籍・ウェブサイト） | 11 |
| Box 2.1 | 土壌水の水ポテンシャルについて | 41 |
| Box 3.1 | 酸素安定同位体比 | 74 |
| Box 3.2 | 白雲母と黒雲母 | 77 |
| Box 3.3 | 古土壌 | 80 |
| Box 3.4 | 4配位 Al と 6配位 Al | 89 |
| Box 3.5 | 活性な表面水酸基 | 93 |
| Box 3.6 | 火山灰土壌の特性の検出 | 93 |
| Box 3.7 | 交換性 Al | 97 |
| Box 3.8 | 研究トピックス：土壌生成の謎に挑む | 102 |
| Box 3.9 | 研究トピックス：火山灰土壌に見られる黒色土層の生成機構 | 102 |
| Box 4.1 | 土壌動物の採集方法 | 116 |
| Box 4.2 | 生活史戦略 | 122 |
| Box 5.1 | DNA 系統解析を学ぶために必要な基礎知識 | 160 |

# 第1章 総 論

柴田英昭

## はじめに

　森の中でスコップを使って地面に穴を掘ると，落ち葉の下には黒い土があり，さらに深く掘り進むと粘土や砂の混じった茶色や灰色，その他の色をもつ土を目にすることができる．より広く掘ろうとすると，樹木の根の張り具合や，土の硬さや粘り気，さまざまな大きさ・形の石が混じっていることなどを感じられる．そして地域や場所によって，土の色や粒の大きさ，深さ方向への変化が多様であることに気づくであろう．森林土壌を理解するための第一歩は，穴を掘り，土に触れ，その様子をしっかりと観察することである（口絵1）．その観察を通じて，この土壌はどのように生成されたのか？　周囲の環境や植生は土壌の形成にどうかかわっているのか？　この土壌は生態系の中でどのような機能をもっているのか？　どのような環境保全機能をもっているのか？　などを考察し，それに沿った研究課題や手法を検討することができる．ただし，やみくもに穴を掘って観察してみるだけでは，そこから得られる情報は限られたものになってしまう．土壌に関する基礎的な知識をしっかりと身につけ，最近の研究動向をきちんと把握した上で適切な調査方法を用いて観察すれば，土壌の見え方は大きく変わってくる．本書は，森林土壌の生成や性質，機能について学ぶべき代表的な内容について，各分野で活躍している研究者が執筆を担当している．その内容をしっかりと理解すれば，森の中で土壌を見る目が随分と変わってくるであろう．

第1章 総論

　森林の成り立ちや変化を考える時，土壌の果たす役割は非常に大きい．土壌にどれだけの水や養分，有機物が含まれているのか，根を伸ばすための隙間はどのくらいあるのか，土壌動物や微生物が十分に生息できる条件はあるのか，水はけや酸素濃度はどの程度であるかなど，多様な観点から形成される土壌の性質や機能は森林全体のありようにも深くかかわっている．

　土壌は岩石など材料が風化してできたものであるが，その過程には生物の働きが欠かせない．生物からもたらされた有機物が，その地域の気候，乾湿，地形等の条件下でいろいろな作用を受けて土壌と反応したり，腐植として蓄積されたりすることで，土壌のもつ多様な構造や機能が作り出されている．土壌ができるには長い時間がかかるが，土壌を取り巻く最近のさまざまな環境変化によって，短い時間スケールで土壌の性質や機能が変化してしまうことが懸念されている．たとえば，木材生産のために行う森林伐採，人間活動の結果として生じた地球温暖化や大気汚染，農林業を進めるための土地利用・土地被覆変化，都市化などの要因は，土壌の質を大きく変化させるものである．ただし，その変化の規模やメカニズムは必ずしも単純ではなく，多様な要素が複雑に関係しているために一般的な法則を見い出すことは容易ではない．

　本章では，本書の導入として森林と土壌のかかわりを理解する上での全体的なフレームワークを概説するとともに，森林と土壌を取り巻くさまざまな変化要因のいくつかを取り上げ，その内容や課題について述べる．

## 1.1　森林と土壌の相互関係

　土壌に含まれる水や養分は森林の成長を支えている．それと同時に，森林から土壌に供給される落葉や落枝の一部は腐植となり，土壌の養水分保持を担っている．すなわち，森林と土壌は相互に関係し合いながら存在しており，「森があるから土ができる」のと同時に，「土があるから森ができる」といえる．

　森林と土壌の相互関係を概観するために，関係する主な項目を図1.1に示す．それぞれの項目に書かれている内容は必ずしも独立しているわけではなく，項目間でもオーバーラップしている点があることに注意してほしい．

　森林植生は光合成により有機物を生産することができる．生産された有機物

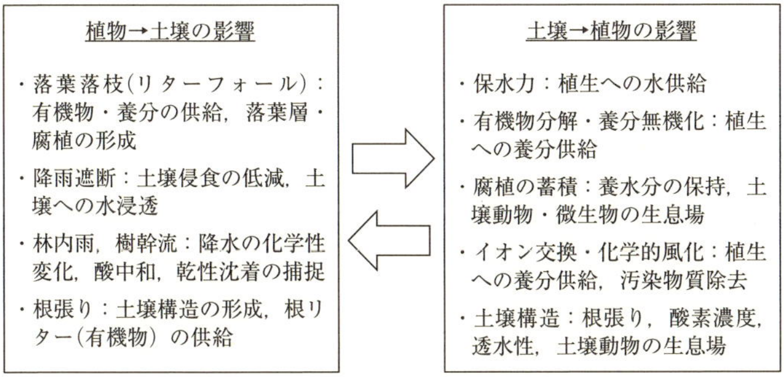

## 1.1 森林と土壌の相互関係

```
┌─────────────────────────┐         ┌─────────────────────────┐
│    植物→土壌の影響      │         │    土壌→植物の影響      │
│                         │         │                         │
│ ・落葉落枝(リターフォール):│   ⇒    │ ・保水力:植生への水供給 │
│   有機物・養分の供給,落葉層・│         │ ・有機物分解・養分無機化:│
│   腐植の形成            │         │   植生への養分供給      │
│ ・降雨遮断:土壌侵食の低減,│   ⇐    │ ・腐植の蓄積:養水分の保持,│
│   土壌への水浸透        │         │   土壌動物・微生物の生息場│
│ ・林内雨,樹幹流:降水の化学性│         │ ・イオン交換・化学的風化:│
│   変化,酸中和,乾性沈着の捕捉│         │   植生への養分供給,汚染物質除去│
│ ・根張り:土壌構造の形成,根 │         │ ・土壌構造:根張り,酸素濃度,│
│   リター(有機物)の供給 │         │   透水性,土壌動物の生息場│
└─────────────────────────┘         └─────────────────────────┘
```

図 1.1 森林と土壌の相互関係に関与している主な項目

は主に幹,葉,枝,根などに分配され,森林の大きなバイオマスを構成している.やがて寿命を終えたバイオマスは,枯死有機物(リター:litter)として土壌へ還元される.葉や枝は主に落葉落枝(リターフォール)として,幹は倒木として,根は枯死根(根リター)として土壌へ供給される.それらの枯死有機物は土壌表面上で落葉層を形成し,土壌動物や土壌微生物の生育場を提供している.また,枯死有機物には窒素やリンなどの養分が含まれており,土壌へそれらの養分を供給する役割を担っている.その養分は土壌動物や微生物の働きによって分解・無機化され,再び樹木や微生物に再利用される.

森林の葉や枝が茂っている部分を林冠(canopy)と呼ぶ.林冠では,降雨が葉や枝にぶつかることで,その一部が遮断され蒸発によって大気に戻っていく.林冠が存在することで,雨滴による土壌表面への衝撃も緩和され,地表での土壌侵食が生じにくく,土壌への水の浸透速度が緩やかになるといった効果がある.また,林冠があることで直射日光が土壌表面に到達しにくいため,それによる土壌温度の変化が小さくなる効果もある.降雨が林冠を通過する際には,降雨が葉や枝に触れることで雨に含まれる成分濃度が変化することが知られている.たとえば,養分の少ない環境では樹木は葉の表面で養分吸収をするため,林外で観測される雨と比べて林内に降る雨(林内雨:throughfall)に含まれる養分濃度が低くなることがある(葉の表面に生息する微生物や地衣類によって養分吸収が生じる場合もある).カリウムなど葉内でイオンとして存在する成分は林内雨に溶け込みやすいため,林冠通過によって濃度が上昇することもある.大気中のガス成分や粒子成分が林冠に付着している場合には,降雨

によってそれらが洗い流され，林内雨に含まれる成分濃度（たとえば硝酸イオンや硫酸イオンなど）が上昇することも知られている．

　このように森林植生が光合成によって有機物を生産することで，養分吸収やリターフォールといった物質の流れができ，さらには林冠における降水の遮断や水質変化が生じるなど，さまざまな経路を介して土壌へ供給される有機物，養分，水の量や組成が変化する．このことは，土壌の形成過程，土壌内でのさまざまな物質の動態に影響している．長い時間をかけて土壌が生成される過程では，植物から土壌への有機物供給と，土壌内での有機物分解や変質，腐植化という反応が生じる．その反応経路や生成物，土壌形成へのかかわりは土壌の材料や周辺環境，地域によって多様である．土壌は岩石を材料とし，生物の影響を受けてできるものであるため，植物からの有機物供給と土壌内での有機物蓄積，腐植の形成は極めて重要である．また，土壌における有機物分解や栄養塩の無機化，再吸収などのプロセスには，土壌動物，土壌微生物の働きが不可欠である．同時に，地表にある落葉層や土壌内の腐植成分，それを含む多様な土壌構造は，さまざまな土壌動物や土壌微生物が生息できる空間を創り出している．

　土壌に水が保持される機能は，植物への水供給にとって不可欠である．土壌粒子の大きさや構造は多様であり，それによって土壌の保水性が異なっている．毛管力による土壌の保水性は，孔隙（粒子間の隙間：pore）のサイズが小さいほどその保水力が強くなる．ただし，非常に細かい孔隙については毛管力がかえって強すぎるため，孔隙間に保持された水を植物が吸収しにくい場合もある．適度な大きさの孔隙を多く含む土壌の方が，植物にとって吸収可能な水を多く保持することができる．また，土壌内に腐植が蓄積されることで，それが接着剤のように土壌粒子を結び付けて，団粒構造のような保水性の高い土壌構造が形成される．

　林冠での降雨遮断と土壌表面に落葉層があることによって，土壌に浸透する降雨は，植生がない場合と比較すると土壌内をゆっくりと流れることになる．土壌内での水の移動速度，すなわち透水性は，土壌の粒子特性，孔隙分布やその連続性によって異なる．また，土壌内に大きな割れ目や粗孔隙がある場合は，そこを優先的に水が流れる．したがって，太い枯死根が分解されることで粗孔

隙ができると，土中の水の流れに大きくかかわることになる．このように，土壌内での水の浸透性は土壌構造の特性に応じて変動するため，土壌の保水力に関係するだけでなく，土壌内での成分濃度変化にも影響する．すなわち，土壌内をゆっくりと浸透する場合には，その過程でさまざまな成分変化が起こりやすいのに対し，浸透速度が速い場合には十分な反応をしないまま土壌から排水されることになるであろう．

　土壌を構成している粘土鉱物，有機物（リターなど），腐植にはイオン交換能があり，それによって土壌溶液の成分濃度が変動する．土壌が生成する過程で生じた荷電により，多くの土壌は負荷電を帯びており，その吸着基には陽イオンが吸着されている．吸着の強さはイオン種によって異なるため，その強弱に応じてイオン交換が生じる．この反応は土壌内にイオン成分が保持されたり，土壌内でのイオン濃度の変化を小さくしたりする効果があるため，植物への養分供給や，汚染物質を除去する機能を生み出すことになる．また，鉱物の化学的風化によってイオン成分が溶解し，吸着基へとイオンが供給（補給）される過程も存在する．したがって，陽イオンが溶脱や根からの吸収によって減少する速度と化学的風化によって補給される速度とのバランスによって，土壌の酸性化速度や陽イオン養分の存在量が変化する．なお火山灰土壌には，pHの変化に応じて正荷電を帯び，陰イオン交換能を有するものもあるので，その場合には陰イオンの動態にもイオン交換反応が寄与することになる．このように，土壌有機物や腐植の存在は，土壌のイオン交換能を高めるために特に重要である．そして，これらのイオン交換反応や化学的風化は，土壌を浸透する水の成分濃度（水質）を形成する働きを有している．

　このように，土壌の働きによって植物は水や養分を持続的に利用できる一方，植物があることで土壌の働きが維持されているというように，植物と土壌には密接な相互関係がある．多種多様な土壌動物，菌類，バクテリア等が土壌に生息し，植物の根が土壌にしっかりと根付いていることで，この相互関係が形成されているのである．

## 1.2 日本の森林土壌を取り巻く環境変化と学術的課題

 古来より人間は，森林の資源を生活に利用してきた．その利用の方法も時代とともに変遷を続けている．近年では，化石燃料の使用をはじめとした人間活動により，気候や大気環境が変化し，森林環境にも影響を及ぼすことが懸念されている．ここでは，日本の森林土壌に関連した代表的な環境変化を取り上げ，その成因や関係するメカニズムを概説し，今後の課題について述べる．

### 1.2.1 気候変動（地球温暖化，極端気候）

 森林の光合成による炭素固定は，温暖化効果ガスである二酸化炭素を大気から取り除くプロセスとして，地球温暖化を防止する効果が期待されている．その効果や能力を適切に評価するためには，光合成による生態系への炭素の流れだけではなく，生態系から呼吸によって大気に放出される二酸化炭素の流れを含んだ，生態系全体の炭素バランスを考慮に入れなくてはならない．土壌からは土壌微生物と植物根による呼吸によって地表から二酸化炭素が放出され，両者をあわせて土壌呼吸と呼ぶ．土壌呼吸は生物反応であるため，温度や水分によってその速度が変化することが知られている．たとえば，地球温暖化によって地温が上昇すると，土壌微生物や根の活性が高まり，それに伴って土壌呼吸が上昇することが予想されている．ただし，温度上昇に伴って生態系の物質循環や養分動態も変化するので，温暖化の影響下におけるリターの質の変化等を含めて，結果として土壌呼吸がどのように変化するのかという点については十分には明らかとなっていない．温度変化に対する微生物や根の一時的な応答だけではなく，温度環境変化に対応した土壌微生物の群集組成変化や微生物活性の中期・長期的な応答についても考慮に入れる必要がある．

 また，大気中の二酸化炭素濃度や気温の長期的な変動傾向のみならず，台風や豪雨，熱波・寒波などの短期的で極端な気候変動が土壌に及ぼす影響についても関心が高まっている．集中豪雨による斜面崩壊や表土流出は土壌の構造や性質を大きく変え，森林生態系のみならず周辺の環境にも甚大な影響を及ぼすであろう．また，極端な熱波や寒波は樹木の光合成活性やフェノロジー（生物

季節) に影響するため, 有機物・栄養塩循環の変化を通じて土壌環境へもその影響が及ぶことが懸念される. 気候変動の影響は樹木の成長期間だけではなく, 休眠期間にも及ぶことがある. たとえば, 地球温暖化の影響により, 地域によっては冬期間の降雪・積雪量が増減することが予測されている. 積雪は土壌への断熱効果を有していることから, 積雪量が減少すると土壌温度は外気温の影響を受けやすくなり, 土壌の凍結と融解のサイクルが増えたり, 土壌の凍結が深くなったりすることが知られている. 土壌内での凍結・融解サイクルの増幅は, 土壌有機物の質的・量的な変化, 細根・土壌微生物への影響等を通じて, 窒素代謝 (無機化, 硝化, 脱窒など) や土壌呼吸など土壌中の物質動態に大きく影響することが報告されている (Shibata, 2016 など).

## 1.2.2 大気汚染 (酸性雨, 窒素沈着, 重金属)

石油や石炭などの化石燃料を燃焼すると, 硫黄酸化物 ($SO_x$) や窒素酸化物 ($NO_x$) が大気に放出される. それらの物質は大気中で降水に溶け込み, 大気沈着として陸上へ供給される. 硫黄酸化物や窒素酸化物は, 水中で硝酸イオン ($NO_3^-$) や硫酸イオン ($SO_4^{2-}$) となる過程で水素イオン ($H^+$) を生成することから, 降水の pH を低下させる作用がある. 酸性化した降水は酸性雨 (雪) と呼ばれ, 森林土壌の酸性化を引き起こす原因の 1 つとして知られている. 大気中には二酸化炭素が存在していること, 降水は大気汚染物質がない状態でも pH5.6 程度の弱酸性を示すことから, それよりも pH が低下した場合に酸性雨 (雪) と呼ぶ (火山からの酸性物質を考慮に入れて pH5.0 を基準とすることもある). また, 大気中の酸性物質は降水だけではなく, 粒子状物質やガス状物質の形態でも陸上へ供給されており, それらの物質を乾性沈着 (dry deposition) と呼び, 降水による湿性沈着 (wet deposition) と区別している.

土壌の酸性化が進行すると, カルシウム ($Ca^{2+}$) やマグネシウム ($Mg^{2+}$) などの植物や微生物にとって養分として重要な陽イオンが土壌から失われ, さらに酸性化すると生物に毒性のあるアルミニウムイオンが土壌や一次鉱物から溶解する. 一方で, 土壌表面にはイオン交換基があり, 水素イオンと陽イオンとのイオン交換反応によって土壌 pH の低下を防ぐ機能がある (酸緩衝能). また, 前述のように土壌を構成する鉱物の化学的風化によって, イオン交換基

から失われた $Ca^{2+}$ や $Mg^{2+}$ などの陽イオンが補給される機能も存在する．土壌溶液中に存在する重炭酸イオン（$HCO_3^-$）や炭酸イオン（$CO_3^{2-}$）も pH を調整する働きがある．したがって，酸性雨の影響については，大気からの酸性物質供給の速度と土壌内での酸中和速度のバランスを考慮に入れて評価することが大切である．また，森林植生の林冠部や地表に堆積している落葉層にも酸を中和する機能があることも知られており（Shibata et al., 1995 ; Shibata & Sakuma, 1996），それらを含めた生態系全体での酸性物質の動態や収支を理解することが重要である（Shibata et al., 2001）．

大気から供給される窒素には，窒素酸化物のように酸性雨の直接的な原因となる酸性物質のほかに，アンモニア態窒素（$NH_3$–N）のように酸性ではない成分も含まれている．大気中のアンモニア態窒素は主に，農地からの堆きゅう肥の揮散や化学肥料の飛散などを起源としており，降水に溶けるとアンモニウムイオン（$NH_4^+$）となる．$NH_4^+$ が土壌に供給されると，一部は土壌に吸着されたり，植物や微生物に栄養物質として吸収されたりする．吸収されなかったアンモニウムイオンは硝化菌という土壌バクテリアの作用によって硝酸イオンに変化する．その過程を硝化（nitrification）と呼び，硝化の過程で水素イオンが生成されるため土壌の酸性化に関係している．窒素は生物の必須養分であるため，大気からある程度の窒素が供給されることは天然の養分供給として森林の生物生産を支える機能を担う．しかしながら，植物や微生物が必要とする以上の窒素が供給されてしまうと，過剰な窒素が土壌から地下水や河川水に流亡したり，硝化によって土壌の酸性化が進行したりする恐れがある．硝化の過程では亜酸化窒素ガス（$N_2O$）が発生することも知られており，$N_2O$ は二酸化炭素よりも強力な温暖化効果ガスである．

化石燃料の燃焼を起源とする大気汚染物質の中には，水銀（Hg）や鉛（Pb）などの重金属が含まれることもある（金属の精錬もこれらの重金属成分の発生源となっている）．それらの物質が大気に放出されると，その他の大気汚染物質と同様に，工場などの排出源近くの森林のみならず，遠く離れた森林へも大気沈着として供給される．たとえば，中国大陸で発生した重金属を含む大気汚染物質が季節風によって日本海を越えて日本列島に供給されていることが，越境大気汚染として最近の研究で明らかとなってきた（藤田，2012 ; Nakano,

2016)．これらの重金属成分の環境への影響を明らかにするためには，それらの物質が土壌内でどのように蓄積，移動しているのかを調べることが必要である．

## 1.2.3 森林施業

　木材や紙など，人間生活にとって木材資源を利用することは必要不可欠である．木材は建築材，燃料，紙の原料として利用されている．土壌のもつ構造や特性は森林植生からの有機物供給に強く影響されているため，樹木の伐採は，さまざまな形で土壌の変化を生じさせることが知られている（柴田ほか，2009）．たとえば養分循環では，樹木の伐採によって養分吸収が停止してしまうと吸収されなかった養分が土壌中に余るため，その一部は水に溶けて地下水や河川水へ流亡する危険性があることが報告されている．特に窒素に関しては，伐採後に樹木の窒素吸収が停止し，硝化菌の働きが活発化することで硝酸態窒素が多量に生成され，土壌からの硝酸態窒素の溶脱が増えることが知られている．伐採によって直射日光が地表に届いて地温が上昇することも，表層土壌の微生物活性を高めることにつながるであろう．一方で，伐採後においても下層植生が十分に繁茂している場合は，養分吸収の停止に伴う養分流亡リスクを低めることも報告されている．たとえば，北海道の山林に広く密生しているササは，樹木の伐採後に土壌から窒素養分を吸収することで，流域末端の河川水への硝酸態窒素の溶脱を防ぐ機能があることが報告されている（Fukuzawa et al., 2006）．

　また，伐採後における森林施業の仕方によっては，その後の土壌へ何らかの影響があることが知られている．たとえば，伐採後に十分な植生回復がない状態で強度の高い雨が降ると，表層から有機物に富む土壌が侵食され，失われてしまう恐れがある．したがって，地形や気候条件を考慮に入れた伐採方法を計画することが重要である．また，伐採後の植林において，下刈り作業を効率化するために，あるいは天然の樹木更新を促すために，重機を用いた掻き起こし施業（ブルドーザーなどを用いてササなどの下層植生を根こそぎ除去する方法）を用いることがある．この場合でも，作業の結果として表層土壌の有機物や養分が必要以上に失われないように配慮した施業を行うことが重要である．

### 1.2.4　里山放棄，土地利用変化

　日本では古くから，居住地に近い山林から薪炭を含む森林資源を収穫し，それを生活の中で有効に利用してきた．これらは里山利用と呼ばれ，農村地では里山利用により独特の生態系が維持されてきたという歴史がある（国際連合大学高等研究所／日本の里山・里海評価委員会，2012）．森林からの薪炭等の資源利用は，近年の機械化された林業による森林伐採より小規模であることが多いが，その時間的な影響は長く，土壌の有機物や養分プール，その動態にもさまざまな影響を及ぼしている（柴田ほか，2009）．たとえば，京都近郊の森林では，過去における長期的な薪炭などの自然資源利用により，鉱質土壌表層に含まれる窒素養分の濃度が著しく低い．そのため，窒素循環は主に植物とリター層の間で緊密に循環しているものと考えられている．そして，そのような土壌において温度環境を変えた場合の窒素養分の変化様式は，その他の地域土壌と比べて大きく異なることも示されてきた（Shibata *et al.*, 2011）．

　薪炭から化石燃料への燃料革命をはじめとするエネルギー，自然資源の利用形態の変化や，人口の都市への集中化などの流れの中で，遠隔農村地における過疎高齢化が進み，かつての里山利用地域においても，里山の放棄などこれまでの伝統的な土地利用様式が失われてきている．土壌の特性についても，これらの影響を受けて変化していくことが考えられる．かつて森林から農地へ転換された土壌では，その後の肥料・農薬等の投入，地形改良，耕うん，農作物の収穫等を通じて，土壌の構造，有機物・養分動態は大きく変化した．しかし，遠隔過疎地における農地の一部では，営農放棄等の理由により，放棄農地として林地化，湿地化等が進行している．これらの土壌は，各種土地利用下における土壌特性とは異なる変化をしていく可能性があるため，その動態を注視していくことが重要であろう．

## 1.3　本書のねらいと構成

　本書は森林土壌の成因や特徴，さまざまな変化に対する反応などを理解するため，項目別に以下のように構成した．

## 1.3 本書のねらいと構成

　まず第2章では森林土壌全般の分類と機能について述べる．そこでは，土壌の構成成分，土壌生成因子について概説し，それをもとにした土壌分類や分布，生成過程について説明するとともに，日本における土壌の特徴や機能について海外と比較しながら論じる．

　続いて第3章では，日本列島に分布する土壌の特徴としての風成堆積物の影響について取り上げる．ここでは風成堆積物として特に広域風成塵と火山噴出物に着目し，土壌母材としての影響，それが土壌分類や生成に及ぼす影響について説明し，その特徴を明らかにする．

　土壌に生息する土壌動物，土壌微生物については，第4，5章で取り扱う．

　第4章では，森林土壌にどのような土壌動物がいて，それらが土壌の中でどのように働いているのかを概説する．また，どの土壌動物がどのような特徴をもち，生態系の生産性や養分循環にどう影響しているのかを説明する．

　第5章では土壌微生物学の近年の発展を踏まえ，遺伝子解析などの最新アプローチの紹介と並んで，土壌微生物群集の分布や微生物組成について述べる．特にバクテリア（細菌），アーキア（古細菌），真菌の系統関係を整理し，微生物代謝と物質循環，生態系機能との関係性について論じる．

　第6章では土壌のさまざまな構造や機能をつかさどっている土壌有機物に焦点を当て，土壌有機物の分画や特性，無機栄養・炭素動態との関係性について説明する．また，炭素隔離や陸・海とのつながりという視点で土壌有機物の果たす役割等を論じる．

　本書を通読することによって，森林土壌の特徴，機能，役割などを理解することができ，森林における土壌の重要性や周辺諸科学との関連性などをさらに深く理解する助けとなるであろう．なお，土壌を含む森林生態系の物質循環調査の方法については柴田（2015）も参照されたい．

---

**Box 1.1　森林土壌について参考になる情報源（書籍・ウェブサイト）**

　次章以降ではテーマごとに参考となる文献や書籍が紹介されているが，ここでは森林土壌全般について特に土壌分類や土壌図等に関して有益な情報源を以下に紹介する（ウェブサイトのURLは2017年6月確認）．
- 日本土壌インベントリー，農業・食品産業技術総合研究機構　農業環境変動研究

- センター (http://soil-inventory.dc.affrc.go.jp/)
- 包括的土壌分類第1次試案（2011）農業環境技術研究所（http://soil-inventory.dc.affrc.go.jp/pdf/offer/dojoubunnruidai1jishiann.pdf）
- 日本土壌分類体系分類草案（2016）日本ペドロジー学会（http://pedology.jp/img/file14.pdf）
- 日本森林立地図（森林土壌図）（1972）森林立地懇話会編（http://shinrin-ritchi.jp/wp/wp-content/uploads/2015/07/Dojouzu.jpg）
- 日本森林立地図（1972）説明書，森林立地懇話会編（http://shinrin-ritchi.jp/wp/wp-content/uploads/2015/07/RitchizuKaisetsu.pdf）
- 森林土壌博物館，森林総合研究所・立地環境研究領域（https://www.ffpri.affrc.go.jp/labs/soiltype/soilmuse_index.html）
- 土壌を愛し，土壌を守る―日本の土壌，ペドロジー学会50年の集大成―（2007）日本ペドロジー学会編，博友社
- 国連食糧農業機関（FAO）の土壌ポータル（世界の土壌図・データベース）（http://www.fao.org/soils-portal/soil-survey/soil-maps-and-databases/en/）
- 米国農務省（USDA）の土壌ウェブサイト（土壌分類，調査マニュアル，土壌図）（https://www.nrcs.usda.gov/wps/portal/nrcs/main/soils/survey/）
- 世界の土壌資源：照合基準（2000）社団法人国際食料農業協会
- 世界の土壌資源　入門＆アトラス（2002）古今書院
- 世界土壌資源報告：要約報告書（2015）国連食糧農業機関（FAO）・土壌に関する政府間技術パネル，高田裕介 他訳（2016）農環研報, 35, 119-153.

## 引用文献

藤田慎一（2012）酸性雨から越境大気汚染へ．pp. 146，成山堂書店．

Fukuzawa, K., Shibata, H. *et al.* (2006) Effects of clear-cutting on nitrogen leaching and fine root dynamics in a cool-temperate forested watershed in northern Japan. *For Ecol Manage,* **225**, 257–261.

国際連合大学高等研究所／日本の里山・里海評価委員会（2012）里山・里海：自然の恵みと人々の暮らし．朝倉書店．

Nakano, T. (2016) Potential uses of stable isotope ratios of Sr, Nd, and Pb in geological materials for environmental studies. *Proc Jpn Acad, Ser B, Phys Biol Sci,* **92**, 167–184.

柴田英昭（2015）森林集水域の物質循環調査法．共立出版．

Shibata, H. (2016) Impact of winter climate change on nitrogen biogeochemistry in forest ecosystems: A synthesis from Japanese case studies. *Ecol Indic,* **65**, 4–9.

Shibata, H., Sakuma, T. (1996) Canopy modification of precipitation chemistry in deciduous and coniferous forests affected by acidic deposition. *Soil Science and Plant Nutrition,* **42**: 1–10.

Shibata, H., Satoh, F. *et al.* (1995) The role of organic horizons and canopy to modify the chemistry of acidic deposition in some forest ecosystems. *Water Air Soil Pollut*, **85**, 1119–1124.

Shibata, H., Satoh, F. *et al.* (2001) Importance of Internal Proton Production for the Proton Budget in Japanese Forested Ecosystems. *Water Air Soil Pollut*, **130**, 685–690.

柴田英昭・戸田浩人 他（2009）日本における森林生態系の物質循環と森林施業との関わり．日本森林学会誌, **91**, 408–420.

Shibata, H., Urakawa, R. *et al.* (2011) Changes in nitrogen transformation in forest soil representing the climate gradient of the Japanese archipelago. *J For Res*, **16**, 374–385.

# 第2章 森林土壌の分類と機能

藤井一至

## はじめに

土壌は生態系の基盤であり，気候，植物と相互作用をしながら変化・移動する物質の集合体でもある．森林土壌の分類と分布，機能を把握するためには，土壌の化学的・物理的な特性に類似性・相違点が生じる仕組み（土壌の生成過程）と要因を理解する必要がある．特に日本は湿潤多雨，急峻な地形，火山灰の影響という特異性をもつ．世界各地の土壌分布と機能的特徴とともに，その中での日本の森林土壌の特徴や位置付けを理解することが重要である．本章では，世界および日本の森林土壌についてその分類や機能について概説する．日本の特徴的な土壌である火山灰土壌や広域風成塵を材料とする土壌については，第3章でさらに詳しく述べる．

## 2.1 土壌構成成分

### 2.1.1 三相分布，土性，土壌層位

土壌は地表から岩石層までの地殻表層数 m の部分に存在している．そのうち，陸地において（2 m 以上水没している場所は除く），岩石の風化物と腐植（植物遺体の分解・腐敗したもの：humus）の混合したものを土壌と定義する．地球の土壌と他の惑星の岩石砕屑物（レゴリス）には，腐植の有無，風化の程

度(粘土の多寡)が違う.

　土壌の一定体積中には固相(50%ほど)だけでなく,液相(普通は数%～30%),気相(10～20%ほど)が存在する.気相と液相の比率は,気象条件によって変化しやすい.一般に表層ほど気相を多く含み,下層ほど液相を多く含む.これによって土壌は,根を張る場所,水,酸素を植物に提供できる.

　土壌から2mm以上の礫を取り除いた細土(<2mm)は,粒子直径(粒径)に基づいて粘土(<2μm),シルト(2μm～0.02mm),砂(0.02～2mm)に分けられる.これを土性(soil texture)と呼ぶ.粘土質土壌は粘土含量35%以上,砂質土壌は砂含量85%以上を指す.砂質土壌では孔隙が少なく,粘土質土壌では構造が発達し,気相,液相を多く含むことが多い.表層土壌では,根の伸長,ミミズやヤスデなどの土壌動物による撹乱(耕うん)および排泄物による団粒構造(aggregate)の形成が促進される.微細孔隙を多くもつ粘土質土壌ほど多く水分を保持できる.

　土壌に含まれる有機物や粘土含量,粒径組成は深さによって変化しており,その状態が水平方向に連続的にまとまっている層を土壌層位(soil horizon)(図2.1)と呼ぶ.多くの場合,堆積有機物層(O層:organic horizon)の下に,鉱質土層(mineral soil horizon)のA層(A horizon),B層(B horizon),C層(C horizon),R層(rock horizon)を有している.O層は有機炭素含量20%以上のものを指し,A層は有機炭素含量20%未満の鉱質土層である(後述

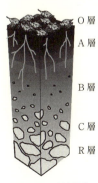

図2.1　土壌層位
地表から,堆積有機物層(O層),鉱質土層(腐植の集積したA層,粘土等の集積したB層,母材となるC層),未風化の岩石があれば岩石層(R層).

## 第2章 森林土壌の分類と機能

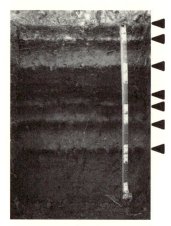

**図2.2 北海道の火山灰土壌**
2m深が2万年前の地表面．新たに堆積した火山灰を母材として何度もA層が発達している．→口絵2

するAndisolでは有機炭素含量25％未満．粘土成分の溶脱が進行するとE層（eluvial horizon）と呼ばれる．B層はA層とC層の間にあり，母材（C層）から風化・変質した物質や，A層やE層からの溶脱物質が集積する．B層は土壌の顔と呼ばれ，B層と判断された理由が添え字によって表記される．たとえば，米国農務省の土壌分類 soil taxonomy では，風化変質層（Bw層），粘土集積層（Bt層）のように命名される．C層は土壌生成作用をほとんど受けていない母材の層であり，R層は未風化の岩石層を指す．多くの土壌はB層の形態・化学性に基づき分類される．火山灰土壌や沖積性土壌のように母材が不連続なことが明らかな場合，1A…2A……3Bのように層を区別する（図2.2）．

### 2.1.2 有機物

土壌へ供給される有機物は，植物遺体や微生物・動物遺体の腐ったものを含むが，大気中の二酸化炭素 $CO_2$ を光合成によって植物が同化したものが究極的な起源である．落葉落枝（リター：litter）や枯死根リター，倒木などの粗大有機物として土壌へ有機物が供給され，微生物による分解，鉱物との錯体形成を経て，安定な土壌有機物（soil organic matter）となる（腐植化：humification）．一般的に，森林では耕地と比べて堆積有機物層（O層）が厚い．O

2.1 土壌構成成分

図 2.3 モーダー型の堆積有機物層
原形を残す L 層，破砕され原形が崩れた F 層，細かくなり植物組織の形状をとどめない H 層からなる．→口絵 3

層は分解程度によって L 層，F 層，H 層に分けられる（図 2.3）．L は litter, F は fermentation, H は humus に由来し，国際分類では L, F, H 層はそれぞれ Oi, Oe, Oa 層と対応する．また，日本の林野土壌分類（2.4.2 項）などでは，O 層を $A_0$ 層と呼ぶことがある．堆積様式の違いによって，F 層，H 層が分厚く堆積したモル型（mor），L 層のみからなるムル型（mull），その中間のモーダー型（morder）がある．モル型，モーダー型は，有機物の供給に対して分解が遅い冷温帯林に多く見られ，ムル型は有機物の分解が速い暖温帯林，熱帯林に多い．ミミズやヤスデなどがリターを破砕（fragmentation）することによって表面積が増加し，微生物による利用性が高まるため，ムル型の O 層と厚い A 層が発達する．土壌動物や微生物が摂食しにくい針葉樹のリターや，土壌動物の活動や種類が抑制される酸性条件では，モル型あるいはモーダー型の O 層が発達する．

植物遺体は，土壌微生物による変成や無生物的な有機化学反応（縮重合）を受け，化学組成が変化する．このため土壌有機物は，新鮮有機物から難分解性有機物まで，分解されずに残存した有機物を含んでいる．そのうち，化学式を

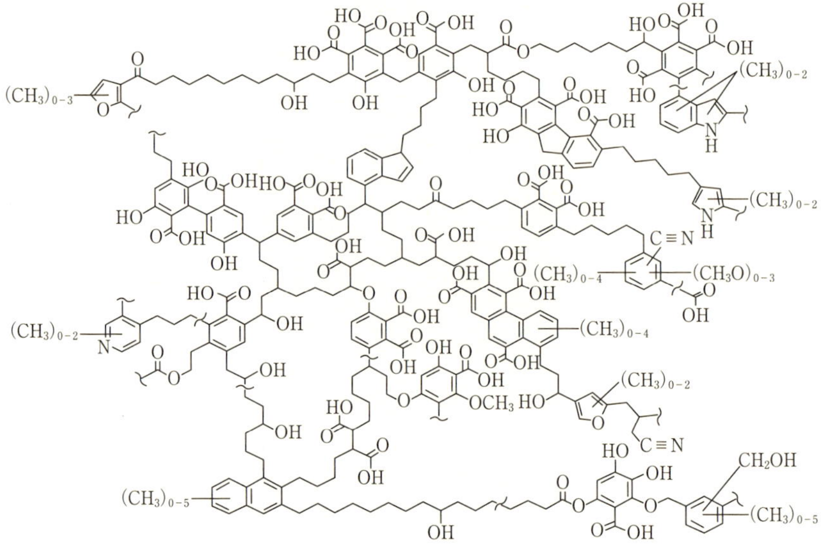

## 第2章　森林土壌の分類と機能

図2.4　土壌有機物のモデル

同定できる化合物はごく微量であり，それらは糖，芳香族成分，タンパク質，カルボキシル基，フェノール基，ケトン基，アミノ基を有する複雑な天然高分子である（図2.4）．年代の古い有機物は単体としては存在せず，多くは有機・無機複合体として安定化している．平均の分子量は数千～数万と見られている．平均滞留時間は100年オーダーだが，時間オーダーのものから数千年オーダーのものまで幅広い化合物を含む．

　土壌有機物は二重結合を多く含み，暗色を呈している．日本の森林土壌A層の炭素含量は10%程度，下層や熱帯土壌の炭素含量は数%だが，多くの官能基を有するために，土壌の化学性，物理性に大きく影響を与える．炭水化物の末端や芳香環の側鎖にはカルボキシル基やフェノール基が存在し，おおよそ炭素原子7モルにつき1モルが解離している．解離したカルボキシル基やフェノール基は荷電を帯び，イオンを保持する．正荷電・負荷電の量はpHによって変化する（⇒変異荷電）．土壌有機物のカルボキシル基やフェノール基は弱酸的性格を有するため，酸やアルカリの添加に対してその変化を和らげる機能（緩衝能）をもつ．

有機物は，ふかふかした構造，高い保水力をもち，植物根の深度分布にも影響する．有機物に富む火山灰土壌では，植物は鉱質土層まで深く根を張る傾向がある．一方，ブナ林やフタバガキ林の酸性土壌では，O層にルートマット（root mat）が形成され，O層内に張られた根が養分を吸収する機能を果たしている．

土壌有機物は，従属栄養性の生物に対するエネルギー源ともなる．有機物には炭素，酸素，水素だけでなく窒素やリンも含まれており，一般的には土壌表層で高濃度となる．リターの炭素/窒素比（C/N比）は一般的に50〜100の範囲にあり，表層土壌のC/N比は10〜15であることが多く，徐々に微生物のC/N比（4〜7）へ近付くように濃縮されていく．土壌有機物に含まれている窒素やリンなどの養分が無機化されれば，植物・微生物に利用可能となるため，土壌有機物は養分の貯蔵庫，潜在的な養分供給源と見なすことができる．

## 2.1.3 母材と鉱物

### A. 母材と地形

母岩は大別して，火成岩，堆積岩，変成岩がある．マグマが冷却すると火成岩となり，隆起し地表で風化・侵食されたものが海洋で沈積・埋没すると堆積岩となる．さらに高圧高温条件で変成作用を受けて変成岩（片岩，片麻岩）となり，融解・冷却を経て再び火成岩となる．この途中で隆起すれば，火成岩，堆積岩，変成岩が地表に露出し，再び風化・侵食を受ける（岩石サイクル）．火山岩は，主要な大陸地殻を構成する花崗岩，スーパーホットプルーム（玄武岩質マグマの上昇）によって生成した玄武岩（シベリア・トラップ，デカン・トラップ，アフリカ大地溝帯），安山岩などが含まれる．

酸性岩（花崗岩）から中性岩（安山岩），塩基性岩（玄武岩）に向かって$SiO_2$含量が減少する一方で，苦鉄質の（Mg，Feに富む）有色鉱物が増加し，風化速度が大きくなる．頁岩のような堆積岩は，$Ca^{2+}$，$Na^+$，$K^+$など塩基性陽イオンを多く含むため，玄武岩や堆積岩由来の土壌は，火成岩よりも肥沃になりやすい．

大陸地殻は，1億〜2億年周期のプレートの動き（プレート・テクトニクス）によって循環しながら，異なる母材・地形の特徴を有するようになった．

たとえば,超大陸ゴンドワナ(今の南アメリカ大陸,アフリカ大陸,南極大陸,オーストラリア大陸,インド亜大陸)の分裂によって切り離されたインド亜大陸はユーラシア大陸と衝突し(4,000万年前),ヒマラヤ山脈が形成された.これに伴い,モンスーンの海風がもたらす水と急峻な地形の侵食,沖積堆積物の堆積作用によってアジアに広大な沖積平野が形成された.

一方,北米,南米,アフリカは,20億年にわたる侵食によって平坦な楯状地(=安定陸塊)を形成した.日本列島は沈み込み帯の火山であり,火山灰が堆積してできた凝灰岩(tuff)や安山岩が広く分布している.大部分の土壌は火山砕屑物(火山灰,軽石,スコリア)の影響を受けており,噴出源からの距離,風向きによって堆積物の量,種類が異なる.巨大噴火イベントは日本全体に堆積し(広域火山灰),鹿児島湾北部と桜島を囲む巨大な姶良カルデラの噴火による姶良・丹沢火山灰(通称AT;2万9,000年前),火砕流はシラスとして知られる.硫黄島を含む鬼界カルデラ(海底火山)の噴火では,鬼界アカホヤ火山灰(7,300年前)が堆積した.

日本に多く飛来する風成塵の発生には,氷河期(ここでは,1万年前まで)の周極域における氷河発達と堆積物の運搬作用がかかわる(詳しくは第3章を参照).湿潤な周極域(北欧,北米)では数千m厚の氷河が地表(花崗岩質・変成岩質な大陸地殻)を削り,異なる組成の砕屑物が堆積した.モレーン(moraine)と呼ばれる氷河地形の構成堆積物は氷河堆積物(glacial till)といい,粒径淘汰の少ない礫・砂・シルト・粘土を含む.また,氷河の流水により運ばれた礫・砂・シルト・粘土が粒径淘汰を受けた堆積物を融氷流水堆積物(glaciofluvial sediments)と呼ぶ.氷縞粘土(夏季の粗粒質層,冬季の細粒質層の互層)のような氷河湖の湖成堆積物(glaciolacustrine sediments)が代表的である(図2.5).最終氷期最盛期の乾燥に伴い植生被覆が減少し,風によってシルト質(約4μm)の風成塵(aeolian dust)が運ばれ,その堆積物(レス:loess)は黄土(中国),黒土(ウクライナなど)の母材となり,砂丘を形成する.

母材の分布や氷河・火山による運搬だけでなく,水と風の営力は二次的な土壌材料の移動,再堆積を引き起こす.風成塵の堆積した黄土高原や砂漠を給源として風成塵の再移動が起こり,一部は日本まで飛来する.これは,黄砂とし

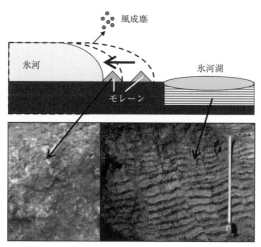

図2.5 氷河の堆積物
氷河堆積物（左）と湖成堆積物（右）.

て知られる．関東ローム（赤土）には，火山灰起源だけでなく風成塵由来物質が多く含まれている（第3章参照）．

## B. 一次鉱物

土壌鉱物には一次鉱物（primary mineral）と二次鉱物（secondary mineral）がある．その組成によって，土壌の化学特性（荷電，吸脱着），物理特性（膨潤・収縮）が異なる．岩石や母材中の変化を受けていない鉱物を一次鉱物と呼び，一次鉱物から生成する不溶性の風化産物を二次鉱物と呼ぶ．主要な大陸地殻を構成する花崗岩には石英（$SiO_2$, quartz），長石（feldspar，カリ長石，斜長石），雲母（mica：ここでは黒雲母）が含まれ，玄武岩は輝石（pyroxene），カンラン石（olivine），斜長石（plagioclase）等を含み，安山岩（andesite）は輝石，角閃石，斜長石を，蛇紋岩はカンラン石，輝石を含む．火山噴出物には火山ガラス（volcanic glass）を含む．ケイ酸（塩）鉱物ではない一次鉱物として，アパタイト（リン灰石，apatite, $Ca_5(PO_4)_3F$）やマグネタイト（磁鉄鉱 maghemite, $Fe_3O_4$：砂鉄として有名）もある．平均すれば，地殻は長石（46％），石英（20％），火山ガラス（13％），雲母（12％），角閃石（2％）からなり，構成元素は 酸素（O）＞ケイ素（Si）＞アルミニウム（Al）＞鉄（Fe）の順となる．これは，地球全体の元素構成（Fe＞O＞Si＞マグネシウム（Mg）＞ニ

## 第2章 森林土壌の分類と機能

表2.1 母岩と土壌の元素組成の比較

岩石と土壌の元素組成を比べて，土壌の方が高ければそれらの元素が土壌生成過程で集積していることを示し，逆に低ければ土壌生成過程で減少していることを示す．インドネシアの蛇紋岩とその上に発達したOxisolのA層・B層を比較すると，土壌A層・B層でFeの集積（網掛け）とMg, Siの減少（白枠）が進んでいる．砂岩とその上に発達したUltisol（下）を比較すると，B層で粘土を構成するAl酸化物が増加する．いずれの場合も，A層で有機物の集積が見られる．Fujii et al. (2011) から抜粋．

|  | $Na_2O$ | $K_2O$ | MgO | CaO | $Al_2O_3$ | $Fe_2O_3$ | $SiO_2$ | 有機物 |
|---|---|---|---|---|---|---|---|---|
|  | (%) | | | | | | | |
| 蛇紋岩 | 1.2 | 0.3 | 39.3 | 0.5 | 9.5 | 7.1 | 42.1 | 0.0 |
| 土壌A層 | 0.1 | 0.1 | 1.3 | 0.2 | 4.7 | 51.8 | 28.7 | 13.1 |
| 土壌B層 | 0.1 | 0.1 | 0.9 | 0.0 | 6.2 | 65.7 | 26.1 | 0.9 |
| 砂 岩 | 0.1 | 1.3 | 0.2 | 0.0 | 4.9 | 3.4 | 90.1 | 0.0 |
| 土壌A層 | 0.1 | 0.4 | 0.2 | 0.1 | 4.1 | 2.1 | 88.9 | 4.1 |
| 土壌B層 | 0.2 | 0.7 | 0.3 | 0.0 | 9.4 | 3.6 | 85.9 | 0.4 |

ッケル（Ni））とは大きく異なる．

　一次鉱物の結晶構造は，石英，長石がテクトケイ酸塩をもち最も風化しにくく，雲母が層状ケイ酸塩を有し安定しているのに対し，角閃石，輝石，カンラン石は風化しやすい．結晶化しやすい鉱物ほど風化しやすい原則がある．火山ガラスは非晶質（結晶性の低い）のケイ酸塩であり，極めて風化しやすい．

　一次鉱物は，酸あるいは還元条件で溶解したのち，再析出・結晶化によって二次鉱物が析出する．一次鉱物は主に礫，砂，シルト画分に存在するが，二次鉱物は粘土画分（<2 $\mu$m）に存在する．二次鉱物への風化（粘土の生成）は，塩基の流亡，Siの流亡，Al, Feの濃縮を経て，表層土壌環境においてより安定な化学状態へと変化する過程といえる（表2.1）．

$$2KAlSi_3O_8（カリ長石）+ 2H_2CO_3 + 9H_2O$$
$$\rightarrow Al_2Si_2O_5(OH)_4（カオリナイト）+ 4H_4SiO_4 + 2K^+ + 2HCO_3^- \quad (2.1)$$
$$Fe_2SiO_4（鉄カンラン石）+ 1/2O_2 + 2H_2O$$
$$\rightarrow Fe_2O_3（ヘマタイト）+ H_4SiO_4 \quad (2.2)$$

　上記の反応（式2.1, 式2.2）は，カリ長石や鉄カンラン石といった一次鉱物が土壌溶液中のイオンと反応し，カオリナイトやヘマタイトといった二次鉱

物が生成（析出）する反応（neoformation）であり，pH，Al，Fe，Siなどの濃度条件によって生成する二次鉱物は異なる．ただし，イライト，バーミキュライトの生成には高圧高温条件を必要とするため，土壌溶液からの析出ではなく，岩石（花崗岩・堆積岩など）由来の一次鉱物の形態変化（transformation）によって生成する．

## C．二次鉱物

二次鉱物は，ケイ酸塩粘土鉱物と酸化物・水酸化物に分けられる．代表的なケイ酸塩粘土鉱物は，層状の結晶構造をもつ1：1型粘土鉱物と2：1型粘土鉱物である．層状の構造をつくる基本構造には，Siの四面体シートとAlに代表される八面体シートが存在する．四面体シートは1つの$Si^{4+}$を4つの$O^{2-}$基が囲んだ基本単位からなり，八面体シートは$Al^{3+}$を6つの$O^{2-}$基または$OH^{-}$基が取り囲んだ基本単位からなる（図2.6）．カオリナイト，ハロイサイトなどの1：1型粘土鉱物は，Si四面体シート：Al八面体シートが1：1の比率で結晶構造を構成し，スメクタイト，バーミキュライト，イライトなどの2：1型粘土鉱物は，Si層：Al層が2：1の比率で結晶構造をつくる（図2.7）．

ケイ酸塩粘土鉱物において，①Si四面体シートの$Si^{4+}$がイオン半径の近い$Al^{3+}$（この場合，配位数4）に置き換わったり（同型置換），②Al八面体シー

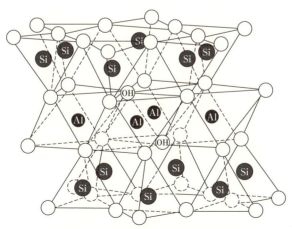

図2.6　2：1型ケイ酸塩粘土鉱物の結晶構造
〇は$O^{2-}$基を表す．

第2章　森林土壌の分類と機能

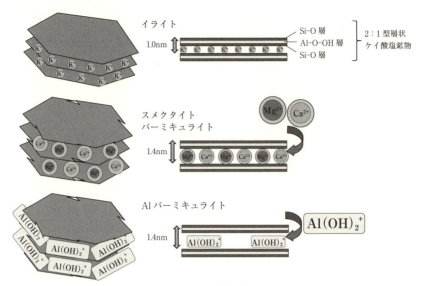

図2.7　粘土鉱物の構造

トの $Al^{3+}$ がイオン半径の近い $Mg^{2+}$ や $Fe^{2+}$ に置き換わることでシート内のプラス荷電が1つ減少したりするために，鉱物表面に負荷電を帯びる．この層荷電の量によって以下に述べるようなケイ酸塩粘土鉱物の性質が異なる．

**1：1型ケイ酸塩鉱物**

　1：1型ケイ酸塩粘土鉱物のカオリナイト（kaolinite：高陵の磁器の胎土に語源．白粉に利用される）は，Si四面体シートの底辺の酸素とAl八面体シートの水酸基の水素結合によって積み重なっている（$Si_4Al_4O_{10}(OH)_8$）．層間水が少ないため，単位構造の厚さは0.7 nmである．結晶構造末端の水酸基（Si-$O^-$基やAl-$OH_2^+$基）や同型置換に由来する負荷電を有するが，荷電量は小さい．ほぼすべての土壌に普遍的に存在する．同じく1：1型のハロイサイト（halloysite）は層間水をもつため，単位構造の厚さは1.0 nmである．ハロイサイトは火山灰土壌で多く生成する．

**2：1型ケイ酸塩鉱物**

　荷電量の異なるスメクタイト，バーミキュライト，イライトがある．

　スメクタイト（smectite）は，層荷電の小さい膨張性の鉱物である．2枚のSi四面体シートにAl八面体シートが挟まれた2：1型のシート構造に水分子2

つの層を含み，基本構造の厚さは 1.5 nm である（$Si_8Al_4O_{20}(OH)_4$）．代表的なものがモンモリロナイト（酸性白土として有名）であり，Al 八面体の $Al^{3+}$ が $Mg^{2+}$ に置換され，負荷電を帯びる．荷電は小さく収縮力が小さいため，水和陽イオンが吸着すると膨張する．乾燥・収縮によって地割れを起こす（⇒Vertisol）（2.4.1 項に後述）．

バーミキュライト（vermiculite）は 2：1 型のシート構造に水分子 2 つの層を含み，単位構造の厚さは 1.4 nm である．Si 四面体の $Si^{4+}$ が $Al^{3+}$ に置換され，負荷電を帯びる．スメクタイトよりも荷電量が大きく収縮力も強く，膨張しにくい．酸性条件ではイライトの風化によってバーミキュライト，スメクタイトへと変化する．

イライト（微小雲母）は層荷電の最も大きい非膨張性の 2：1 型ケイ酸塩鉱物であり，単位構造の厚さは 1.0 nm である．大きい負荷電は 2：1 型のシート構造間（層間）のカリウムイオン（$K^+$）によって中和されている．イライトは，$K^+$ と類似のイオン半径をもつ $NH_4^+$ や $Cs^+$ の吸着に対しても高い選択性をもつ．

**2：1：1 型ケイ酸塩鉱物**

クロライト（chrolite）は 2：1 型のシート構造間（層間）に Al（および Mg, Fe）八面体シートが配位した 2：1：1 型の単位構造をなし，その厚さは 1.4 nm である．2：1 型のシート層間の負荷電と八面体シートの正荷電の間に強い静電引力が働く．

日本では，バーミキュライトの層間に Al 八面体シートが部分的に充填される 2：1-2：1：1 型中間体（Al バーミキュライト）（図 2.7）が主要なケイ酸塩鉱物となる．これは，火山灰由来の Al が多量に供給されるためと考えられている．

**アルミニウム水酸化物**

結晶性の Al 酸化物は主にギブサイト（gibbsite, $Al(OH)_3$）として存在する．強風化酸化物であるラテライト（laterite，レンガの材料）に含まれるボーキサイトもまたギブサイトを含む Al 酸化物であり，Al 製品の材料となる．

長期の風化・溶脱環境で，2：1 型ケイ酸塩鉱物→カオリナイト→ギブサイトへと脱ケイ酸化が進行するため，ギブサイトは熱帯強風化土壌に多い．

第 2 章　森林土壌の分類と機能

　日本に多い火山灰土壌（Andisol）や Spodosol（2.4.1 項）などの寒冷地の土壌には，非晶質鉱物（short-range-order mineral）が多く存在する．アロフェン（allophane, 1.0–2.0 $SiO_2$ $Al_2O_3$・2.5–3.0 $H_2O$）は火山灰土壌の B 層に見られる非晶質鉱物であり，外径約 5 nm の中空球状の粒子である．イモゴライト（imogolite, $SiO_2$・$Al_2O_3$・$2H_2O$）は九州のイモゴと呼ばれるガラス質火山灰から発見された非晶質鉱物で，外径が約 2 nm の中空管状の粒子である．アロフェン，イモゴライトはともに，表面積が大きく水酸基の反応性が高いためにリン酸イオンを強く吸着するが，酸性条件（pH＜4.8）では溶解しやすく存在できない．

**鉄酸化物**

　鉄酸化物は，有機物（黒・褐色），石英（白）とともに土の色を決定する粘土成分である．鉄酸化物は粘土粒子を接着し，安定な疑似砂と呼ばれる団粒を形成するため，鉄酸化物に富む土壌（⇒Oxisol）の排水はよい．

　ヘマタイト（hematite, $Fe_2O_3$：ギリシャ語の haima（血）に由来）は鮮やかな赤褐色を呈し，高温あるいは脱水条件で生成する．熱帯・亜熱帯地域の土壌（⇒Oxisol：日本の亜熱帯地域の赤色土）に特徴的な酸化鉄鉱物である．

　ゲータイト（goethite, $\alpha$–FeOOH：詩人ゲーテに由来）は，温帯・熱帯湿潤地域の土壌に広く分布し，黄褐色（ターメリック色）を呈する．ゲータイトの構造異性体であるレピドクロサイト（lepidocrocite, $\beta$–FeOOH：鱗に由来）

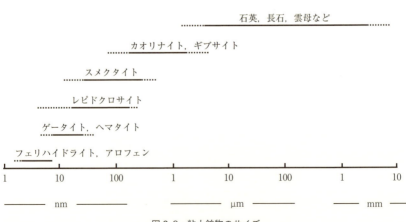

図 2.8　粘土鉱物のサイズ

は，酸化・還元環境が繰り返される土壌で二価の鉄イオン（$Fe^{2+}$：青緑色）から生成する．湿地や水田土壌で見られ，オレンジ色の要因となっている．

フェリハイドライト（ferrihydrite，一例では$Fe_5O_3(OH)_9$）は，ヘマタイトやゲータイトよりもさらに微粒子の非晶質鉱物であり，表面積が大きい（図2.8）．温帯土壌，火山灰土壌やポドゾルB層に多く存在し，褐色を呈する．

土壌は，ここまで概説した一次鉱物，二次鉱物および有機物の混合物であり，その組成によって化学的・物理的特性が決定される．

## 2.1.4 土壌の荷電，イオンの吸着・脱着

### A．変位荷電

粘土（＜2 μm）あるいは有機物はシルト・砂よりも表面積が広く，荷電を帯び，イオンを保持している．ケイ酸塩粘土鉱物の負荷電には陽イオンが静電気的に吸着する．この吸着サイトは強酸的性格が強く，pHに依存せず一定荷電をもつ．

一方，Al・Fe酸化物・水酸化物（アロフェン・イモゴライトを含む）や有機物およびケイ酸塩粘土鉱物の構造末端に存在する水酸基（破壊原子価）は変異荷電であり，酸性条件では正荷電が増加し，アルカリ条件では負荷電が増加

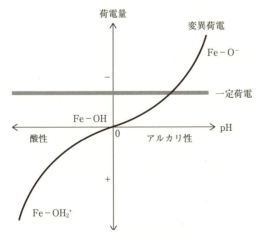

図2.9 一定荷電と変異荷電
一定荷電はpHに依存せず，一定である．変異荷電はpHとともに変化し，正荷電と負荷電の釣り合う原点が荷電ゼロ点（ZPC）となる．

する（図2.9，式2.3）．

$$（酸性）Fe\text{-}OH_2^+ \Leftrightarrow Fe\text{-}OH（中性）\Leftrightarrow Fe\text{-}O^-（アルカリ性） \quad (2.3)$$

荷電ゼロ点（point of zero charge：ZPC）に位置するpHでは，正味の正・負の荷電量が釣り合う．ZPCにおけるpHは有機物では3〜4，Al・Fe酸化物・水酸化物（非晶質鉱物も含む）では6〜7である．

## B. 陽イオン交換

ケイ酸塩粘土鉱物の一定荷電や変異荷電に由来する負荷電による陽イオン保持可能量を，陽イオン交換容量（cation exchange capacity：CEC）と呼ぶ．2：1型ケイ酸塩鉱物（バーミキュライト，スメクタイト）は，1：1型ケイ酸塩鉱物（カオリナイト）よりも荷電が大きい．イライトは$K^+$が吸着されており，CECは比較的小さい．吸着した陽イオンは，イオン交換反応によって放出される．

$$Al\text{-}O^-K^+ + H^+ \Leftrightarrow Al\text{-}O^-H^+ + K^+ \quad (2.4)$$

たとえば，酸性条件では，$H^+$によって$K^+$が放出される（式2.4）．CECに占める塩基性陽イオン（$H^+$，$Al^{3+}$を除く）の割合（%）を塩基飽和度と呼び，土壌pHとともに酸性度の指標とする．

イオン交換反応は，接する外液（土壌溶液）のイオン濃度，および吸着サイトの陽イオン選択性によって決まる．一般的に腐植，酸化物，2：1型粘土鉱物の陽イオン選択性は以下の順である．

腐植，酸化物の陽イオン選択性
$H^+ \gg Mn^{2+}, Zn^{2+} \gg Ca^{2+}, Mg^{2+} > K^+, Na^+$
2：1型粘土鉱物の陽イオン選択性
$Cs^+ \gg K^+, NH_4^+ > Al^{3+} \gg Ca^{2+}, Mg^{2+}, Na^+, H^+$

## C. イライト層間の陽イオン固定

層間に$K^+$を固定しているイライトは，$K^+$と類似のイオン半径をもつ$NH_4^+$や$Cs^+$に対しても高い固定能をもつ．特に，イライトの風化末端（フレイド・エッジ）における$Cs^+$固定能は，$K^+$の1,000倍に相当する．ただし実際のイ

オン吸着量は，吸着サイトのイオン選択性とともに外液のイオン濃度比に影響を受ける．

### D. 陰イオン吸着

正荷電には陰イオン（$H_2PO_4^-$，$NO_3^-$，有機酸）が吸着される．土壌の陰イオンの保持量を陰イオン交換容量（anion exchange capacity：AEC）と呼ぶ．酸化物に富む土壌では，pHの低下に伴ってAECが増加する．ただし注意したいのは，理論的に実験から求められるZPC値が意味するのは正味の荷電量であって，実際の土壌には正荷電も負荷電も存在している．

変異荷電性の鉱物（酸化物）・有機物の水酸基に酸性条件で正荷電が発生すると，以下の例のように陰イオン吸着が起こる．

$$Al-OH + H^+ + NO_3^- \Leftrightarrow Al-OH_2NO_3$$

酸化物・有機物の陰イオン選択性：$PO_4^{3-} > SO_4^{2-} \gg NO_3^-, Cl^-$

### E. 配位子交換反応（ligand exchange）

特定の陰イオン（リン酸 $H_2PO_4^-$ およびヒ酸 $H_2AsO_4^-$，有機酸の一部）はアロフェン，Fe・Al酸化物の水酸基に配位子結合によって特異吸着する．脱水し，直接配位するため，脱着しにくい（式2.5）．

$$Al-OH_2^+ + H_2PO_4^- \rightarrow Al-H_2PO_4 + H_2O \qquad (2.5)$$

この反応によって，土壌溶液中の無機態リン酸濃度が低下し，農地や肥培林地ではリン酸肥料の利用効率の低下を招くことがある．

## 2.2　土壌生成因子

土壌はこれらの化学的特徴の異なる二次鉱物，有機物の混合物であり，その組成によって優占する土壌化学・生物地球化学的過程は異なる．粘土や有機物の組成に違いを引き起こす土壌の発達過程は，気候，地形，母材，生物，時間の5つの静的因子によって規定されている．

## 2.2.1 気　候

### A. 水バランス

　気候は降水量，気温の違いによる直接的影響と，植物や微生物の活動への間接的な影響を通して土壌発達に影響する．降水量と蒸発散量のバランス（収支）は，土壌水の下方浸透と毛管上昇のどちらが卓越するのかを決定し，物質フラックスに影響する．日本のような乾季がない湿潤気候下では，降水量（約 1,500 mm/年）が蒸発散量（たとえば 700 mm/年）を上回り，水の下方浸透が卓越する．この場合，風化に伴って放出された塩基性陽イオンの損失が起こり，土壌酸性化が進行する．岩石から風化して河川へ溶脱する速度は，以下のようにイオンによって異なる．

$Cl^- > SO_4^{2-} > Na^+ > Ca^{2+} > Mg^{2+} > K^+ > Si\ (H_4SiO_4^0$ として$) > Fe^{3+} > Al^{3+}$

　逆に，乾燥地から半湿潤地，あるいは明確な乾季をもつ気候条件では，地下水の上方移動が卓越する時期がある．この場合，水の下方浸透と毛管上昇の釣り合う深さにおいて，塩類の集積層が形成される．母材には元来炭酸塩を多く含んではいないが（石灰岩を除く），風化によって放出された $Ca^{2+}$ と土壌水に溶け込んだ炭酸イオン $CO_3^{2-}$ が反応し，炭酸カルシウム（$CaCO_3$）集積層が形成される（式 2.6）．

$$Ca^{2+} + 2HCO_3^- \Leftrightarrow CaCO_3 + H_2CO_3 \qquad (2.6)$$

　より乾燥した気候下では硫酸カルシウム $CaSO_4$（石膏）の集積層も見られ，地下水の上昇が顕著な場合には Na 塩類（$NaCl$, $Na_2SO_4$, $Na_2CO_3$）の集積も起こる．乾燥した草原から湿潤な森林に向けて土壌の溶脱強度が高まると，ナトリウム塩類や $CaSO_4$ は溶解・溶脱し，比較的溶解度の低い $CaCO_3$ が残存するようになる（図 2.10）．$CaCO_3$ が存在すれば，土壌抽出液の pH は 8 以上を示す．日本など湿潤な条件では $CaCO_3$ が溶脱し，集積層は存在しない．さらに溶脱強度が強まれば，土壌の酸性化が進み，交換性塩基が減少し，交換性 Al が増加する．

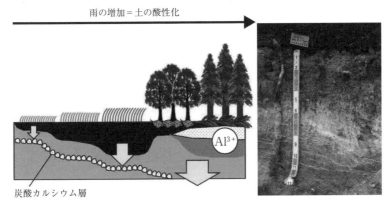

図 2.10 土の酸性度と降水量の関係
下向き矢印は土壌溶液の下方浸透に伴う溶脱強度を表す（アメリカ大陸の乾燥地から森林を例に）．→口絵 4

## B. 風　化

多くの風化反応は，水と酸あるいは酸化剤を介して進む．温度は化学反応を加速し，植物や微生物による酸風化の活性を高める．このため，温暖湿潤条件では風化反応が促進され，粘土生成作用が進み，特に熱帯林では強風化土壌が生成する．逆に，周極域の土壌では化学風化の速度が遅いために粘土生成が未熟である．

## C. 分　解

微生物の活性は土壌温度・水分条件に依存し，有機物の分解速度は湿潤温暖条件で高まる．乾季・雨季をもつモンスーン気候下では微生物呼吸は水分に強く依存し，乾燥条件（および過湿条件）では有機物分解が抑制される．一方，湿潤条件では微生物活性は温度と相関し，温度が 10°C 上昇すると微生物呼吸速度は 2〜6 倍となる．$CO_2$ 放出の律速段階である難分解性の高分子化合物の分解ほど温度依存性が高い．このことは，微生物呼吸速度が夏季に高く，熱帯林で温帯林よりもリターが速やかに分解される一因でもある．

土壌有機物の蓄積量は有機物（主に植物遺体）の供給量と分解量とのバランスによって決まる（図 2.11）．有機物供給量は一次生産量に依存し，湿潤気候下では温暖なほど有機物供給量が高まる．土壌微生物の分解活性もまた温暖湿潤条件で高い．分解活性の温度依存性が生産性よりも高いことが，有機物蓄積

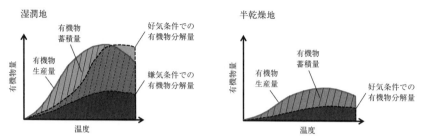

図2.11 湿潤地,半乾燥地の年間の有機物生産・分解量のバランスを表す概念図
湿潤地の図(左)では,酸素供給が十分な好気条件における有機物分解量と酸素供給が制限される嫌気条件における有機物分解量を表す.生産量との差し引きで有機物蓄積量が決まる.

量が熱帯林で低く,北方林や高山帯で高くなりやすい要因となる.湛水などの嫌気的($O_2$制限)条件では高温でも微生物の分解活性が抑制され,有機物の堆積が卓越する.これが湛水条件下で生成されやすい土壌である泥炭土壌(Histosol, 2.4.1項)の形成を引き起こす.

なお,乾燥条件の草地では,一次生産量,微生物の分解活性がともに低下する.夏季乾燥・冬季湿潤寒冷条件では,生産量に対して夏季の分解活性が抑制され,有機物の蓄積量が高くなる(⇒Mollisol)(2.4.1項).低温・乾燥条件の岩石砂漠では,有機物供給量が低いために土壌有機物の堆積量が低くなる.

## 2.2.2 時 間

土壌の生成・風化は,母材の露出あるいは供給に始まる.多くの土壌生成過程はゆっくり進行し,形態変化,物質の層位間の移動,生態系外への流出を経て,土壌の性質が変化する.供給源が母岩に限られるリン(P)を例にとると,土壌発達の時間とともに風化が進行し,一次鉱物(アパタイトなど)は減少し,有機態P,無機態P(非吸蔵態),吸蔵態P(Al・Fe酸化物・水酸化物と結合し不溶化したもの:occluded P)へと変化する.その過程で土壌中の総P含量,植物の利用できるP濃度が減少する(図2.12).

粘土集積層の発達(Alfisol, Ultisolの生成)(2.4.1項)には数千～数百万年,酸化Fe・Al鉱物の集積(Oxisolの生成)には数百万年以上かかる.ただし,母材や気候条件によっても風化速度は異なり,東南アジアの蛇紋岩地帯では数千年程度しか要さない場合もある.

## 2.2 土壌生成因子

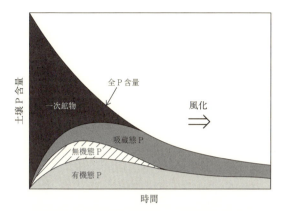

図2.12　土壌発達に伴う土壌リンの総量と組成の変化

図2.13　砂質母材上のポドゾル発達（エストニア）
左（初期段階）から右（数百年後）へと漂白層および集積層が発達している．→口絵5

　氷河堆積物や風成塵に由来する土壌の多くは，氷河期後退後（1万年前），温暖になってから土壌生成が開始した比較的新しい土壌もある．激しい酸風化を伴うポドゾル（Spodosol）（2.4.1項）は，砂質母材であれば数百年でも生成可能である（図2.13）．日本に広く分布する黒ボク土は，堆積年代の特定されている火山灰層から生成年代を推定でき，温暖な西日本で数万年前以降，温暖化した東日本では1万年前以降に生成した比較的新しい土壌である．

## 2.2.3 地　形

　斜面角度は，侵食の営力の1つである斜面方向の重力を高め，侵食や水移動を起きやすくする．侵食は細粒質な物質を斜面下部へと選択的に移動させ，斜面下部に堆積する．斜面下部では有機物含量が高く，水も斜面に沿って移動するため（表面流去，地中流），水分保持量が高い細粒質な深い土壌を形成する．pHも斜面上部より斜面下部で高く，土壌動物・微生物の高い分解活性によって斜面下部のO層は薄くなる．さらに，平坦な地形や河畔部では湛水条件となりやすく，酸素（$O_2$）の供給不足によって泥炭や還元特徴をもつ土壌（グライ化）が発達する．地形に伴う土壌水分環境の変異を，水分・地形カテナ（catena）と呼ぶ．

　より大きな景観スケールでは，上流から下流へ土砂崩れや洪水が起こる．これにより，扇状地や氾濫原が発達する．洪水によって渓流のエネルギーが増加すれば大きな粒子が移動し，エネルギーが減少すれば大きな粒子から堆積する．これによって，堆積帯に礫州，砂州，シルト州を形成する．アマゾンでは，古い堆積物から新しい堆積物へと時系列（chronosequence）をなして土壌が発達し，異なる年齢・種組成の森林が発達した事例が報告されている（Dunne & Aalto, 2013）．

　斜面の向き（南向き斜面，北向き斜面）は，地温，日射量に影響し，南向き斜面で温暖・乾燥条件となりやすい．半乾燥地においては，南向き斜面では温度が高まり降水量に対して蒸発散量が高く草原となる一方，北向き斜面では必要となる蒸発散量が低下し，森林が成立する場合もある．逆に，降水量が森林限界に近い永久凍土地帯では，斜面向きは活動層（融解した土壌）の深さに影響し，温暖で活動層の深い南向き斜面では森林となり，活動層の浅い北向き斜面では灌木植生や草原となる場合もある．

## 2.2.4 母　材

　母材は，土壌の土性（粒径組成）や鉱物組成，酸性度（pH，酸中和容量）に強く影響し，有機物含量やイオン保持能，水分保持能に強く影響を与える．花崗岩母材では砂含量の高い酸性土壌となりやすく，苦鉄質な母材では粘土・

有機物含量，pH の高い土壌となりやすい．

　ポドゾルの生成は砂質母材上で起こりやすく，Fe 含量の多い母材上では生成しにくい．日本では堆積岩や火山灰母材が広く分布し，粘土質土壌（Andisol, Inceptisol）が生成しやすい．永久凍土地帯では，氷を多く含む粘土質土壌で夏季の活動層が浅く，黒トウヒが優占する．一方，氷の少ない砂質土壌では活動層が深くなり，白トウヒが優占する．半湿潤地では，細孔隙の少ない砂質土壌で水の毛管上昇が起きにくく，$CaCO_3$ 集積層が粘土質土壌よりも深くなる．

　熱帯地域では，母材が特定できないほど強度に風化した材料から土壌生成が進む場合もある．アフリカ，南米大陸では，母材よりも風化・侵食・再堆積作用の影響を強く受けた材料から強風化土壌（Oxisol や Ultisol）が発達する．一方，東南アジアのように地質年代が新しい場合には，母岩の違いが土壌分布を規定する（⇒堆積岩では Ultisol，塩基性岩では Oxisol）．

　母材はしばしば，決定的に土壌生成を規定する．還元環境で硫黄を多く蓄積した海成堆積物（頁岩など）が地表に露出した場所（排水した泥炭地，石炭採掘跡地など）では，堆積物中にパイライト（pyrite, $FeS_2$）を含み，硫黄の酸化反応（式 2.7）によって pH2 台の強酸性を示す（酸性硫酸塩土壌）．この場合，植生回復は難しい．

$$2FeS_2 + 7H_2O + 7.5O_2 \rightarrow 2SO_4^{2-} + 8H^+ + 2Fe(OH)_3 \quad (2.7)$$

## 2.2.5　生　物

### A. 植　生

　植物は養分吸収，リターを通して土壌に大きな影響を及ぼす．植物は水とともに P や Ca, K, Si など岩石由来の無機成分を吸い上げるポンプのような機能をもち，細胞中に貯蔵し，一部を引き戻した上でリターフォールや林内雨を通して土壌へ戻し，表層に集積される．

　ハンノキなどに代表される窒素固定樹種では，根に共生した窒素固定菌が大気中の窒素ガスを固定して樹木に供給するため，リターの C/N 比は他樹種と比べて低い傾向がある（20 前後）．C/N 比の低い土壌では硝酸化成が進行しや

第 2 章　森林土壌の分類と機能

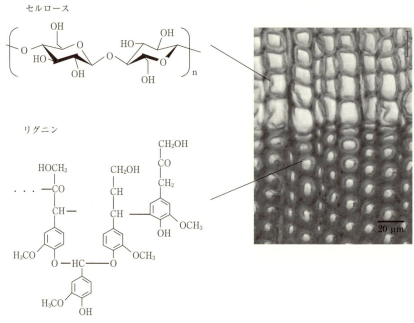

図 2.14　セルロースとリグニン
細胞壁をセルロースが作り，リグニンが沈着している．

すく，その過程で水素イオン（$H^+$）が生成されるため，土壌の化学的風化に関係している．マツ科の針葉樹は塩基性陽イオンの吸収が少なく，酸性の O 層から有機酸が発生するため，Spodosol の生成にかかわっている．一方，日本のスギはカルシウムを O 層に多く集積する傾向があり，同地域の他樹種と比べて土壌 pH は比較的高くなることが知られている．ギブサイトに富む熱帯強風化土壌（Oxisol など）では，植物の Si 循環の影響により土壌表層において比較的安定な粘土鉱物がカオリナイトに変化した事例もある（Lucas, 2001）.

　土壌中で植物根と微生物の呼吸によって生産された $CO_2$ 濃度は，大気中よりも 10〜500 倍高い．$CO_2$ は水に溶解すると炭酸イオンや重炭酸イオンとなるため，それに伴い土壌に $H^+$ が放出される．また，植物根や一部の微生物は有機酸を土壌へ放出し，$H^+$ の直接効果だけでなくキレート化によって鉱物風化を促進する．この効果は特に根の近傍（根圏）で高まる．

　植物の細胞壁骨格を形成するセルロースは，グルコースが $\beta-1,4-$ グルコ

シド結合によって直鎖的に重合した多糖であり，リグニンは三次元・ヘテロな構造をもつ芳香族化合物である（図 2.14）．樹木は，セルロース・ヘミセルロースが 50％，リグニンが 20～40％ を占める．作物や草本類はリグニン含量が 10％ 以下，セルロース・ヘミセルロースが約 90％ であり，この点が森林土壌の特徴を形作る．

### B. 動物・微生物

土壌動物は，モグラ，地リスなどの脊椎動物よりも，アリ，シロアリ，ミミズ，ヤスデ，ダンゴムシなど無脊椎動物をバイオマスとして多く含む．また，土壌動物に分類されない生物にも，カブトムシの幼虫のように生活史の一部で同様の生態をもつものもいる．これらの生物の多くは有機物を摂食し，腸内細菌の働きによってエネルギーを得ている．生態系の機能としては，摂食・排泄物の放出を通してリターの細分化，表面積の増加に寄与し，新鮮有機物の分解を促進する効果がある．逆に，ミミズの粘着性の物質（ムコ多糖など）によって固められた糞には団粒形成を促進する効果があり，腐植の安定化に貢献する．糞団粒は保水力を高めるとともに，多様な棲み処を微生物に提供する．ミミズなど土壌動物の分解活性が酸性条件で低下すると，分厚い O 層（モル型，モーダー型）が形成される．シロアリの腸内細菌による窒素固定や，熱帯のシロアリのマウンド形成，モグラが掘るトンネル（クロトビーナ：krotovina）による有機物移動のように，土壌の化学的・物理的特性を変化させる効果もある．土壌動物についてはさらに第 4 章を参照されたい．

土壌 1 g には，微生物が数千万～数十億個存在する．微生物には，単細胞生物である古細菌（archaea），細菌（bacteria：約 1 $\mu$m サイズ），多細胞生物である糸状菌（fungi：菌糸直径 3～50 $\mu$m サイズ，真菌類（カビ，キノコ含む））が存在する．微生物バイオマスは土壌 C 含量の数％ に相当（100～1,000 mg C kg$^{-1}$ soil）し，森林土壌 1 m 中に 1 ha あたり数 t（乾燥重量）にもなる．1 cm$^3$ の土壌中の菌根菌の菌糸の長さは数百 m～数 km であり，微生物バイオマスは，温度・水分条件，易分解性有機物の可給性（基質量），N・P の可給性，pH，酸素可給性に依存する．微生物バイオマスは C 含量の高い表層に多い．

糸状菌はエネルギー源の獲得様式から，腐生菌（saprotrophic fungi）と菌根

菌（mycorrhizal fungi）に分けられる．いずれも従属栄養性であるが，腐生菌は生物遺体からエネルギーを獲得し，菌根菌は共生した植物の光合成産物（ブドウ糖）をエネルギーとしている．腐生菌には，リター分解菌（litter-decomposing fungi），土壌腐生菌（soil-inhabiting fungi），木材腐朽菌（wood-rotting fungi）が存在する．リター分解菌は新鮮リターに代表される易分解性有機物の分解を担い，土壌腐生菌はより安定な腐植物質や根リターの分解を担う．乾燥・湿潤の変動の激しいO層と，新鮮有機物は少ないものの水分条件の安定した土壌中では，優占する微生物叢が異なる．木材腐朽菌には，唯一のリグニン分解者である白色腐朽菌（white-rot fungi：シイタケ，ナメコ，エノキタケ，マイタケなど），スギやヒノキ林でセルロースを選択的に分解する褐色腐朽菌（brown-rot fungi）が含まれる．白色腐朽菌は酸性耐性も高い．

菌根菌には内生菌根菌（アーバスキュラー菌根（AM菌根菌）など），外生菌根菌（ectomycorrhizal fungi）が存在し，エネルギー源を主に樹木根からの糖分の供給に依存する．AM菌根菌は草本植生にも存在しているが，森林ではスギ・ヒノキ林が代表的である．菌糸は植物根よりも表面積が広いために，水や低濃度の無機養分（特にP）を効率よく吸収し，樹木根に供給できる．外生菌根菌は，植物細胞内部への菌糸の侵入がなく，細根の表面を覆う菌鞘（菌套マントル），根の皮層細胞間隙を縫って薄層状に発達する菌糸体であるハルティヒ・ネット（Hartig net；図2.15）を発達させ，菌糸からの有機酸放出を通

図2.15　コナラの根に感染した外生菌根菌ツチグリ
根の表面は菌糸の層（菌套：マントル）に覆われる．根の外縁部の細胞の間に菌糸が侵入して細胞を包み，ハルテッヒ・ネットを形成する．細胞内へは菌糸は侵入していない．山中高史氏提供．

して岩石や鉱物からの養分採掘を担う特性をもつ（"岩を食べるキノコ" rock-eating fungi と呼ばれる）。アカマツに共生するマツタケのように，北方林，温帯林，熱帯林（東南アジア）の優占樹種であるマツ科，ブナ科，フタバガキ科の樹木は，外生菌根菌と共生している．このように，土壌中の細菌，カビ，キノコが有機物の分解，養水分獲得を担い，植物生育，物質循環を支えている．土壌の微生物についてはさらに第5章を参照されたい．

#### C．ヒ　ト

ヒトは，他の生物に比べて時間はより短いものの（700万年前以降），火や道具を使うため土壌へのインパクトは大きい．特に現生人類（20万年前以降）は，森林伐採あるいは植林，焼畑を通して土壌を変化させてきた．人類の歴史は，人口増加とこれらの活動の増加の歴史でもある．特に20世紀以降の酸性降下物，火災，森林改変の増加は，土壌の急激な変化を引き起こしている．熱帯林では，焼畑農業や常畑化などの土地利用変化が土壌特性を変化させる．伐採・耕起後は，団粒構造（嫌気的土壌構造における有機物の保存効果）の破壊，森林被覆の損失を通して有機物の分解，土壌侵食を加速する．これに微生物の働きも加わり，土壌有機物が減耗するほか，溶脱の増加，土壌酸性化が引き起こされる．

## 2.3　土壌生成プロセス

土壌の発達は，物質の添加，堆積，損失のバランスからなる．個々のプロセスの影響が生態系間で違うことによって，異なるタイプの土壌が発達し，土壌断面を生成する．

### 2.3.1　物質の付加（降下，固定，堆積）

土壌への物質の流入は，生態系の外部由来（風成塵や火山灰，降水の供給，非生物的窒素固定）と内部由来（地上部・地下部リターの供給および光合成産物の転流による根滲出物，生物的窒素固定）がある．

現在の風成塵の供給源としては，植生被覆の少ないゴビ砂漠やタクラマカン砂漠，黄土高原，サハラ砂漠が有名である．大陸側から日本への風成塵（黄

砂)飛来量は多く，1,000 年に 1 cm 程度の堆積が見られる．サハラ砂漠からアマゾンの熱帯雨林への風成塵の供給が，強風化土壌の養分欠乏を緩和しているという報告もある．火山灰の堆積量は火山の近くで高く，100 年に 1 cm 程度の堆積が見られる．風成塵の飛来量は氷河期（乾燥期）に高まり植生の被覆する湿潤期に低下するように時間的変異が大きく，火山灰の堆積量には噴出源からの距離に依存し，空間的変異が大きい．

生物の必須養分である窒素のもともとの起源は大気中の窒素ガス（$N_2$）である．非生物学的窒素固定には，雷による大気中での硝酸生成が知られている．生物的窒素固定（biological N fixation）としては，窒素固定菌のニトロゲナーゼが多量のエネルギーを消費しながら，$N_2$ を $NH_3$ に還元する（式 2.8）．

$$N_2 + 8H^+ + 8e^- + 16\,ATP \rightarrow 2NH_3 + H_2 + 16ADP + 16Pi \quad (2.8)$$

窒素固定菌には細菌または古細菌の 100 属の報告があり，マメ科植物の根粒菌 *Rhizobium*，放線菌 *Frankia* のような共生菌，シアノバクテリア（藍藻細菌），アカウキクサ（水性シダ）－シアノバクテリア共生系などが確認されている．20 世紀以降，ハーバー・ボッシュ法で製造される窒素肥料の利用増加によって，反応性窒素の循環量が自然循環量に匹敵するレベル（1 億 t）に達している．

### 2.3.2 物質の損失（侵食（風食，水食），分解，溶脱）

地下水や侵食による物質流出や大気へのガス放出は，土壌からの物質損失の主要経路である．以下に，主要な物質損失の経路と特徴について述べる．

#### A. 侵 食

土壌侵食（「浸」食ではない）の営力は，水，風，重力である．水食（water erosion），風食（wind erosion）のいずれに対しても，普遍的に重力が影響を与える．特に急斜面においては重力の斜面方向の分が侵食の営力として加わり，摩擦力を上回った場合に侵食が起こる．雨の多い日本では水食が起きやすいが，黒ボク土の仮比重（＝容積重）は小さいために風食も受けやすい．地形によって母材・土壌分布が異なり，緩斜面では火山灰が保存され黒ボク土（Andisol：林野土壌分類では黒色土）が分布し，急斜面では侵食によって火山灰が失

われ，母岩由来の褐色森林土が分布する．

　侵食による土壌損失速度（厚さ）は，0.5 mm yr$^{-1}$（山地）～0.05 mm yr$^{-1}$（その他の陸地）程度と見積もられている（Zachar, 2011）．流域スケールの物質収支を考えると，以下の式が成り立つ．

　　流入＋土壌生成（風化）
　　　＝植物吸収（林木の持ち去りを含む）＋流出＋侵食＋正味の変化量

　適度な持ち去りや侵食，流出は，土壌生成によって補填されうる．しかし，森林の皆伐や下層植生の未発達な管理条件において侵食速度が土壌生成速度を上回る場合には，土壌物質（養分）の損失が大きくなる恐れがあり，土壌劣化につながる．皆伐時における林地残材の配置を工夫したり，下層植生の被覆を高める森林施業を行うことによって侵食を軽減することも可能である．

## B. 溶　脱

　溶脱による物質移動は，下方浸透する水フラックスと土壌溶液の溶質濃度に依存する．日本の森林土壌を例にとると，平均的には年間降水量 1,500 mm に対して蒸発散量は約 500～1,000 mm yr$^{-1}$ であるため，土壌 1 m 深には降水 200 mm に相当する水分が保持されている（体積含水率 0.2 L L$^{-1}$ として試算）．土壌孔隙に含まれる水は負圧（毛管張力）を受け，重力に反して保持されている（Box 2.1）．

---

### Box 2.1　土壌水の水ポテンシャルについて

　土壌水の受ける重力ポテンシャル $\phi$（kPa）は，地下水面（基準面）からの距離 $z$（cm）に依存し，$\phi=\rho g z$（ただし，$\rho$ は水の密度 1 g cm$^{-3}$，$g$ は重力加速度 9.8×10$^2$ cm s$^{-2}$）である（注：100 kPa＝1 atm＝1,000 hPa）．この $\phi$ に 10.2 を掛けて重力換算したものを対数表記した pF（pF＝log（－10.2$\phi$））という指標も用いられる．pF3 であれば，－98 kPa の圧力ポテンシャルに相当する．ただし，pF では水飽和時の圧力ポテンシャル 0 kPa を表記できない．さらに，$\phi=\rho g z$ の $\rho g$（＝$g$）を単位にとることにより長さの次元（cm）で扱い，ポテンシャルを重力水頭（重力水頭 $z$：gravitational head）と表記する．これと土壌水の圧力ポテンシャルの絶対値は等しく，符号が異なる．土壌の体積含水率と圧力ポテンシャルの関係を水分保持曲線と呼ぶ（図 2.16）．毛管張力は孔隙半径に反比例するため，

## 第 2 章　森林土壌の分類と機能

砂質土壌よりも粘土質土壌で毛管張力による水分保持量が多い．土壌水の受ける圧力（水理水頭 $h$：hydraulic head）は重力と土壌の毛管張力（圧力水頭 $p$：pressure head）の和であり，$h=z+p$ となる．たとえば，地下水から 102 cm の高さに保持される土壌水の圧力水頭は $-102$ cm（$=-10$ kPa）であり，釣り合っている（$h=0$）．

植物の存在下では，蒸散による負圧（毛管張力）が働き，水は根に向けて移動する．ただし，植物は降雨直後に重力に従って排水される水（重力水）をほとんど吸収することはできず，逆に粘土鉱物の構造内部に存在する微量の吸湿水も利用できない．したがって，重力水と吸湿水の間の水を有効水と呼び，水フィルムが断絶した段階は永久萎凋点と呼ばれる（図 2.16）．仮に年間の降水量 1,500 mm，蒸発散量を 700 mm，土壌中の水分量（ここでは 200 mm）を一定とすれば，系外へ 800 mm yr$^{-1}$ の排水があると推定できる（降水量＝土壌水量の変動＋蒸発散量＋排水量）．この水流出は，単位面積あたりの水の流束 $v$（water flux：cm day$^{-1}$）が水理水頭の勾配と透水係数 $K$（hydraulic conductivity：cm day$^{-1}$）に比例するというダルシー則（鉛直一次元のリチャーズ

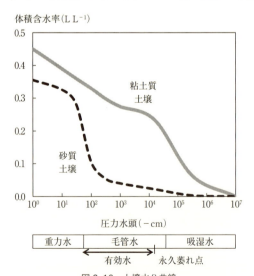

図 2.16　土壌水分曲線
粘土質土壌（粘土含量 40％）と砂質土壌（砂含量 95％）の比較．

式)に従う(式2.9).

$$v = K\left(\frac{\delta h}{\delta z}\right) \quad (2.9)$$

土壌孔隙が水で飽和されている場合には飽和透水係数に従うが,不飽和な条件(多くの土壌条件)では不飽和透水係数(unsaturated hydraulic conductivity)に従い,不飽和流によって土壌中を移動する.平衡状態($h=0$)にある土壌水に一旦雨が降れば,上層が下層よりも高いポテンシャル状態となり,エネルギー則に従って水理水頭の勾配,その時々の土壌の不飽和透水係数に従って下方への水移動が起こる.再び平衡に達したところで水移動は終わる.なお,土壌によって透水係数の値は異なることが知られている.たとえば,砂質土壌の飽和透水係数は高いものの不飽和透水係数は低く,構造の発達した粘土質土壌と比較して排水が必ずしもよいわけではない.

溶質は主にイオンとして移動する.そのため,陽イオンの溶脱には,対となる陰イオンが必要となる.森林では酸性土壌なら有機酸,中性土壌なら重炭酸が主要な陰イオンとなることが多い.土壌からの$NO_3^-$溶脱は植物吸収の影響によって小さいことが多いが,老齢林や皆伐地では耕地土壌と同レベルの溶脱が起こることもある.

### C. ガス揮散(土壌呼吸,脱窒)

土壌からの$CO_2$放出には,植物の根呼吸と微生物呼吸が含まれる.微生物呼吸は1 haあたり年間数tに及ぶので,これが主要な有機物の損失過程となる.微生物は溶存態の有機物(dissolved organic matter)しか吸収・利用できないため,$CO_2$放出は,①細胞外酵素による不溶性有機物の可溶化(低分子化),②微生物による吸収・無機化の2段階からなる.細胞外酵素の活性は,微生物バイオマス,酵素特性(至適pH,温度・水分条件,活性化エネルギー),環境条件(pH,温度・水分条件),基質条件(吸着,阻害)に影響を受け,それにより有機物の分解速度が決まる.

O層では,多くの微生物が生産できるセルラーゼは,セルロースの加水分解反応を触媒し,セルロースを分解する.一方,リグニン分解の酵素活性には,①セルロースなど他のエネルギー源が必要となる,②酸化分解反応が必要となる,③高C/N比条件(N欠乏)における糸状菌の二次代謝活性として発現す

るという特異性がある．特に白色腐朽菌のみが，酸化力の高いリグニンペルオキシダーゼ（lignin peroxidase：LiP），マンガンペルオキシダーゼ（mn peroxidase：MnP）などのペルオキシダーゼを生産でき，効率よくリグニンを分解できる．LiP は主に腐朽材で，MnP やラッカーゼ（laccase）に代表されるフェノールオキシダーゼ（phenol oxidase）は O 層でリグニン分解を担う．

鉱質土壌中では，より複雑な構造をもつ腐植物質に対して多様な酵素が働き，可溶化させる（分解連鎖系）．化学的な脱着を含めて可溶化した低分子溶存有機物を微生物は速やかに吸収・利用することができる．好気的条件では $CO_2$ 放出の律速要因は土壌有機物の可溶化（低分子化）であることが多いが，嫌気的条件ではリグニンの酸化的分解（細胞外），無機化過程（細胞内）がともに抑制される．

負荷電の卓越する土壌では $NO_3^-$ が下方浸透しやすいが，植物吸収とともに嫌気的条件下での脱窒反応（グライ化）（2.3.3 項参照）によって消費される．下層土壌や河畔域では脱窒が盛んである．この結果，渓流水の $NO_3^-$ 濃度が低く維持される．脱窒は従属栄養微生物による反応であるため，炭素源を必要とする．大気窒素沈着の増加や植物吸収の低下する条件では，相対的に炭素源が欠乏するために $NO_3^-$ 溶脱が脱窒を上回る場合もある．植生や土壌微生物の窒素要求を上回る窒素が生態系に供給されることで，土壌–植生系で吸収されなかった窒素が系外に流出する現象を，窒素飽和と呼ぶ．

## 2.3.3 形態変化（腐植化，風化）

### A．腐植化

土壌では，植物遺体（落葉落枝と枯死根）が O 層への供給後の土壌動物による細分化・混和，微生物による取り込み後，死菌体および代謝産物として放出され，化学的形態変化（重合など）を経て，残留物が腐植物質となる．また，溶存有機物の浸透・吸着によって鉱質土層へ供給され，安定化する．腐植物質は単体として存在するわけではなく，多くは粘土に吸着し安定化している．その結合形態は，物理的吸着，静電結合，$Ca^{2+}$ による架橋，$Fe^{3+}$，$Fe^{2+}$，$Al^{3+}$ イオンによる配位子結合を含む．C の少なくとも 30% 程度はこれら金属イオンと結合し，有機・無機複合体（organo-mineral complex）を形成している．一

般に，粘土含量の高い土壌ほど，日本では非晶質 Al・Fe 成分が高いほど，有機炭素含量が高い．

## B. 風 化

**粘土化作用（シアリット化作用：siallitization）**

　一次鉱物の風化によって二次鉱物が生成される過程を指す．風化反応は温暖湿潤条件で促進される．Fe 酸化物（フェリハイドライトやゲータイト）が生成されると土壌は褐色を呈する（褐色化作用：brunification）．日本の褐色森林土の B 層で見られる．熱帯，亜熱帯地域では，高温・脱水過程によってヘマタイトが増加し，土壌は赤色を呈するようになる（赤色化作用）．これが亜熱帯，熱帯土壌（Oxisol, Ultisol）（特に乾季をもつ地域）の鮮赤色を説明する．粘土粒子の塊を有機物，Fe 酸化物，多価陽イオンが接着し，団粒を形成する．団粒構造は砂質土壌よりも壌土質，粘土質な土壌で発達しやすい．

**粘土の移動集積（レシベ化）**

　粘土の移動集積には，粒子間の接着を弱める乾燥・湿潤サイクルと土壌コロイド間の反発が重要となる．粘土移動は $CaCO_3$ の存在する半乾燥地土壌（たとえば Mollisol）では起きにくい．塩濃度が高い条件では拡散二重層（図 2.17）が相対的に薄くなるためである．やや湿潤な気候条件の森林では，$CaCO_3$ を含む塩類が下層に溶脱し，表層の塩濃度が低下するために拡散二重層が厚くなり，コロイド同士が反発し分散する．これによって，粘土の移動，集積層が発達する．これをレシベ化（lessivage）という．

　変異荷電性粘土に富む土壌（Andisol, Oxisol）では，荷電の小さいコロイド同士では反発が小さく，酸化物による凝集効果によって団粒が安定する．一定荷電の 2：1 型ケイ酸塩粘土鉱物に富む Ultisol においては，コロイドの荷電が大きく拡散二重層が厚くなるため（コロイド同士の反発が大きい），粘土の分散，移動集積が起こる．また，酸性化による粘土破壊によっても表層から粘土が減少する．

　日本ではレシベ化は顕著ではない．これは，顕著な乾燥時期をもたない，交換サイトには $Al^{3+}$ が多く拡散二重層が薄い，団粒や有機物の接着効果が強い，といった理由によって説明される．

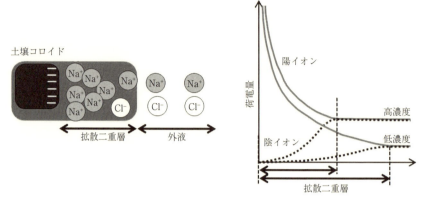

**図 2.17　拡散二重層**
負荷電を帯びたコロイドからの距離近くに陽イオン（実線）が高密度で存在し，やがて陰イオン（点線）と同じ均一の密度になるまでの距離を指す．外液の塩濃度が高いと拡散二重層は薄くなる．荷電密度の高い多価イオンよりも，一価イオンで拡散二重層は厚くなる．一価イオンの中では，$Na^+$ の水和半径は $K^+$ よりも大きいため，拡散二重層も厚くなり，$Na^+$ 飽和コロイド同士の荷電が反発し，分散しやすい．

## 土壌酸性化

日本のように降水量が蒸発散量を上回る気候条件では，水の下方浸透，イオンの溶脱が卓越し，主に以下の①～⑤の過程で土壌酸性化が進行する．酸を発生する過程には，酸性雨や母材（パイライトの酸化など）のような無生物的なものを除けば，ほとんどの酸生産過程には生物（植物，微生物）が関与する．

①有機酸の解離：$2CH_2O + 3/2O_2 \rightarrow HC_2O_4^- + H^+ + H_2O$（有機物分解の中間産物として主に O 層で生産される）

②炭酸の解離：$H_2CO_3 \rightarrow HCO_3^- + H^+$（$pKa = 6.35$）（微生物や根の呼吸の $CO_2$ に由来する）

③N の形態変化（硝酸化成）：$NH_4^+ + 2O_2 \rightarrow NO_3^- + 2H^+ + H_2O$

④植物の陽イオン過剰吸収：$Ca^{2+} + 2R-OH(植物) \rightarrow (R-O)_2Ca(植物) + 2H^+$

⑤酸性雨（$pH < 5.6$）など外部・無生物起源のもの

これらの $H^+$ の生成に対し，生態系内にはさまざまな酸消費過程が存在する．それらは，有機酸の無機化，重炭酸のプロトン化，植物吸収または脱窒，リターフォール，枯死材の無機化などである．生態系内での完全な循環系では，酸

## 2.3 土壌生成プロセス

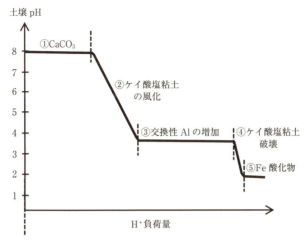

図 2.18　土壌鉱質成分の酸中和過程

の生産・消費が相殺し，正味の $H^+$ 生産はない．しかし，表層での酸生産，下層での酸消費，樹木の成長や材木の持ち去りにより，$H^+$ 生産や消費が卓越する場合がある．

　このようにさまざまな $H^+$ の生成，消費が生じている場合でも，土壌は比較的安定な pH を維持する（酸緩衝能）．鉱物の風化等を通した陽イオンの放出が $H^+$ を消費するためであり（図 2.18），土壌が放出できる陽イオンの荷電量の和を酸中和容量（acid neutralizing capacity）と定義する．まず，①炭酸塩（$CaSO_4$，$CaCO_3$）の中和領域では pH8.0 以上が維持され，② pH8.0〜6.2 の領域ではケイ酸塩粘土鉱物の風化（二次鉱物の生成，変質）が中和に働く．③ pH5.5〜4.5 の領域では，CEC に保持された交換性塩基と $H^+$ の交換反応によって酸が中和され，徐々に塩基飽和度が低下する．アロフェンも溶解する．④ pH5.0〜4.0 の領域では，ケイ酸塩粘土に吸着した $H^+$ は粘土構造を破壊し，$Al^{3+}$ が溶出し，交換性 Al となる．これが $H^+$ の給源となる一方で，弱酸的特徴をもち，低 pH 領域では酸を緩衝する（$Al^{3+}+H_2O \Leftrightarrow AlOH^{2+}+H^+$（pKa＝5.05））．⑤ pH2 以下の領域では，鉄酸化物（$Fe^{3+}+H_2O \Leftrightarrow FeOH^{2+}+H^+$（pKa＝2.2））が中和に働く．

### ポドゾル化（podzolization）

　特に湿潤寒冷な針葉樹林において，微生物や根の放出する有機酸のキレート

化作用によって粘土が破壊され，$Al^{3+}$，$Fe^{3+}$ が溶出する（一致溶解）．これに対して抵抗性の強い石英が残留し，漂白された E 層が形成される．直下の B 層では，有機酸の分解・吸着によって Al・Fe の非晶質物質（イモゴライトや有機・無機複合体）として集積する．

　ポドゾル化の主要過程には次に述べる 4 つの説が提案されている．フルボ酸（高分子有機酸）説では，フルボ酸による表層からの Al，Fe の溶脱と B 層における pH 上昇，$Al^{3+}$，$Fe^{3+}$ 飽和による有機・無機複合体の沈殿・集積によって説明している．また，フルボ酸－重炭酸説では，フルボ酸による Al，Fe の溶脱と，下層における陰イオン吸着による pH 上昇，重炭酸の発生，Al・Fe 非晶質物質の集積（不一致溶解）によって説明している（Ugolini & Dahlgren, 1987）．低分子有機酸説では，表層におけるクエン酸など低分子有機酸による Al，Fe の溶解と，下層での無機化による Al，Fe の再析出によって説明している（Lundström, 1993）．表層からの酸性条件での Al，Fe，Si ゾルの移動と下層におけるイモゴライト様物質の析出によって説明する説は，プロトイモゴライト説と呼ばれている．

## 鉄アルミナ集積作用（ferralitization）

　炭酸などキレート化作用のない酸による風化では，不一致溶解（二次生成物がある反応）によって安定性の強い Fe・Al 酸化物が集積する（式 2.10）．

$$4CaFeSi_2O_6(普通輝石) + 18H_2O + O_2 + 8CO_2$$
$$\rightarrow 4Fe(OH)_3 + 8H_2SiO_3 + 4Ca^{2+} + 8HCO_3^- \qquad (2.10)$$

　一方，熱帯環境ではケイ酸の溶解度が高まるため，相対的に Si が溶脱しやすい（脱ケイ酸化作用：desilication）．このため，Fe・Al 酸化物の相対的集積が進む．これは，ポドゾル化において有機酸が Fe，Al の選択的溶解を引き起こす過程とは対照的である．脱ケイ酸化によって 2 : 1 型ケイ酸塩鉱物は減耗し，1 : 1 型のカオリナイト，Fe・Al 酸化物（ヘマタイト，ゲータイト，ギブサイト）など CEC の低い粘土鉱物が卓越する（⇒Oxisol）．Oxisol は，苦鉄質な玄武岩や蛇紋岩などの塩基性・超塩基性岩において生成されやすいが，アマゾンでは長期的な風化によって堆積岩や花崗岩からも生成する．

## グライ化（Gleization）

酸素（$O_2$）の拡散は，大気中よりも水中で1万倍遅い．季節的に湛水する土壌（泥炭，永久凍土，河畔林）では，根・微生物呼吸によって速やかに $O_2$ が消費されるため，嫌気的条件となりやすい．湛水条件ではなくても，団粒内部や植物遺体近傍では嫌気的となる場合がある．嫌気的条件で，酸化態である三価の Fe イオン（$Fe^{3+}$）から二価の Fe イオン（$Fe^{2+}$）への還元によって青灰色を生じる現象をグライ化という．

多くの生物は，電子供与体（有機物）が電子を供与し（酸化），電子受容体（$O_2$）へと電子を受け渡す（還元）反応によってエネルギーを生み出す．しかし，$O_2$ が消費され，酸化還元電位（Eh：酸化状態と還元状態のバランスであり，正味の酸化状態を示す指標）が低下すると，他の電子受容体を利用する反応へと推移する．

$$O_2 > NO_3^- > Mn^{4+} > Fe^{3+} > SO_4^{2-} > CO_2 > H^+$$

電子の受け渡しに伴うエネルギー放出（微生物にとっての報酬）は，この電子受容体の順に低下する．微生物にとって報酬がより大きい過程が優占し，電子受容体が消費されると，より報酬の悪い過程へと推移する．すなわち，$O_2$ 消費後，まずは脱窒（$NO_3^-$ の還元）が進み，その後に $Mn^{4+}$ の $Mn^{2+}$ への還元，次に $Fe^{3+}$ の $Fe^{2+}$ への還元が進む．さらに還元的な条件では，$SO_4^{2-}$ 還元（塩性湿地）や $CO_2$ からのメタン生成（硫黄の少ない環境）が優占する．Fe の還元までは通気性嫌気性細菌によって，以降は絶対嫌気性細菌によって進む．

溶出した $Mn^{2+}$，$Fe^{2+}$ は嫌気的環境と好気的環境の境界で集積する．Fe や Mn は酸化・還元サイクルに伴い溶解・移動・再析出を繰り返し，斑紋（mottle）や結核（nodule）を形成する（他の成分の減少によって富化する相対的集積に対して絶対的集積と呼ばれる）．斑紋は土壌構造の表面を覆うだけだが，結核は Fe や Mn が主成分となる．Fe の還元反応に伴い，pH が上昇するほか，吸着されていたリン酸イオンが放出される．

$$FeOOH + e^- + 3H^+ \rightarrow Fe^{2+} + 2H_2O$$
$$Fe(H_2PO_4)_3 + e^- \rightarrow Fe(H_2PO_4)_3 + H_2PO_4^-$$

2.3.3項で述べたこれらの形態変化の過程は，変化のベクトルを示すものである．たとえば，酸性土壌ではなくても，土壌酸性化は進行する（たとえば，pH8→7）．また，ポドゾル（Spodosol）ではなくても，日本の酸性褐色森林土の生成過程には弱いポドゾル化も作用していることが多い．

## 2.4　土壌分類および分布

国際的に使われる土壌分類には，米国農務省によるsoil taxonomy（Soil Survey Staff, 2014），国連食糧農業機関（FAO）によるworld reference base for soil resources（IUSS Working Group WRB, 2015；以降，WRB）があり，国内には日本土壌分類体系（日本ペドロジー学会，2016），森林に特化した分類として林野土壌分類（土じょう部，1976）が存在する．それぞれ定義が異なるため，土壌名を記載する場合は用いた分類法を記載する必要がある．

### 2.4.1　soil taxonomyおよびWRB

世界の土壌は，生成因子・プロセスの類似点から主要な12の土壌群（order）に分類できる（図2.19，図2.20，口絵6，口絵7）．土壌（深さ2 m，ま

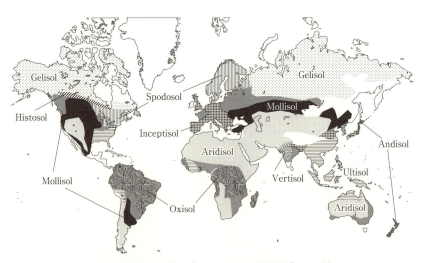

図2.19　世界の土壌図（soil taxonomyを簡易化）　→口絵6

2.4 土壌分類および分布

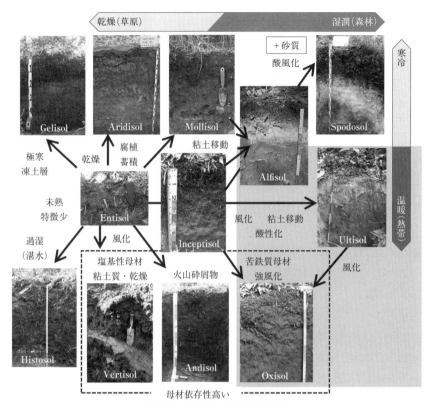

図 2.20 代表的な土壌群と規定要因
soil taxonomy に基づく 12 オーダー．→口絵 7

たは R 層まで）は，特徴層位（B 層あるいは A 層）の識別特徴，乾湿（aridic,半年以上乾燥），ustic（90 日以上乾燥），xeric（乾燥，地中海性），udic（ほぼ湿潤），perudic（常に湿潤）を示す特性に基づいて分類される．キーアウト方式によって，比較的安易に分類できる点が特徴である．

まず特殊な土壌として Gelisol（ジェリソル：WRB では Cryosol）が分類（キーアウト）される．Gelisol は，永久凍土層（2 年以上 0°C 以下）の上端が 1 m 以深に存在する，あるいは 2 m 以深に凍結撹乱の特徴がある層をもつ土壌を指す．しばしば永久凍土と呼ばれるが，厳密な分類名ではない．

次に，地形的特殊性をもつ Histosol（ヒストソル：WRB においても Histosol) が分類される．30日以上湛水し，分厚い堆積有機物層（仮比重 0.1 g cm$^{-3}$ で厚さ 40 cm 以上）をもつ．湛水条件であれば分解が抑制されるため，どの気候帯でも発達する．

3番目に Spodosol（スポドゾル：WRB では Podzol）が分類される．典型的には寒冷湿潤な気候の針葉樹林下，砂質母材で生成し，酸風化（有機酸のキレート化作用）によって粘土が溶解・溶脱し，非晶質 Al・Fe 酸化物として再析出・集積する．非晶質 Al・Fe 成分（有機・無機複合体および非晶質鉱物）の減少した漂白層（E層）および集積層（spodic B層：Bs層）の発達によって定義される．Bs層は，酸性シュウ酸抽出 Al・Fe 含量（$Al_o + 1/2Fe_o$）≧0.5％ でかつ酸性，andic 特徴（下記）をもたないものである．

4番目に母材の特殊性をもつ Andisol（アンディソル：WRB では Andosol）が分類される．火山灰母材から生成する非晶質 Al・Fe 成分量（$Al_o + 1/2Fe_o$）≧2％ であれば andic 特徴を満たし，その層位が 36 cm 以上あれば Andisol に分類される．多くの日本の森林土壌がこの分類に属する．世界的には，分布面積は陸地の 0.8％ にすぎず，火山の地帯に局在している．

5番目に素材の特殊性の強い Oxisol（オキシソル：WRB では Ferralsol）が分類される．湿潤熱帯地域の古い地形面で生成する．CEC（cmol$_c$ kg$^{-1}$ soil）/粘土含量（％）が極めて低いこと（16 cmol$_c$ kg$^{-1}$ soil 以下）を要件とするため，熱帯特有な成帯土壌とされる一方で，母材の性格を強く反映する．主要な粘土鉱物は結晶性 Fe・Al 酸化物，カオリナイトであり，有機物含量は低い．なお，ラトソルはブラジルにおける分類名である．また，ラテライト（レンガに由来）は，湿潤・乾燥サイクルによって不可逆的に硬化した Al・Fe 酸化物およびカオリナイトの集積層をもつ土壌（プリンサイト：WRB では Plinthosol）であり，Oxisol の一部のみを指す．

6番目にやはり素材の性格の強い Vertisol（バーティソル：WRB においても Vertisol）が分類される．スメクタイト（特にモンモリロナイト）など膨潤性粘土鉱物は乾燥によって収縮するため亀裂を生じ，表層土壌が落ち込み，雨季に再膨張することで圧し合い滑った跡，滑り面（slickenside）を生じる．これが vertisol の識別特徴となる．玄武岩，石灰岩など塩基に富む母材上に生成する．撹乱を伴う草原で生成しやすく，森林ではあまり見られない．

## 2.4 土壌分類および分布

7番目のAridisol（アリディソル）は，aridic（年中乾燥）の気候下で発達する．砂漠などを含み，陸地面の12%を占める．一次生産が低いためにA層は薄い．ナトリウム塩類（NaCl, $Na_2SO_4$, $Na_2CO_3$）の集積層（salic層），硫酸カルシウム集積層（gypsic層），炭酸カルシウム$CaCO_3$集積層（calcic層）をもつ場合もある．WRBでは，それぞれsolonchak（中性塩の集積，高い電気伝導度，中性）またはsolonetz（$Na_2CO_3$の集積，高pH, Na型粘土の分散），Gypsisol（gypsic層をもつ），Calcisol（calcic層をもつ）に分類される．

8番目のUltisol（アルティソル：ultimateに由来，WRBではAcrisol（低活性粘土）あるいはAlisol（高活性粘土）と対応）は，溶脱の激しい温暖湿潤気候下（熱帯・暖温帯）の安定地形面に発達する．レシベ化による粘土の移動集積や表層の酸風化による粘土破壊によって表層で粘土含量が減少し，塩基飽和度の低い粘土集積Bt層（argillic層）が発達する．

9番目のMollisol（モリソル）は，10～25 cm以上の黒色，有機炭素含量2.5%以上のmollic層（軟らかい）をもち，塩基飽和度50%以上の土壌である．$CaCO_3$集積層（calcic層）をもつものも多い．WRBでは，chernozem（黒土），kastanozem（栗色土：chernozemより乾燥し退色），phaeozem（より湿潤でcalcic層がない），一部のGleysol（還元的，グライ化特徴をもつ）に対応する．主に草原だが，森林との境界領域にも分布する．Mollisolは世界の土壌の7%を占め，肥沃度の高さゆえに世界の穀倉と呼ばれる．分厚いA層が黒ボク土と共通するが，黒ボク土は酸性であり，腐植はAlと錯体を形成する一方，Mollisolは半乾燥地～半湿潤地の塩基飽和度の高い土壌であり，腐植はCaの架橋によって安定化している．

10番目のAlfisol（アルフィソル：WRBではLuvisol（高活性粘土）およびLixisol（低活性粘土），舌状漂白層を有するAlbeluvisolと対応）は，温帯や亜熱帯の森林，やや降水量の少ない落葉樹林で発達する．Ultisolよりも溶脱程度は小さく，B層には塩基飽和度の高い粘土集積層を有する．

残った土壌のうちで，風化変質層（cambic層：Bw層）のみをもつ土壌をInceptisol（インセプティソル）とする．日本の褐色森林土の多くはこの中に分類される．WRBでは主にCambisolに対応するが，砂質土壌（Arenosol）や20 cm以上の暗色表層をもつ酸性土壌（Umbrisol）を事前に切り分ける．

Inceptisol は陸地の 16% を占める.

最後に残った特徴層位のない土壌すべてが Entisol（エンティソル）に分類される．WRB では未熟土 Regosol や沖積土 Fluvisol までを含む．約 40% の地表面は Entisol となる．

ここまで目レベルでの分類と特徴を概説したが，さらに，目-亜目-大群-亜群レベルへと細分化される．日本の褐色森林土は，一例では，目レベルでは Inceptisol, 亜目レベルでは Udepts（Ud は湿潤，ept は Inceptisol を表す），大群レベルでは Dystrudepts（dystr は塩基の溶脱を表す），亜群レベルでは Typic Dystrudepts というように命名できる．

## 2.4.2 林野土壌分類

日本における林野土壌分類の特徴は形態観察による分類であり，堆積有機物層の様式，土壌構造や菌糸束の有無と色味，水分状態によって識別する．各土壌群の中心概念を定義しているが，キーアウト方式ではないため，分類には経験を要する．

ポドゾル土群（P：soil taxonomy では Spodosol）（乾性，湿性鉄型，湿性腐植型）は，溶脱層と遊離酸化鉄および腐植の集積層をもつ土壌である．寒冷な高山帯針葉樹林下で典型的に見られる．

褐色森林土群（B）は，A 層-B 層-C 層の断面をもち，多雨気候下で弱酸性〜酸性を示す．水分状況によって 7 段階に分類され（乾性（細粒状）$B_A$，乾性（粒状・堅果状）$B_B$，弱乾性 $B_C$，適潤性（偏乾亜型）$B_{D(d)}$，適潤性 $B_D$，弱湿性 $B_E$，湿性 $B_F$），適潤性（偏乾亜型）$B_{D(d)}$，適潤性 $B_D$，弱湿性 $B_E$ が多い（図 2.21）．亜群として褐色森林土亜群，暗色系褐色森林土亜群，赤色系褐色森林土亜群，黄色系褐色森林土亜群がある．soil taxonomy では Inceptisol, WRB では Cambisol に対応する．ただし，化学的には前述の andic 特徴（2.4.1 項）を満たすものが多く，褐色森林土の数割は soil taxonomy では Andisol に分類される．

黒色土群（Bl：soil taxonomy では Andisol）は，火山灰を母材とし，厚い黒色〜淡黒色（黒褐色）の A 層をもつ．有機物含量が高く，仮比重が低い．保水力が高い．微生物・土壌動物の分解活性が高く，ムル型の O 層が発達する．

2.4 土壌分類および分布

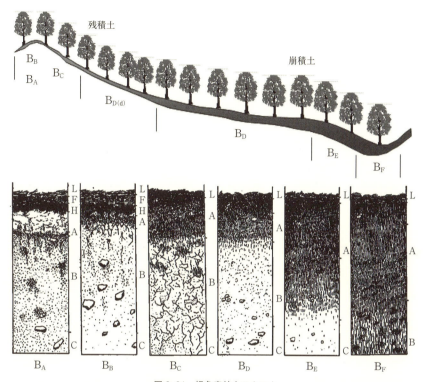

図 2.21 褐色森林土のカテナ
斜面方向の水移動によって，斜面上部から下部へと推移するにつれて土壌は湿潤となる．また，土壌の侵食・堆積や有機物供給の増加によって斜面下部で土壌有機物の堆積量が多くなる．

褐色森林土と同じように水分条件によって分類するが，乾性（細粒状）は存在せず，乾性（粒状・堅果状）$Bl_B$，弱乾性 $Bl_C$，適潤性（偏乾亜型）$Bl_{D(d)}$，適潤性 $Bl_D$，弱湿性 $Bl_E$，湿性 $Bl_F$ が存在する．

赤・黄色土群（RY：soil taxonomy では Inceptisol，稀に Ultisol）は薄い A 層と赤褐色〜明黄褐色の B 層をもつ酸性土壌である．過去の温暖期に生成された古土壌とされるものと，沖縄などで現在の気候下で生成されたものが存在する．

暗赤色土群（DR：soil taxonomy では Inceptisol）は石灰岩，蛇紋岩など超塩基性岩に由来する暗赤褐色の B 層を有する土壌である．

グライ土壌群（G：soil taxonomy では Entisol あるいは Inceptisol）は，地下

水の影響によってグライ化の影響を示す灰白色のグライ層をもつ土壌である.

泥炭土群（Pt：soil taxonomy では Histosol）は，湛水によって未分解有機物が堆積した土壌である.

未熟土群（Im：soil taxonomy では Entisol）は，侵食によって土層の一部を欠損した受食土と母材の堆積から時間の経過の少ない未熟土を含む.

林野土壌分類には気候，植生分布，生産性との対応関係が見られる.亜高山帯には，ポドゾル土～褐色森林土（暗色系）が分布し，温帯・暖温帯には褐色森林土が分布，西日本の暖温帯には褐色森林土（赤色系・黄色系）が分布，亜熱帯には赤・黄色土が分布するように，気候の強い影響・制約がある（成帯性）.一方，黒色土は火山砕屑物の母材依存性が高く，全国に広く分布する.

林野土壌分類は植生（天然林）との対応関係もあり，モミ・ツガ林は乾性の褐色森林土（粒状・堅果状）$B_B$ やポドゾル土（亜高山帯）と対応し，ヒノキ林（木曾）はポドゾル土と対応する.ブナ林は適潤性の褐色森林土 $B_D$ や偏乾亜型 $B_{D(d)}$ と対応する.サワグルミ，トチノキ林やシオジ林は褐色森林土の適潤性 $B_E$，弱湿性 $B_F$ と対応する.

人工林の場合，気候とともに植生・土壌の特性に合わせた適地適木が求められる.スギは湿潤な土壌で生育がよく（本州以南），ヒノキはやや乾燥した条件で生育がよい.褐色森林土では，スギの生産性は適潤性 $B_D$，弱湿性 $B_E$ で高く，斜面上部の適潤性（偏乾亜型）$B_{D(d)}$ 以上に乾燥する条件では生育が低下する.これは，水分制限の直接的影響とともに，乾燥した土壌ほど有機物分解が抑制され，厚い O 層，薄い A 層からの養分（特に N，P）供給が制限されるためである.一方，アカマツの生産性は水分依存性が低く，ヒノキは $B_D$，$B_{D(d)}$ といったやや乾燥した条件で生産性が高いため，斜面上部の植林樹種に選択される.

同一の水分条件に分布する黒色土 $Bl_D$ と褐色森林土 $B_D$ を比べると，黒色土におけるスギ生産性が落ちることが多い.また，黒色土の弱湿性 $Bl_E$，湿性 $Bl_F$ はスギにとってはやや過湿であり，生産性が低く病害（根腐れ病など）にかかりやすい.また，ポドゾル土や褐色森林土の乾燥 $B_A$，$B_B$ では E 層や薄い A 層の養分供給力が乏しく，厚い O 層への養分依存度が高い.したがって，森林施業（伐採・侵食）に伴う撹乱によって養分が損失しやすいことが生産性

を下げる要因となっている．

### 2.4.3　日本土壌分類体系

日本土壌分類体系では soil taxonomy に準じ，キーアウト方式を採用している．これは，農地・森林を包括的に分類することを目的としている．造成土大群（客土，盛土），有機質土大群（泥炭），黒ボク土大群，ポドゾル土大群，沖積土大群（主に水田，低地），赤黄色土大群，富塩基土大群（主に塩基性・超塩基性岩由来の土壌），停滞水成土大群（水田），褐色森林土大群，未熟土大群の順にキーアウトされ，10 の大群に分類される．

このうち，有機質土大群，黒ボク土大群，ポドゾル土大群，赤黄色土大群，富塩基土大群，褐色森林土大群，未熟土大群は上述の林野土壌分類とも対応し，大部分の森林土壌はいずれかに属する．土壌相レベルで水分環境の違い（細粒状構造型乾性相，粒状構造型乾性相，弱乾性相，適潤性相，偏乾型適潤性相，弱湿性相，湿性相）を追加することで林野土壌分類の特徴を取り込んでいる．

## 2.5　世界および日本の土壌の機能

### 2.5.1　日本の森林土壌と物質循環

日本列島は地質的には凝灰岩や堆積物を基盤としているが，表層土壌は広く火山灰や風成塵の付加・堆積によって影響を受けている．日本は中緯度帯で例外的に降水量が多く，ほとんどの土壌が酸性を示す．一方で，温暖湿潤な条件で有機物生産・蓄積が活発なほか，堆積岩・火山灰母材の粘土化作用が活発に進み，粘土質な土壌が広く分布する．反応性の高い水酸基（非晶質成分の反応サイト活性 Al–OH, Fe–OH）が多く，CEC が高い．

日本の森林土壌は，林野土壌分類に基づけば褐色森林土（Inceptisol）と黒色土（Andisol：黒ボク土）に代表される．急峻な地形ゆえに侵食が活発であり，安定な地面に生じる Ultisol は少ない．暖温帯に見られる赤色系・黄色系褐色森林土，安定した台地・丘陵上に見られる赤・黄色土は風化程度が強いものの，粘土の CEC はやはり高く，Inceptisol の範疇である（Oxisol は存在

第 2 章　森林土壌の分類と機能

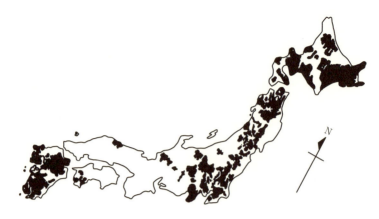

図 2.22　林野土壌分類に基づく黒色土（火山灰土壌）の分布
農林省林業試験場土壌調査部編（1957）から引用．

しない）．

　黒色土（黒ボク土）は，火山の分布する北海道，東北，関東，九州に広く分布する（図 2.22）．過去の草原植生下で枯死根リターが大量に供給され，火山灰から放出された多量の Al と有機物が有機・無機複合体を形成し，分厚い腐植質 A 層を作る．pH4.8 以上の下層土壌ではアロフェン，イモゴライト，フェリハイドライトに代表される非晶質鉱物の生成・集積が起こる（黒ボク化作用：andosolization）．この土壌を，特にアロフェン質黒ボク土と呼ぶ．

　風成塵や花崗岩，堆積岩に由来するイライト（雲母）が微量に含まれる土壌では，2：1 型ケイ酸塩粘土鉱物（イライト，バーミキュライト）が存在し，アロフェンの溶解によって Al が多量に供給されることで Al バーミキュライトが生成する．2：1 型ケイ酸塩粘土鉱物とそこに吸着した交換性 $Al^{3+}$ の影響を強く反映し，アロフェン質黒ボク土よりも酸性になる（pH4 台）．この土壌型を非アロフェン質黒ボク土という．酸性化によって Al が溶解・除去され，Al バーミキュライト→バーミキュライト→スメクタイトへと風化する．特に日本海側の多雪地帯では，雪とともにシルト質な風成塵も堆積し，その酸中和容量が小さいために，強酸性土壌になりやすい．

　日本における Spodosol の生成は高山帯針葉樹下に限定される．砂質・酸性岩母材において，分厚い堆積有機物層から多量に発生する有機酸によって

Fe・Al酸化物の溶脱・集積が進み，Spodosolが生成する．有機酸の発生・溶脱による酸性化は広く褐色森林土でも進行するが，Fe酸化物が多い母材（粘土質堆積物，火山灰）では有機酸の可動性が吸着によって制限されるため，ポドゾル化の程度は小さい．なお，北欧のSpodosolでは分厚い堆積有機物層を要件とせず，地衣類やコケ類の繁茂した針葉樹林帯に広域に分布する．

　日本の土壌の特徴の1つとして，黒ボク土壌における高い炭素蓄積が挙げられる．全球スケールでは，陸域生態系において，表層1mの土壌中には1,555ギガトンもの炭素が有機物として存在し，その量は大気中の炭素量の約2倍，植物バイオマスの炭素量の約3倍に相当する．黒ボク土は，その黒さ，腐植質A層の厚さ，土壌炭素濃度は鉱質土壌群（泥炭土を除く）の中では最大級であるが，仮比重が軽いために面積ベースで土壌炭素蓄積量を算出すると，andic特徴をもつ褐色森林土との違いは顕著ではない．ただし，非晶質粘土鉱物（アロフェンなど）を含む火山灰土壌では，活性Alへの吸着によって溶液中の炭素基質濃度が低下し，微生物の利用性が低下するために吸着された土壌炭素の安定度（平均滞留時間）は高くなる．

　次に，黒ボク土のリン酸吸収の機能について，植物への養分供給の面から述べる．植物の養分吸収は，蒸散に伴う養水分吸収（マスフロー：mass flow）と高濃度域から根近傍の低濃度へと濃度勾配に依存して移動する拡散（diffusion）がある．植物のN吸収はマスフローへの依存度が高いが，リン酸（主に$H_2PO_4^-$や$HPO_4^{2-}$）の吸収は拡散への依存度が高い．土壌溶液中へ放出されたリン酸イオンは，Al・Fe酸化物・水酸化物への吸着と微生物の吸収との間で競合する．黒ボク土では，アロフェンや有機・無機複合体などの非晶質成分が高いP吸着能を示し，作物生産性を制限する．森林では，外生菌根菌やAM菌根菌との共生によって，共生のない植物根よりも低濃度でリン酸を吸収することができる．外生菌根はキレート化作用をもつ低分子有機酸を菌糸から放出し，Al・Fe酸化物・水酸化物と結合した不溶性の無機態Pの可溶化（脱着）を促進する．微生物や植物根から分泌される加水分解酵素（フォスファターゼ）もまた，不溶性Pを低分子化することで無機化を促進する．これらのプロセスによって，不溶化したPを獲得していると考えられている．

## 2.5.2 熱帯の森林土壌と物質循環

　熱帯湿潤地域では風化が促進され，安定地形面では強風化土壌である Ultisol，Oxisol が広く分布するが，地形的な要因で Inceptisol, Entisol, Histosol も共存する．Ultisol は暖温帯〜熱帯地域に分布するが，Oxisol の分布は熱帯地域に限定される．Oxisol は分類上，生成過程よりも粘土の CEC が低いことを要件とするため，母材や地質年代の影響が極めて高い．地質年代の古い南米大陸ではアマゾンやセラード，アフリカ大陸ではコンゴ平原などの楯状地に Ultisol とともに広く分布する．

　東南アジアでは，Ultisol が広く分布し，苦鉄質の塩基性・超塩基性岩（玄武岩，蛇紋岩）地帯に限定的に分布する．一般に東南アジアの土壌は，地質年代が新しいために，アフリカ大陸や年米大陸の Oxisol あるいは Ultisol よりも風化（脱ケイ酸化作用）程度が比較的小さい．この結果，2：1型ケイ酸塩鉱物が卓越し，CEC，交換性 Al が高く，土壌溶液中の $Al^{3+}$ 濃度も高い．したがって，酸性耐性をもつ樹木に有利となり，低地林にはフタバガキ科樹木，熱帯山地林にはブナ科樹木が優占する．一方，アフリカ大陸，南米大陸では，窒素固定能を有するマメ科樹木を含む AM 菌根共生の樹木の優占する森林が広く分布する．

### A. 強風化土壌における高いバイオマス生産

　熱帯の強風化土壌では強い溶脱作用によって，交換性塩基量，有機物含量は低い．そのため農地では数年で作物生産力が低下するが，森林では高いバイオマス生産が保たれている．生態系のおおよその有機物賦存量を炭素ベースで把握することができる（吉良，1976）．1 ha あたりの熱帯林の炭素ストックは，樹高 40 m であれば，バイオマスはその 10 倍の 400 Mg ha$^{-1}$ であり，炭素量はその半分の 200 Mg C ha$^{-1}$ となる．これは，樹高 20 m の温帯林（100 Mg C ha$^{-1}$）よりも大きい．一方，1 m 深までの土壌炭素蓄積量（100 Mg C ha$^{-1}$）は温帯林よりも小さい（100〜200 Mg C ha$^{-1}$）．仮に，年間の落葉落枝量（リターフォール量）を 3 Mg C ha$^{-1}$ yr$^{-1}$，堆積有機物量を 1 Mg C ha$^{-1}$ とすると，見た目の代謝回転は 4ヶ月である．一方，温帯林で年間の落葉落枝量を 2 Mg C ha$^{-1}$ yr$^{-1}$，堆積有機物量を 4〜20 Mg C ha$^{-1}$ とすると，見た目の代謝

回転は2〜10年になる．熱帯林では，速やかな代謝回転（有機物分解）とO層直下で養分を回収するルートマットの存在によって，養分欠乏が緩和される．熱帯林における速やかな有機物分解には，①シロアリなど土壌動物によるリター破砕効果，②キノコによる効率的なリグニン分解，③微生物の分解酵素活性の温度依存性の高さ，④非晶質性 Fe・Al 酸化物の少ない鉱質土壌における低い有機物吸着効果がかかわる．

これに加え，活発な生物活動は酸を発生させ（酸性化），さらなる鉱物風化，養分放出を促進する．また，低 pH 耐性のある糸状菌およびその分解酵素系（ペルオキシダーゼ）によって，リグニン分解が効率的に進む．これらのプロセスが，酸性土壌における高いバイオマス生産を土壌の側から支えている．

## B. 温帯林の窒素制限と熱帯林のリン制限

土壌における N の無機化過程は，①タンパク質分解酵素プロテアーゼ（キナーゼなど）による落葉（主にタンパク質）の加水分解反応，②放出されたアミノ酸の微生物による吸収・代謝回路への組み込み，③代謝末端のアルギニン分解によるアンモニア化成・$NH_4^+$ の放出，④硝酸化成からなる．

一般的に土壌微生物の C/N 比はバクテリアで4程度，糸状菌で7前後であり，N は細胞合成の重要な資源である．温帯林（N 要求量の高い若齢林など）のリターのように C/N 比の高い基質条件（炭素基質が十分に存在する条件）では，微生物の増殖・同化（資化）に N が利用され，植物へ N が放出されなくなる．この現象を（植物の）窒素飢餓と呼ぶ．対照的に，C/N 比の低い基質条件（微生物の死骸など炭素基質に対して N が豊富な条件）では，微生物代謝プロセスは異化（無機化・硝化など）が卓越し，バイオマス需要に対して余剰の N が放出される（Schimel & Weintraub, 2003）．

熱帯土壌では，リグニン分解が律速にならないために N 無機化が促進され，N が放出されやすい．一方，Fe・Al 酸化物の多い熱帯土壌では，酸性条件でリン酸吸着が増加する．このため，N 制限よりも P 制限を引き起こしやすいと考えられている．ただし N 制限と P 制限は必ずしも二択論ではなく，互いに関連することで共制限（co-limitation）も起こる．

## 2.5.3 周極域の土壌（未熟土，永久凍土，泥炭）と物質循環

　寒冷かつ降水量の少ない極域では，土壌中の鉱物風化が遅いために，周極域には未熟土（岩石砂漠，国際分類では Entisol）が広く分布する．年平均気温 0℃ 以下となる気候下の一部では永久凍土層をもち，Gelisol となる．周極域には氷河期に数千 m の厚さをもつ大陸氷河（ice sheet）によって作られた平坦な地形面が多く，降水量や気温がやや高い地域には湖や湿地帯が広がる．湿地にはミズゴケなどの植物遺体が未分解のまま堆積することで泥炭が形成される．より温暖な北方林は，マツ科の針葉樹，林床は地衣類やコケ植物，ツツジ科低木（ブルーベリーなど，北欧ではヒース）に覆われ，低温環境では効率的なリグニン分解者が少ないために，疎林，砂質土壌以外では分厚い O 層が発達する．高 C/N 比条件で N 無機化が遅延し，植物生育は N 供給によって制限される．この点は，周極域（北欧，シベリア，北米）の土壌発達過程として共通している．

　一方，過去の氷河分布によって，北欧，シベリア，北米の土壌タイプは大きく異なる．北欧は北大西洋海流（暖流）と偏西風によって湿潤で，比較的温暖な環境で積雪が多いため，氷河期，巨大な大陸氷河が形成された．この氷河が地表を被覆したために，土壌は凍結しなかった．1 万年前，氷河が後退し，氷河堆積物を母材として土壌生成が始まった．

　北欧の針葉樹林下では，砂質母材上に Spodosol，粘質母材上に Inceptisol（酸性褐色森林土に相当）が発達する．平坦な湿地帯には Histosol が発達する．なお，Histosol の中でも成因，種組成は多様であり，高層湿原（peat あるいは bog：降水栄養性，酸性，ミズゴケ Sphagnum spp.，ツツジ科など），低層湿原（fen：鉱物質栄養性，ハンノキ，ミズバショウなど），沼沢地（swamp：マングローブ，湿地林），湿地（marsh：草本 ヨシなど）に分類される．

　一方，より乾燥したシベリア・北米では，氷河期，氷河に覆われなかった時期・地域が存在し，厳しい寒さによってかつて最大で 700 m の深さまで土壌が凍結した．凍土層の影響は，連続永久凍土帯，不連続永久凍土帯，点状分布永久凍土帯まで含めると広大である（図 2.23）．現在の気候下で生成した凍土と化石凍土（たとえば，カナダ無氷回廊に残存）がある．凍土面（活動層直

2.5 世界および日本の土壌の機能

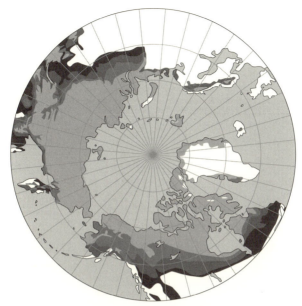

図 2.23 永久凍土の分布
北から順に，連続永久凍土帯（90〜100%），不連続永久凍土帯（50〜90%），断片化した永久凍土帯（10〜50%），点状分布する永久凍土帯（0〜10%）．

下）は現在の気候と平衡状態にあり，融解（夏季）と凍結（冬季）を繰り返している．このような条件では，水や氷の生み出す圧力によって土壌の物理的移動が生じる．これを凍結撹乱（cryoturbation）と呼ぶ．

寒冷・乾燥条件では，地表に亀裂が生じたところに氷楔（ice wedge）が生まれ，数 m スケールの構造土（patterned ground）を生成する．代表的なものには，多角形状のポリゴン（polygon）がある．より南部の温暖・湿潤な条件では生物生産が盛んとなり，活動層も数十 cm になるが，土壌有機物が多量に堆積する．温暖期に活動層が深くなると，水や氷による土壌の物理運動が盛んとなり，融解・凍結のサイクルの中で上向きの圧力が生まれ，下層土が持ち上げられ，表層土が埋没する（インボリューション）．北米の黒トウヒ林では，亀裂に 1 m スケールのマウンドと数十 cm の溝が発達し，植被構造土あるいはハンモック土壌（hummocky soil）が形成される．ハンモック土壌の地表面の凹凸に伴う樹木の傾きから，酔っ払いの森（drunken forest）と呼ばれる．よ

り乾燥の厳しいシベリアでは，蒸発散のリスクを最小化できる落葉性の針葉樹カラマツ林が発達し，森林限界以北では矮小灌木ツンドラが広がる．

なお日本でも，高山帯には点状に Gelisol が存在するほか，北日本では季節凍土が見られる．凍結面に向けて温暖な土壌水が吸い上げられる凍上（霜柱など）現象のような短期間凍土もある．

周極域の Gelisol では，地上部バイオマスの小ささとは対照的に多量の有機物が蓄積する．この要因として，不透水性の凍土面の存在による夏季湛水，地衣類，コケ植物リターの分解しにくさ，低温による有機物分解の遅延，凍結撹乱による下層での長期的な有機物保存（凍結マンモスなど）が挙げられる．温暖化による有機物の分解促進によって $CO_2$ 濃度が上昇し，正のフィードバックが起こることが懸念されているが，平坦な地形では温暖化による融解水によって泥炭形成が促進され，土壌の炭素蓄積量が増加する可能性もある．土壌生成が複数の要因の相互作用の結果であることに留意して，土壌・生態系プロセスを考察する必要がある．

## おわりに

土壌中で起こる現象には，化学的・物理的・生物的プロセスが複雑にかかわり合っている．また，地上と地下のプロセスは密接にかかわり合っており，動植物の動態解明にも土壌の理解は不可欠である．土壌に関して構築された理論の多くは，現場や現象の観察から得られたものが多く，多種多様な土壌における普遍性の検証や未知のプロセスの探索は課題として残されている．

### 参考文献

Anderson, D.W. (1988) The effect of parent material and soil development on nutrient cycling in temperate ecosystems. *Biogeochemistry*, 5, 71-97.

Chapin III, F.S., Matson, P.A., Vitousek, P. (2011) *Principles of Terrestrial Ecosystem Ecology 2nd ed.* Springer.

Fujii, K. (2014) Soil acidification and adaptations of plants and microorganisms in Bornean tropical forests. *Ecological Research*, 29, 371-381.

藤井一至（2015）大地の五億年：せめぎあう土と生き物たち．山と渓谷社．

Fujii, K., Hartono, A. *et al.* (2011) Distribution of Ultisols and Oxisols in the serpentine areas of East Kalimantan, Indonesia. ペドロジスト，**55**, 63-76.
岩田進午 訳，Bolt, G.H., Bruggenwert M.G.M. 編（1980）土壌の化学．学会出版センター．
黒鳥 忠（1967）森林土壌の生成と地力．林業科学技術振興所．
久馬一剛 編（2001）熱帯土壌学．名古屋大学出版会．
農林省林業試験場土壌調査部 編（1957）林野土壌とそのしらべ方．林野共済会．
松浦陽次郎（2014）第10章 植生（森林生態・土壌）．北半球寒冷圏陸域の気候・環境変動．気象研究ノート，**230**, 135-146.
森林土壌研究会 編（1982）森林土壌の調べ方とその性質 改訂版．林野弘済会．

## 引用文献

土じょう部（1976）林野土壌の分類（1975）．林業試験場研究報告，**280**, 1-28.
Dunne, T., Aalto, R.E. (2013) Large river floodplains. In: Treatise on Geomorphology, 9, (ed. Shroder, J.F.) Academic Press, San Diego, pp 645-678.
IUSS Working Group WRB. (2015) World Reference Base for Soil Resources 2014, update 2015. International soil classification system for naming soils and creating legends for soil maps. World Soil Resources Reports No. 106. FAO, Rome.
吉良竜夫（1976）生態学講座〈2〉陸上生態系：概論．共立出版．
Lucas, Y. (2001) The role of plants in controlling rates and products of weathering: Importance of biological pumping. *Annu Rev Earth Planet Sci*, **29**, 135-163.
Lundström, U.S. (1993) The role of organic acids in the soil solution chemistry of a podzolized soil. *Journal of Soil Science*, **44**, 121-133.
日本ペドロジー学会（2016）日本土壌分類体系 分類草案（第五次土壌分類・命名委員会編）．
農林省林業試験場土壌調査部 編（1957）林野土壌とそのしらべ方．林野共済会．
Schimel, J.P., Weintraub, M.N. (2003) The implications of exoenzyme activity on microbial carbon and nitrogen limitation in soil: A theoretical model. *Soil Biol Biochem*, **35**, 549-563.
Soil Survey Staff (2014) *Keys to Soil Taxonomy, 12th ed.* USDA-Natural Resources Conservation Service, Washington, DC.
Ugolini, F.C., Dahlgren, R. (1987) The mechanism of podzolization as revealed by soil solution studies. in Podzols et podzolisation: table ronde internationale, Poitiers (France), 10-11 Apr 1986. INRA.
Zachar, D. (2011) *Soil erosion (Vol. 10)*. Elsevier.

# 第3章 広域風成塵と火山噴出物が土壌生成に及ぼす影響

平舘俊太郎

## はじめに

第2章では，土壌の構成成分，土壌生成因子，土壌断面内における土壌母材の風化および土壌生成プロセスの進行と，その程度に応じた土壌分類などを紹介した．日本における土壌生成や土壌特性を理解する上では，その場における土壌母材の風化に加えて，他の場所から運ばれてきた外来土壌母材の添加による影響も十分に考慮する必要がある．本章では，この外来土壌母材として広域風成塵と火山噴出物を取り上げ，これらが土壌生成や土壌特性に及ぼす影響について解説する．

## 3.1 残積土と累積土

土壌母材がその場で土壌生成作用を受けながら生成する土壌を残積土（あるいは風化土壌）と呼ぶ（図3.1a）．この場合，土壌断面中で最も土壌生成が進行しているのは表層であり，下層で受けた土壌生成作用は上層に比較して弱いことになる．すなわち，土壌生成は上方から下方に向かって進行する（土壌の下方成長）．

これに対して，土壌表面上に何らかの外来土壌母材あるいは他の場所で生成した土壌物質が飛来し堆積してできた土壌を，ここでは累積土（あるいは堆積土壌）と呼ぶ（図3.1bおよびc）．この場合，土壌断面内で最も風化が進行し

## 3.2 累積土的な土壌生成概念の必要性

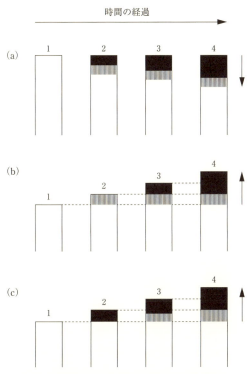

図 3.1 残積土（風化土壌）と累積土（堆積土壌）
(a) 残積土の生成過程，(b) 累積土の生成過程（腐植物質が分解せずに蓄積する場合），(c) 累積土の生成過程（腐植物質が時間の経過とともに分解する場合）．三浦ほか（2009）．

ているのは最表層であるとは限らず，逆に最表層がほとんど風化を受けていない場合や，母材の土壌化が土壌断面内で不連続的に起っている場合もありうる．この場合，土壌表面の位置は経時的に上方へと向かうため，土壌は上方に成長していると見なすことができる（土壌の上方成長）（三浦ほか，2009）．

## 3.2 累積土的な土壌生成概念の必要性

　土壌学では，これまで土壌生成を残積土的に解釈する場合がほとんどだったが，それだけでは十分に説明できない場合も多い．ここでは，累積土的な要素

を考慮に入れる必要性が高いケースを挙げてみたい．

## 3.2.1 火山灰土壌

　火山灰土壌は，代表的な累積土であるといえる．たとえば図3.2に示した火山灰土壌では，1エピソード（1輪廻あるいは1時代）の噴火活動によって供給された火山噴出物が，1つの単位として一連の土壌生成作用を受け，それが複数枚累積することによって形成されたと解釈できる．この際，土壌は上方に向かって成長しており，累積土的であると解釈できる．しかし，1エピソードの噴火活動に由来する火山噴出物の中でも，黒色土層と軽石層とでは，その土壌生成過程は大きく異なると考えざるを得ない．黒色土層と軽石層とでは，見た目も物理的特性も化学的特性も大きく異なり，両層位間が接する境界面（層界）は明瞭である（両層位は明確に異なる）．このため，両層位は不連続に積層されたと考えられる．

　火山灰土壌に見られる黒色土層は，通常有機物含量が極めて高い土層であるが，その厚さは25 cmを超えるものが頻繁に報告されている．場合によっては，植物根の分布域を大きく超えて，50 cmあるいは100 cmを超える厚さの

**図3.2　代表的な累積土である火山灰土壌の断面例**
AおよびBは，それぞれ1エピソードの噴火活動によってもたらされた土壌母材をもとに累積的に生成された土層．Aは，およそ6,200年前に十和田火山の噴火活動によってもたらされた中掫軽石とその上部に堆積する黒色土層で構成されている．Bは，およそ9,400年前に十和田火山の噴火活動によってもたらされた南部軽石とその上部に堆積する黒色土層で構成されている．これらの土層は上方に向かって成長したが，黒色土層と軽石層とでは異なった土壌生成作用が働いたと考えられる．青森県三戸郡新郷村の露頭（1996年撮影）．　→口絵8

黒色土層もある．このような厚い黒色土層はどのような過程を経て生成したのであろうか．多くの場合，土壌中の有機物含量と植物根の分布とは無関係に見える．また，黒色土層と直下の土層との層界は多くの場合明瞭であり，有機物が徐々に直下の土層に浸み込んだようには見えない．これらの観察から，厚い黒色土層の生成には，その場での残積土的な土壌生成作用に加えて，3.4節で述べるように，他の場所から黒色物質が運ばれて堆積したとする累積土的な作用の関与があると考えられる（三浦ほか，2009；Inoue et al., 2011）．

## 3.2.2　石灰岩上の土壌

石灰岩とは，炭酸カルシウム（$CaCO_3$）を50%以上含有する岩石である．炭酸カルシウムは下式のように水と反応して溶解し，カルシウムイオン（$Ca^{2+}$），重炭酸イオン（$HCO_3^-$），水酸化物イオン（$OH^-$）を生成する（式3.1）．

$$CaCO_3 + H_2O \rightarrow Ca^{2+} + HCO_3^- + OH^- \qquad (3.1)$$

この溶解反応によって生成された $OH^-$ は，酸性環境では中和反応によって消費される．すると，上記の反応は右側へと進みやすくなる．すなわち，炭酸カルシウムは酸性ほど溶けやすい．日本のように降水量が卓越する環境では土壌は酸性化しやすいが（2.2.1項参照），こういった環境中では炭酸カルシウムは長期間存在できず，比較的速く消失することとなる．

石灰岩上の土壌を構成する無機成分は，ケイ酸鉱物，アルミノケイ酸塩鉱物，鉄鉱物，マンガン鉱物などであり，いずれも炭酸カルシウムを母材として生成したものではない．これらの成分は，どのような過程を経て生成したものであろうか．残積土的な解釈では，石灰岩に含まれていた炭酸カルシウム以外の酸不溶成分が母材となり，炭酸カルシウムの影響を受けながら生成した，となるだろう．しかし，たとえば琉球石灰岩の場合，厚さ50 cmの土壌が形成されるためには，50 m以上の石灰岩層が溶解する必要があると試算されている（井上・溝田，1988）．同様に，秋吉台（図3.3）や平尾台の石灰岩に含まれる酸不溶成分含量は非常に低く，1 mの土層が形成されるためには1,000 mあるいはそれ以上の石灰岩層が溶解し，そこに含まれる酸不溶成分が侵食されるこ

第3章 広域風成塵と火山噴出物が土壌生成に及ぼす影響

図3.3 秋吉台の景観
石灰岩が溶食されてできた代表的な地形（カルスト地形）．白く見える岩石が石灰岩．草本植物は土壌に根を張って生育しているが，その土壌（口絵1.1d参照）は石灰岩を母材とした土壌（残積土）とは考えにくく，外来土壌母材の累積的な添加を考える必要があるだろう．山口県美祢市（2009年撮影）．

となく残積しなければならないが，このような状況は非常に考えにくい（井上・溝田，1988）．このように，石灰岩上の土壌は，累積土的なメカニズムを組み込んでその生成メカニズム解釈する必要があるだろう（3.3.5C項参照）．

## 3.2.3 土壌層位間で土性や鉱物組成などの違いが小さい土壌

残積土的な土壌生成作用は地表面に近い層位に対してより強く作用するため，地表環境の影響を受けて生じる土壌化は，土壌断面内では上層から下層に向かうほど弱くなる勾配が見られるだろう．すなわち，最も強く土壌生成作用を受けている表層ほど一次鉱物から二次鉱物（主として粘土鉱物）への変化が進行しており，下層へ向かうほどその程度は低くなることから，土壌無機鉱物の粒径組成（土性）は上層から下層に向かって粗粒化する勾配が見られるだろう（一次鉱物と二次鉱物については2.1.3項参照）．

しかし，実際の土壌断面はこのような形態ばかりではなく，いくつかの層位にわたって同様の土性や鉱物組成を示すものもある．あるいは，逆に下層の方で風化が進行しているような場合もある．口絵1.1dの土壌断面は秋吉台の草原植生下のものであるが，風化の進行を示す赤色化および粘土化は，上層より

も下層の方が著しいと判断される．こういった土壌断面は，どのような過程を経て生成されたのであろうか．

残積土的な土壌生成作用の1つに粘土の移動集積があるが（2.3.3項参照），この作用によって下層土における高粘土含量は説明できるかもしれない．土壌断面内で粘土の移動集積が起こると，粘土の移動経路である割れ目状の構造の表面（構造面）に沿って粘土が張り付くため，粘土キュータン（clay cutan）と呼ばれる光沢をもった独特の構造が観察されるようになる．この粘土キュータンの存在は，粘土の移動集積を示す1つの有力な証拠となるが，この粘土キュータンが観察されないにもかかわらず下層で粘土含量が高い場合には，累積土的な作用を考慮する必要があるだろう．

また，粘土キュータンが観察されていても，他の鉱物組成や化学反応特性などから判断して下層ほど風化作用を強く受けていると見られる場合や深い層位にわたって風化程度に差が見られない場合には，やはり累積土的な作用を念頭に土壌生成過程を考える必要があるだろう．

### 3.2.4　歴史的イベントを記録する物質が断面内で層状に出土する土壌

土壌分類のための調査は深さ1m程度を対象とするが，そこからさまざまな歴史的イベントを記録する物質が層状に出土する場合がある．この中には，縄文～弥生～中世～近世の遺物，火事に伴い発生したと考えられる炭状物質，広域テフラ（3.4.2項参照）など，その歴史的イベントが起こった年代をある程度の幅をもって的確に推定できるものも多い．もちろん，これらの物質は土壌中に自ら潜ったものではなく，これらの物質の上に土壌あるいは土壌母材が累積的に堆積したと考えるべきものである．これらの物質は，土壌あるいは土壌母材の堆積速度を推定する上で貴重な鍵物質にもなりうる．

## 3.3　土壌中における累積性堆積物としての広域風成塵

土壌に累積的に添加される物質は，近隣の山野や河床・海岸など裸地が広がる場所等を起源とするものから，数千km離れた大陸を起源とし長距離運ばれ

るものまでさまざまである．これらの物質を運ぶ営力は風と水と重力が主体であり，台風や砂嵐といった激しい気象イベントに伴い発生する場合もあれば，火山噴火，地すべり，匍行，土石流のようなマスムーブメントなど地学的イベントに伴い発生する場合もある．ここでは，日本の土壌に大きな影響を及ぼしている物質として，アジア大陸の乾燥・半乾燥地域を起源とする広域風成塵（long-range eolian dust, tropospheric eolian dust）を取り上げる．

## 3.3.1 広域風成塵とは

　大気中には微粒子（ダスト）が含まれており，これらは気流によって長距離運搬され，重力によって微粒子そのものとして，あるいは氷晶核となって降雪あるいは降水とともに地表面に到達する．これらのダストは，土壌構成粒子，火山灰，山火事に伴う燃焼物質，家庭・工場から排出される燃焼物質，自動車等の排気に含まれる燃焼物質，海水に由来する塩，宇宙塵，放射性塵などのほか，植物の破片，花粉，胞子，珪藻，バクテリアなど生物を起源とするものもある．こういったダストの主な発生地は世界に2つあり，1つはサハラ砂漠で，もう1つは中国北部からモンゴルにかけての砂漠地帯である（阪口，1977）．乾燥・半乾燥地では，低気圧の発生に伴ってダストが上空に高く巻き上げられ，対流圏内を浮遊しながら広範囲にわたって運搬される．

　海面に降下したダストは海底堆積物となるが，北太平洋，南太平洋，大西洋中央部において海底堆積物中に占めるダストの寄与率は25〜75%であると試算されている（Windom，1969）．北太平洋では，粒径5〜10 $\mu$m に最頻値を示す微細石英（fine quartz）が海底堆積物やハワイの土壌中から見い出されており，その特異な粒形と酸素安定同位体比（Box 3.1）から，これらは北半球の大陸を起源とするダストであることが明らかになっている（Rex *et al.*, 1969；Clayton *et al.*, 1972）．井上・成瀬（1990）は，これら長距離輸送されるダスト（主として無機鉱物粒子）を広域風成塵と呼び，特に中国大陸内陸部を起源とする広域風成塵は，日本の土壌中への混入とその土壌生成への影響の大きさを指摘している．

　日本の土壌に影響を及ぼすダストとしては，上記の中国大陸内陸部を起源とするもののほか，長江および黄河からの河川堆積物からなる東シナ海の大陸棚

## 3.3 土壌中における累積性堆積物としての広域風成塵

堆積物が指摘されている（図3.4）．東シナ海は氷期に陸化した履歴をもっており，氷期の間にここを起源として風で巻き上げられたダストが日本の南西諸島上へ輸送され，第四紀琉球石灰岩やそれより古い時代の基盤岩の上部に堆積して土壌母材になったと指摘されている（井上ほか，1993）．

いずれの風成堆積物も，日本における堆積速度は地質年代によって数mm～数cm/1,000年の範囲内である．この堆積速度は，人間の生活スケールから見れば非常に緩慢であるが，土壌の生成スケールは数千～数万～数十万年スケールであるため，その影響は無視できないであろう．たとえば，土壌生成が始まってから1万年という時間は，土壌の年齢から見ればまだ若い方であるが，その間に堆積する広域風成塵の厚さは，完新世以降の日本の場合，3.6～7.1 cmに達すると試算される（3.3.4項参照）．これは，1つの層位として目視で認識されるには十分な厚さであり，そこでは広域風成塵の鉱物的あるいは

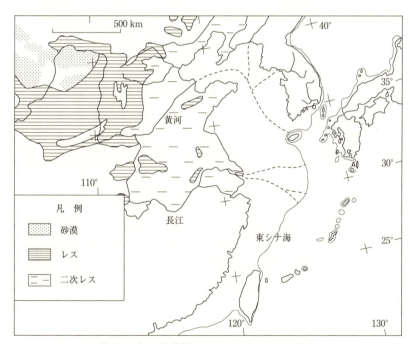

図3.4　東アジア南部におけるレスと二次レスの分布
現在における海岸線（太線）と最終氷期における海岸線（細線）および延伸していた河川（点線）を示した（井上ほか，1993）．レスについては，3.3.2項参照．

化学的特性が強く反映されると考えられる．

> **Box 3.1 酸素安定同位体比**
>
> 酸素原子は，質量数が16，17，18の安定同位体からなる．通常，酸素安定同位体比は，下式により $\delta^{18}O$ 値として示される．
>
> $$\delta^{18}O(‰) = \left\{ \frac{\text{分析対象試料の}\,^{18}O/^{16}O\,比}{\text{標準試料の}\,^{18}O/^{16}O\,比} - 1 \right\} \times 1000$$
>
> 式中の標準試料としては，通常，標準平均海水（SMOW）が用いられる．すなわち，試料の $\delta^{18}O$ 値とは，標準試料との比較において，分析対象試料の $^{18}O/^{16}O$ 比がどの程度変動しているのかを千分率で示したものである（井上・溝田，1988）．
>
> 石英（quartz），雲母（mica），石灰岩（limestone）といった鉱物の $\delta^{18}O$ 値は，生成環境における水の酸素同位体比と生成温度によって一義的に決定される（井上ほか，1993）．特に石英の $\delta^{18}O$ 値は，岩石や堆積物の風化，運搬，再堆積の過程を通してほとんど変化しないため（井上・溝田，1988），土壌や堆積物の起源を推定する上で，有力な情報を提供してくれる．火山岩中の石英は高温のマグマから晶出したものであるが，その $\delta^{18}O$ は一般に＋5～＋10‰の範囲内にある．また，常温ないし常温に近い温度で水溶液から晶出したチャート中の石英や植物ケイ酸体（phytolith）では，$^{18}O$ が著しく濃縮されるため，その $\delta^{18}O$ 値は＋25～＋37‰の範囲内となる（井上・溝田，1988）．これに対して，中国大陸内陸部のレスおよびレス質土壌に含まれる微細石英の $\delta^{18}O$ 値は＋16.3～17.0‰と特異的な値を示す（井上ほか，1993）．また，東シナ海の海底堆積物に含まれる石英の $\delta^{18}O$ 値は＋18.1±1.2‰と，レスおよびレス質土壌中の石英よりもやや高めの値となる（井上ほか，1993）．
>
> これらの知見をもとに，土壌中の石英を分離し，その $\delta^{18}O$ 値を調べれば，その土壌の母材の起源について有力な情報が得られるだろう．

### 3.3.2 広域風成塵を構成する物質

日本の土壌中に混入している広域風成塵の大部分は，中国北部からモンゴルにかけての砂漠地帯を起源とする黄砂あるいはレス（loess）である（阪口，1977；井上・成瀬，1990）．レスとは，シルト質の風成堆積物を指し（成瀬，2006），中国では黄土あるいは黄土状堆積物を包括したものを指す（阪口，1977）．これらは，対流圏に巻き上げられた後，給源地からの距離に応じて分

級されて地上に到達する．すなわち，給源地から離れるに従って粒径の小さな粒子が降り積もる．中央粒径値で見ると，中国内陸部の砂漠砂で50～300 $\mu m$，タクラマカン砂漠のワジ（wadi：乾燥地域に分布する雨季や稀な降雨時以外には水が流れない河谷や河床）の堆積物で20～100 $\mu m$，黄土地帯のレス質堆積物で10～30 $\mu m$，中国東部・韓国・日本のレス質土壌および日本で採取したエアロゾル（広域風成塵）で3～20 $\mu m$，北西太平洋上で採取されたエアロゾルや北西太平洋海底堆積物で0.6～10 $\mu m$ となっており，これらは同一起源であると考えられる（井上・成瀬，1990）．

　日本に飛来し堆積する広域風成塵の鉱物組成は，採取時期や採取場所によって多少の違いはあるが，主要鉱物として雲母およびイライト（illite），カオリナイト（kaolinite），石英，斜長石（plagioclase）を含み，少量のモンモリロナイト（montmorillonite），バーミキュライト（vermiculite），クロライト（chlorite），カルサイト（calcite），角閃石（amphibole），タルク（talc）などを伴うことが多い（井上・成瀬，1990）．これらの鉱物は，中国大陸のレス質土壌にも含まれている（井上・吉田，1978）が，その量比は地域によって異なることから，給源となる場所や分級作用を受ける程度などによって変化すると考えられる（井上，1981）．北太平洋の中緯度地域には，海底堆積物中のイライトおよび石英の含量の高い地域が東西に帯状に分布しており，これらも同一の広域風成塵起源であると考えられる（井上・成瀬，1990）．

## 3.3.3　広域風成塵の風化に伴う変化

### A. 石　英

　広域風成塵に含まれる鉱物の中で最も安定性が高いのは石英であり，ほとんど土壌生成作用を受けず，その形状は安定的に保存されている．日本に飛来する広域風成塵中の石英は，シルトサイズの粒径をもち，角がとれ滑らかな表面をもち（阪口，1977），また特異な酸素安定同位体比をもつ（＋14～＋17‰）（3.3.5項参照）．シルトサイズの石英が多量に含まれることは，分級作用を受けた傍証であり，角がとれた滑らかな表面は風食や水食による物理的風化を強く受けた傍証であろう．このため，張ほか（1994）は，こういった特徴をもつ微細石英の存在は広域風成塵起源を示す強い証拠と考え，土壌中に含まれる

微細石英の含量から広域風成塵の堆積速度を推定している．

## B. 長　石

　長石は比較的風化を受けやすい一次鉱物であり，その風化生成物はハロイサイト（halloysite），カオリナイト，ギブサイト（gibbsite）である．土壌環境のような常温・常圧下で長石からイライトが生成されるとする研究もあるが，その証拠は乏しく，考えにくいだろう（Wilson, 2004）．

## C. 雲　母

　日本に飛来する広域風成塵が含む雲母は，2 八面体構造をもつ白雲母（muscovite）（Box 3.2）が主成分である（Inoue & Naruse, 1991）．また，中華人民共和国吉林省のレス質土壌でも，雲母は白雲母が主成分である（井上ほか，1987）．これら白雲母は，日本のような多雨環境で風化を受けると，層間に固定されていた K が溶脱されて，膨潤型の 2：1 型層状ケイ酸塩鉱物が生成する．この鉱物は，雲母から K が溶脱されて生成するプロセス，および K 飽和処理によって底面間隔が 10Å まで収縮する特性からバーミキュライトであるといえるが，Mg 飽和風乾処理によって底面間隔が 14.5Å まで広がること，およびグリセロール処理によって 18.4〜21.6Å まで膨潤する特性からはスメクタイト（smectite）であるともいえる．白雲母の風化によって生成した鉱物がこのような特性を示すのは，Si 四面体シート中で Si→Al の同形置換を起こしているものの，バーミキュライトとしては単位胞あたりの電荷が小さいこと，逆にスメクタイトとして見れば単位胞あたりの電荷が大きいことに由来する．このような鉱物は，高荷電スメクタイト（high-charge smectite）と呼ばれ（あるいは低荷電バーミキュライトとも呼べるだろう），あるいはバイデライト（beidellite）として同定され，日本や中国の土壌中に見い出される（井上ほか，1987）．これらの鉱物は，日本のような多雨環境では，土壌の酸性化に伴い溶出された Al を層間に取り込み，膨潤性に乏しい 14Å 鉱物となる．この時，層間に取り込まれる Al は，加水分解を受けて水酸化物イオンを含んだヒドロキシアルミニウム（HyA）イオン，あるいはさらに Si を取り込んだヒドロキシアルミノケイ酸（HAS）イオン（いずれもポリマーイオン）の形態であると考えられている（図 3.8 参照）．これらのイオンを取り込んだ 14Å 鉱物は，hydroxy-aluminum-interlayered vermiculite (HIV), Al-vermiculite, 2：1〜2：1：1 型

14Å中間種鉱物などと呼ばれる．これらの鉱物は，土壌中でさらに風化を受けるとAl-クロライトの生成へと向かい（井上，1981），最終的にはカオリナイトなど1：1型層状ケイ酸塩鉱物およびギブサイトやゲータイト（goethite）など結晶性の金属（水）酸化物鉱物の生成へと向かう．

D. カルサイト

カルサイトは炭酸カルシウム（$CaCO_3$）の組成をもつが，式（3.1）でも説明したように，酸（$H^+$）を消費することにより，酸性を緩和する作用をもつ．この反応は，式（3.2）として書くこともできる．

$$CaCO_3 + 2H^+ \rightarrow Ca^{2+} + CO_2\uparrow + H_2O \tag{3.2}$$

すなわち，酸性環境中でカルサイトは，そこに存在する$H^+$を消費しながら消失し，代わりに$Ca^{2+}$を放出する．このため，カルサイトはアルカリ性環境である大陸内陸部では安定であるものの，酸性土壌中では長期間残存できない．中国大陸内陸部で発生した広域風成塵は多量のカルサイトを含むが，これらが日本に到達する過程で輸送経路に位置する中国大陸や朝鮮半島で発生した酸性物質を巻き込むと，上式で示した中和反応が起こり，日本に到達する広域風成塵中のカルサイト含量は低下する．混入する酸性物質が硫酸の場合，反応生成物は硫酸カルシウムとなるが，この物質は広域風成塵中からしばしば検出されている（井上ほか，1994）．

---

### Box 3.2　白雲母と黒雲母

雲母は，2：1型層状ケイ酸塩鉱物の中でも同形置換による負電荷の発生量が大きく，その負電荷を層間に取り込んだ$K^+$で打ち消すことによって電気的中性を保つ構造をとっている．2：1型層状ケイ酸塩鉱物は，1枚の八面体シートを2枚のSi四面体シートが挟んだ構造をもっているが，その八面体シート中の陽イオンが白雲母では$Al^{3+}$であるのに対して，黒雲母では$Mg^{2+}$（金雲母：phlogopite）あるいは$Fe^{2+}$（鉄雲母：annite）である（図）．この八面体シートがもつ陽イオンの電荷の違いに起因して，単位胞（unit cell）あたりに存在できる八面体陽イオンの数は，白雲母で2個であるのに対して（+6の正電荷を発生させるために必要な$Al^{+3}$は2個），黒雲母では3個（+6の正電荷を発生させるために必要な$Mg^{2+}$あるいは$Fe^{+2}$は3個）になる．このため，白雲母は2八面体，黒雲母は3八面体

の構造と呼ばれる．雲母の八面体シートがもつ化学組成は，2：1型層状ケイ酸塩鉱物の基本骨格が維持される限りほとんど変化しないと考えられる．

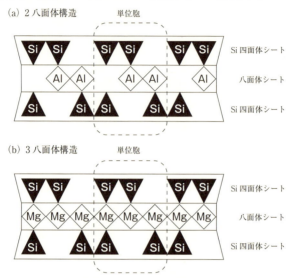

図　2：1型層状ケイ酸塩鉱物における2八面体構造と3八面体構造（横断面図）
白雲母は2八面体構造（a）をもち，金雲母，鉄雲母，黒雲母は3八面体構造（b）をもつ．Bは八面体シート中の陽イオンが$Mg^{2+}$である金雲母．

## 3.3.4　広域風成塵の飛来パターンと飛来量

　日本に到達する広域風成塵は，1年を通じて観測されるが，11〜5月に特に飛来量が多くなる．これは，この時期に黄砂を運ぶ強い西風が吹きやすいのが一因である（井上・成瀬，1990；成瀬，2006）．逆に6〜10月に飛来量が少ないのは，この時期に日本列島付近に張り出す太平洋高気圧の勢力が強いため，南風に押されて中国大陸起源の広域風成塵が到達しにくいのが一因と考えられる．広域風成塵は氷晶核となるため降雨中に含まれるものの，梅雨から夏にかけては，降雨量は多いにもかかわらず，日本の陸地に到達する広域風成塵の量は少ない（井上・成瀬，1990）．

　広域風成塵は，日本海側の多雪地域において多量に堆積しやすい（井上・成瀬，1990）．これは，雪は土壌侵食作用が弱く雪解けに伴って広域風成塵由来

## 3.3 土壌中における累積性堆積物としての広域風成塵

の微粒子が土壌中に保持されやすいこと，逆に雨は土壌侵食作用が強く広域風成塵由来の微粒子は流亡しやすいこと，日本海側は広域風成塵の飛来量が多くなる時期に多量の積雪があること，などの理由によると考えられる．

広域風成塵の堆積速度は，地理的要因と地質学的年代の影響を受けていることがわかっている（表3.1）．現代においては，中国甘粛省蘭州，陝西省洛川，および北京での堆積速度は 70〜260 mm/1,000 年であり，給源から離れた北太平洋では 0.1〜2.0 mm/1,000 年と小さくなる．日本における堆積速度は，完新世（現在〜約11,800年前）では 3.6〜7.1 mm/1,000 年であるが，最終氷期（約11,800年前〜約7万年前）では 13.5〜22.9 mm/1,000 年であると推定されている（井上・成瀬，1990）．また，最終氷期の中でも後期最寒冷期には，広域風成塵の堆積速度がより大きく，40 mm/1,000 年にも達すると推定されている（張ほか，1994）．これは，最終間氷期（最終氷期前の温暖期）に山岳氷河が後退し，あとに残された土砂堆積物が砂漠へと運ばれてワジ堆積物となり，次いで到来した氷期に中国大陸内陸部が乾燥し，砂嵐の発生頻度の上昇に伴って，広域風成塵の発生が頻繁に起こったためと考えられている（井上・成瀬，1990）．

表3.1 中国大陸，日本，北太平洋における広域風成塵の堆積速度

| 堆積場所 | 堆積速度（mm/1,000 年） | 引用文献 |
| --- | --- | --- |
| 中国大陸 | | |
| 　中国甘粛省蘭州 | 260 | 1 |
| 　陝西省洛川 | 70 | 1 |
| 　北京 | 100 | 1 |
| 日本 | | |
| 　現代 | 3.6〜7.1 | 1 |
| 　最終氷期 | 13.5〜22.9 | 1 |
| 　最終氷期後期寒冷期 | 40 | 2 |
| 北太平洋 | | |
| 　北緯50°以北 | 0.8 | 1 |
| 　北緯6〜50° | 0.4〜2.0 | 1 |
| 　北緯11° | 0.1〜0.7 | 1 |

引用文献1：井上・成瀬（1990），引用文献2：張ほか（1994）

## 3.3.5 広域風成塵を主要母材とする土壌

広域風成塵を主要母材とする土壌として,秋吉台など石灰岩上に分布する粘土質の土壌についてはすでに述べた(3.2.2項参照).ここでは,それ以外で広域風成塵の影響を考慮すべきケースを取り上げる.

### A. 日本海沿岸域において砂層や火山灰層に挟まれた土壌

山陰および北陸地方の日本海沿岸地域には砂丘が見られるが,その砂丘断面内においては,砂層や火山灰層の間に挟まれた土壌層がしばしば見られる.砂丘は砂質粒子が活発に飛来する時期と数千年～数万年オーダーの中断期を繰り返しながら形成されるが,中断期には地表面が安定的に保たれるため,そこに飛来した物質は高密度に堆積し,そこで一定期間土壌生成作用を受けた後に,次の砂質粒子飛来期に埋没して保存されたと考えられる.すなわち,砂層や火山灰層に挟まれた土壌層は,過去の環境において生成した古土壌(Box 3.3)であると考えられる.この古土壌は細粒質であり,中央粒径値は1～11 $\mu m$,粘土は14Å鉱物,イライト,カオリナイトで構成されており,5～20 $\mu m$ 画分に占める微細石英の含量は32～74%にも達することから,中国大陸のレスと同様,広域風成塵を母材とした土壌であると考えられる(成瀬・井上,1983).同様の土壌層は,北九州や与那国島でも報告されている(成瀬・井上,1982).

---

**Box 3.3 古土壌**

古土壌(paleosol)とは,過去の環境下で生成された土壌を指す.古土壌の中でも,地表面に現れている土層が現在の環境下における土壌生成作用の影響を未だに反映していない場合,遺存土壌(relict soil)と呼ばれる.また,古土壌の上部を他の土壌物質が覆うことによって埋没されている場合,化石土壌(fossil soil)と呼ばれる.

---

### B. 火山灰土壌において火山噴出物層間に挟まれた土層

レス質の広域風成塵が高密度に堆積している様子は,火山灰土壌地域でも見られる.岩手火山東麓は,活発な火山活動による降灰の影響を強く受けてきた地域であるが,その土壌断面内には上下の火山噴出物層に挟まれたひび割れの

## 3.3 土壌中における累積性堆積物としての広域風成塵

目立つ土層（渋民クラック帯）が見られる（張ほか，1994）．この土層は，高いシルト＋粘土含量，比較的大きな仮比重（単位容積あたりの固相重量：単位は g cm$^{-3}$），低い pH(NaF) をもち（Box 3.6参照），そこに含まれる粘土鉱物は，バーミキュライト，2：1〜2：1：1型14Å中間種鉱物，カオリナイト，石英が主体であり，また石英の酸素同位体比は＋16〜＋17‰であることから，中国大陸を起源とする広域風成塵が累積的に蓄積した層位であると考えられる（張ほか，1994）．また，火山噴出物の編年学的解析から，これら広域風成塵の堆積時期は最終氷期後期（$^{14}$C 年代による約2万〜3.4万年前）および最終氷期前期（同5万〜7万年前）の各寒冷期に相当すること，渋民クラック帯は最終氷期後期の堆積物であること，そしてその堆積速度は 48 kg/m$^2$/1,000年すなわち 4 cm/1,000年であると報告されている（表3.1）．同時に張ほか（1994）は，一般にローム層と認識される土層でも，火山噴出物に由来する場合もあれば，渋民クラック帯のように広域風成塵に由来する場合もあるため，注意が必要であると指摘している．

### C. 南西諸島に分布する細粒質の赤黄色および暗赤色の土壌

井上ほか（1993）は，種子島以南の南西諸島に広く分布する赤黄色土および暗赤色土を分析した結果，一部に火山灰や花崗岩を起源とする土壌物質の存在は認められるものの，多くは中国大陸内陸部起源の広域風成塵由来あるいは東シナ海海底堆積物起源の風成塵由来であることを明らかにした．このことを支持するデータとして，シルトおよび粘土に富む粒径組成，石英の酸素安定同位体比（17.4±0.6‰），およびこれらの特性を示す土壌物質が土壌断面内の表層から下層まで広く均質に分布している状況を挙げている．また，酸素安定同位体比がほぼ同様の範囲内にある石英が，中国のレスおよびレス質土壌の中にも，また南西諸島周辺の海底堆積物の中にも広く分布していることから，広域風成塵の緩慢で継続的な土壌表層への累積的堆積が南西諸島の広い地域で起こっており，この地域の琉球石灰岩，第三紀砂岩，古生代千枚岩および段丘堆積物の上部を覆っている粘土質土壌の多くが，これら広域風成塵を母材としていると結論した．

なお，石灰岩中には，微量ではあるがシルト質の石英および白雲母が含まれている．これら鉱物は，海中において石灰岩と同じ酸素安定同位体平衡下で生

成されたものであるとすれば,その $\delta^{18}O$ 値はそれぞれ約 +37‰ および +24‰ となるはずであるが,これらの鉱物の実際の $\delta^{18}O$ 値は,+16〜+18‰ および +14〜+18‰ と大きく異なること,およびこの実測された $\delta^{18}O$ 値は中国大陸起源の広域風成塵や東シナ海海底堆積物の値と重なることから,これらの地域を給源とする風成塵由来であると結論した(井上ほか,1993).

### D. 広域風成塵の影響を受けたその他の土壌

　本節で説明したように,多かれ少なかれ,広域風成塵は日本の国土の大部分に降り積もってきたと考えられる.その堆積速度は数 mm〜数 cm/1,000 年の範囲内にあり(表 3.1),土壌生成にかかる時間スケールを考慮すれば,その影響は無視できない場合が多いだろう.特に,地形面が安定している場所において,他の堆積イベントが起こっていない場合には,広域風成塵の混入の影響を念頭に置く必要があるだろう.また,他の堆積イベントがある場合でも,それが広域風成塵とは著しく異なる特性をもっている場合には,土壌断面内でその特徴の違いを捉えることができるかもしれない.また,地上に到達した広域風成塵が二次的に集積しやすい場所もあると考えられる.これらをすべて現地性物質が土壌生成作用を受けた結果として解釈しようとすると大きな誤りとなるため,十分に留意が必要であろう.

## 3.4　土壌中における累積性堆積物としての火山噴出物

　日本は,環太平洋火山帯の北西部に位置し,またユーラシアプレート,フィリピン海プレート,北米プレート,太平洋プレートがひしめく境界地域にあたるため,世界的に見て火山活動は非常に活発である.

　火山活動は,しばしば噴火を伴い,地上に累積性の土壌母材を供給する.火山が供給する累積性の土壌母材としては,火山灰,軽石およびスコリア,溶岩,火砕流などが挙げられる.これらの物質は,もととなるマグマの性質あるいは元素組成によって,含まれる構成成分の元素組成および鉱物の種類や組成が異なる.また,これらの物質の堆積量や堆積速度は,給源である火山からの距離,噴火のタイプや規模,噴出される物質の種類,粒径や比重といった物理的特性,噴火時の気象などの影響を受けて多様である.

## 3.4 土壌中における累積性堆積物としての火山噴出物

ここでは，土壌母材でもある火山噴出物について，含まれる成分の種類や特性，分布や堆積状況，その土壌化と土壌化に伴う特性変化および土壌分類との関係について解説する．

### 3.4.1 岩石と火山噴出物のタイプと名前

土壌中の無機成分は，原子配列の繰り返し構造をもつ結晶質成分（鉱物）と，繰り返し構造をもたない非晶質成分（ガラス質成分）に分けられる．

岩石に含まれる造岩鉱物は，フェルシック鉱物（felsic mineral）とマフィック鉱物（mafic mineral）に分けられる（表 3.2）．前者は，石英（quartz）や長石（feldspar）などであり，Si, Al, Na, K に富み，白色～淡色であることから無色鉱物（colorless mineral）とも呼ばれる．後者は，カンラン石（olivine），輝石（pyroxene），角閃石（amphibole），黒雲母（biotite），白雲母（muscovite）などであり，Mg や Fe に富み，一般に暗色であることから有色鉱物（color mineral）とも呼ばれる．岩石中におけるマフィック鉱物の量比（体積%）は色指数（color index）と呼ばれ，この値を基準にして，超マフィック岩（ultramafic rock：色指数＞70），マフィック岩（mafic rock：色指数 70～40），中性岩（intermediate rock：色指数 40～20），フェルシック岩（felsic rock：色指数＜20）に分類される．岩石中 $SiO_2$ 含量に基づく分類では，超塩基性岩（ultrabasic rock：$SiO_2$＜45%），塩基性岩（basic rock：45%＜$SiO_2$＜53%），中性岩（intermediate rock：53%＜$SiO_2$＜63%），酸性岩（acid rock：63%＜$SiO_2$）であり，それぞれ概ね超マフィック岩，マフィック岩，中性岩，フェルシック岩に対応している（周藤・小山内，2002）．塩基性岩や酸性岩といった分類名は，岩石が水と反応した時の水溶液の pH を想起させるが，実際にはほとんどの岩石が水溶液をアルカリ性にする（3.4.4 A 項参照）．このため，このような分類名の使用は避けられる傾向にある．

火山から噴出され急激に冷やされて固まった岩石（火山岩）では，マフィック岩が玄武岩（basalt）に，中性岩が安山岩（andesite）に，フェルシック岩がデイサイト（dacite）と流紋岩（rhyolite）に概ね対応している．日本ではかつてデイサイトを石英安山岩（quartz-andesite）と呼んでいたが，デイサイトは石英を含まないものが多いため，デイサイトと呼ぶのが一般的となった．石

## 第 3 章　広域風成塵と火山噴出物が土壌生成に及ぼす影響

表 3.2　色指数および $SiO_2$ 含量による岩石の分類と対応する岩石の名前

| | 色指数による岩石の分類 | | | |
| --- | --- | --- | --- | --- |
| 色指数* | 超マフィック岩<br>＞70 | マフィック岩<br>40〜70 | 中性岩<br>20〜40 | フェルシック岩<br>＜20 |
| | $SiO_2$ 含量による岩石の分類 | | | |
| $SiO_2$ 含量 | 超塩基性岩<br>＜45％ | 塩基性岩<br>45〜53％ | 中性岩<br>53〜63％ | 酸性岩<br>＞63％ |
| | 対応する岩石の名前 | | | |
| 火山岩 | | 玄武岩 | 安山岩 | デイサイト，流紋岩 |
| 深成岩 | | ハンレイ岩 | 閃緑岩 | 花崗閃緑岩，花崗岩 |

＊色指数：岩石中におけるマフィック鉱物の量比（体積％）．
　フェルシック鉱物：長石や石英など．
　マフィック鉱物：カンラン石，輝石，角閃石，黒雲母，白雲母など．
　注：岩石の分類と名前は，上下の項目で概ね対応している．

英を含むデイサイトは，石英デイサイト（quartz dacite）と呼ぶことがある（周藤・小山内，2002）．参考までに，地下深くでゆっくりと固まった岩石（深成岩）では，マフィック岩がハンレイ岩（gabbro）に，中性岩が閃緑岩（diorite）に，フェルシック岩が花崗閃緑岩（granodiorite）と花崗岩（granite）に概ね対応している．

　火山噴出物に含まれる成分は，固化の過程で結晶化するための時間的な余裕がないため，大部分がガラス質（非晶質）となる．これらは火山ガラス（volcanic glass）と呼ばれる．火山噴出物は，無色火山ガラス（non-colored volcanic glass）が優占する場合と有色火山ガラス（colored volcanic glass）が優占する場合の 2 パターンがある．無色火山ガラスは，流紋岩質，デイサイト質，安山岩質の火山噴出物に対応し，有色火山ガラスは玄武岩質の火山噴出物に対応する．一方，少量ではあるが造岩鉱物も含まれており，これらは噴出前にマグマ中ですでに晶出していたものである（川瀬，2014）．火山噴出物中に含まれる造岩鉱物の種類は，もとのマグマの化学組成によって変化するが，日本では長石（主として斜長石：plagioclase），石英，クリストバライト（cristobalite），トリジマイト（trydymite），輝石，マグネタイト（magnetite），イル

メナイト（ilmenite），角閃石（主として普通角閃石：hornblend），黒雲母，カンラン石が報告されている（Shoji, 1986）．

火山噴出物の中でも降下火山灰（ash fall deposit）は広域に分布しやすく，日本の土壌に最も大きな影響を与えているといえるだろう．通常，降下火山灰とは直径 2 mm 以下の細粒物を指す．これに対して直径 2 mm 以上の粗粒物は，発泡した白色〜淡色のものを降下軽石（pumice fall deposit），発泡した黒色のものを降下スコリア（scoria fall deposit）と呼ぶ．降下軽石は，流紋岩質，デイサイト質，安山岩質のマグマが噴出した時に主として生成するのに対して，降下スコリアは主に玄武岩質のマグマが噴出した時に主として生成する．降下火山灰，降下軽石，降下スコリアを，合わせて降下テフラ（狭義）と呼ぶ（町田・新井，2003）．

火砕流（pyroclastic flow）とは，さまざまな大きさの降下テフラと火山ガスの混合体が，火口や崩壊した噴煙柱などから斜面を流れ下っていく現象であり（川瀬，2014），その堆積物（火砕流堆積物：pyrocrastic flow deposit）が主として火山灰からなる場合を火山灰流堆積物（ash flow deposit），軽石からなる場合を軽石流堆積物（pumice flow deposit）と呼び，合わせてイグニンブライト（ignimbrite）と呼ぶ（町田・新井，2003）．火砕サージとは，火山砕屑物と火山ガスの低密度混合物が，火砕物密度流（pyroclastic density current）として高速で横方向へ移動するものであり，火砕流に伴い発生することが多い（Schmincke, 2004）．降下テフラ，火砕流堆積物，火砕サージ堆積物を合わせてテフラ（広義）と呼ぶ（町田・新井，2003）．テフラ（広義）には溶岩（lava）は含まれないが，本書ではテフラに溶岩を加えたものを火山噴出物と呼ぶ．

## 3.4.2 日本における火山噴出物の分布と堆積状況

火山噴出物添加の影響を受けて独特の特性を示すようになった土壌（3.4.4項参照）は，土壌分類体系によって，Andosols（world reference base for soil resources：FAO, 2015），Andisols（soil taxonomy：Soil Survey Staff, 2014），黒ぼく土（日本の統一的土壌分類体系第二次案：日本ペドロジー学会第四次土壌分類・命名委員会，2003），黒ボク土（包括的土壌分類第 1 次試案：小原ほか，

2011；日本土壌分類体系：日本ペドロジー学会第五次土壌分類・命名委員会，2017) などとして分類される．ここでは，これらの土壌を火山灰土壌と呼ぶ．

　世界の陸地面積に占める火山灰土壌の割合は 1% 未満であるのに対し (Brady & Weil, 2008；FAO, 2015)，日本の陸地面積に占める火山灰土壌の割合は，活発な火山活動の影響を受けて少なくとも 17% に達する (菅野ほか，2008)．また，火山灰土壌は日本の国土の約 31% を占めるとの試算もある (小原ほか，2016)．日本では，火山灰土壌はとりわけ農耕地として利用されることが多く，畑地の約 50% および水田の約 10% が火山灰土壌である (藤原ほか，1998)．

　火山灰土壌として分類されるためには，土壌特性が一定の基準を満たす必要がある．逆にいえば，この一定の基準を満たさない土壌は，火山噴出物の混入があったとしても火山灰土壌には分類されない．たとえば，火山噴出物の混入量が少ない場合や，火山噴出物の混入が多くても独特の特性を示すまで十分に土壌生成（風化）作用を受けていない場合には火山灰土壌には分類されない．また，火山噴出物の混入量が多く，かつ独特の特性を示すまで十分に土壌生成作用を受けていても，非火山灰土壌の下層に埋没している場合，および火山灰土壌層が風雨や洪水などによって失われている場合には，火山灰土壌に分類されない．日本では，国土の広範囲に火山灰を降らせるような巨大噴火が数千年に一度程度の割合で起こっている (町田・新井，2003)．この時，広範囲にわたって運搬され堆積するテフラを広域テフラと呼ぶ (図 3.5)．すなわち，日本の国土の大部分は，多かれ少なかれ，一度はその地表面をテフラによって覆われた履歴をもつといえる．

　日本の火山灰土壌は，火山から見て東側方向に広がりながら分布していることが多い．これは，火山を起点として放出されたテフラが，偏西風の影響を受けて東側に分布しやすいためである．1 つの火山あるいは火山地域における噴火活動は，ある程度一定のリズムで繰り返し起こっているように見え，そこに分布する火山灰土壌の多くはその下層にもかつて表層土壌だった履歴のある火山灰土壌層（埋没火山灰土壌層）をもつ．埋没火山灰土壌層は，これらが表層であった時代に蓄積された有機物を腐植物質（humic substances）として保存しているが，これらは黒色〜褐色の層位（あるいは土層）として容易に認識さ

## 3.4 土壌中における累積性堆積物としての火山噴出物

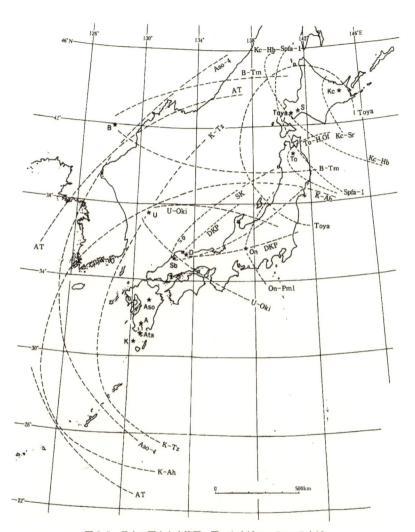

図 3.5 日本の国土を広範囲に覆った広域テフラ*の分布域

*およそ10万年前から現在までの間に降灰した広域テフラを示した．肉眼で認定できるおよその外縁を破線で示した．〈火山〉Kc：クッチャロ，S：支笏，Toya：洞爺，To：十和田，On：御嶽，D：大山，Sb：三瓶，Aso：阿蘇，Ata：阿多，K：鬼界，B：白頭山，U：鬱陵島．〈広域テフラ〉Kc-Sr：クッチャロ庶路（35～40 ka），Kc-Hb：クッチャロ羽幌（115～120 ka），Spfa-1：支笏第1（40～45 ka），Toya：洞爺（112～115 ka），To-H：十和田八戸（15 ka），To-Of：十和田大不動（≧32 ka），On-Pm1：御岳第1（100 ka），DKP：大山倉吉（≧55 ka），SK：三瓶木次（110～115 ka），Aso-4：阿蘇4（85～90 ka），AT：姶良Tn（26～29 ka），K～Tz：鬼界葛原（95 ka），K～Ah：鬼界アカホヤ（7.3 ka），B-Tm：白頭山苫小牧（10世紀），U-Oki：鬱陵隠岐（10.7 ka）．町田・新井（2003）より．

れ，ここには植物ケイ酸体（phytolith）や花粉も保存されていることから，過去の環境を知るための貴重な情報が得られる．

### 3.4.3　火山噴出物を構成する成分の風化抵抗性

無色火山ガラスが優占する火山噴出物においては，構成成分の化学風化に対する抵抗性は，下記の順に高くなる．

無色火山ガラス ＜ 斜長石 ＜ 普通輝石(augite) ＜ 紫蘇輝石（hypersthene）
　＜ 普通角閃石 ＜ 強磁性鉱物類(ferromagnetic minerals：マグネタイトなど)

マフィック鉱物の中では普通輝石は化学風化を受けやすい方であり，中部および東北地方の4,000年より古い火山灰土壌においては，普通輝石の約20%が激しく腐食されていることが観察されている．これに対して普通角閃石は非常に安定であり，10,000年前の火山灰土壌中でもほとんど腐食を受けていないことが観察されている（Shoji, 1986）．

有色火山ガラスが優占する火山噴出物においては，構成成分の化学風化に対する抵抗性は，下記の順に高くなる．

有色火山ガラス ＜ カンラン石 ＜ 斜長石 ＜ 普通輝石 ＜ 紫蘇輝石 ＜ 強磁性鉱物類

有色火山ガラスは，無色火山ガラスよりも化学風化を受けやすい（Shoji, 1986）．

### 3.4.4　火山噴出物の風化とそれに伴う化学特性変化および土壌分類との関係

火山噴出物は，風化および土壌化を経ることによって，もとの成分とは全く異なる成分へと変換され，これに伴って土壌特性も大きく変化することになる．火山灰土壌の分類では，この変化を捉える．火山噴出物の堆積後，時間の経過とともに起こる土壌構成成分変化，土壌特性変化，およびそれらの土壌分類との対応関係について，これまでの知見から想定される一般的な関係の概要を図3.6に示した（平舘，2014）．以下に，これらの変化を概説する．

## 3.4 土壌中における累積性堆積物としての火山噴出物

### A. 火山噴出物の風化の始まり：陽イオンの放出と $H^+$ の取り込み

　火山ガラスを主成分とする火山噴出物は，未風化の状態では概ねマグマの組成を継承している．最も含量が高いのは O であり，2 番目が Si，3 番目が Al である．通常，Al の含量は Si の 1/3～1/5 程度である．Si も Al も火山ガラス中では 4 配位の形態をとっており，4 つの配座にはいずれも O が配位している（Box 3.4, 図 3.7）．Si 四面体の大部分は，他の 3～4 個の Si 四面体（あるいは Al 四面体）と O 原子を共有しており，四面体が立体的に連なった巨大分子を構成していると考えられる（Hiradate & Wada, 2005）．4 配位 Al は，ほとんど 4 配位の形態でしか存在できない Si と置き換わるように存在しており，そこでは Si の +4 の電荷が Al の +3 の電荷に置き換えられているため，この置き換えによって生じた電荷のアンバランスを相殺するように $Na^+$, $K^+$, $Mg^{2+}$, $Ca^{2+}$, $Fe^{2+}$ などが組み込まれている構造をとっていると考えられる．

　火山噴出物の地上における最初の風化は，水と反応して水溶解度の高い $Na^+$, $K^+$, $Ca^{2+}$, $Mg^{2+}$, $Fe^{2+}$ を放出する反応であろう．この反応によって火山噴出物は水を弱アルカリ性に変える．これは，水分子の解離によって生成した $H^+$ が，$Na^+$, $K^+$, $Ca^{2+}$, $Mg^{2+}$, $Fe^{2+}$ との交換反応によって火山噴出物固相内に取り込まれる一方，$OH^-$ は液相に残るためである．風化の初期段階にあるテフラがしばしば弱アルカリ性を示すのは，この反応が起こるためと考えられる（Wada, 1986 など）．

---

### Box 3.4　4 配位 Al と 6 配位 Al

　化学結合において，一方の原子から他の原子へと一方的に結合電子が提供される場合，配位結合という．配位数とは，ある原子から見て他の原子との間に形成される配位結合の数を指す．地上環境における Al は，通常，複数個の O 原子と結合している．この際，Al 原子は O 原子から結合電子を一方的に受け取って化学結合を形成しているため，配位結合と見なせる．

　Al は，4 配位と 6 配位の形態をとりうる特徴的な元素である（図 3.7）．Al がどちらの形態をとるかは，$H^+$ および $OH^-$ 濃度環境（すなわち pH）に依存し，通常，Al に対して配位する $OH^-$（ヒドロキソイオン）の数が 3 個までであれば 6 配位，4 個になると 4 配位になる．水溶液中における Al モノマーイオンの場合，$OH^-$ が配位していない配位座には水分子（$OH_2$：アコイオン）が配位している．

## 第 3 章　広域風成塵と火山噴出物が土壌生成に及ぼす影響

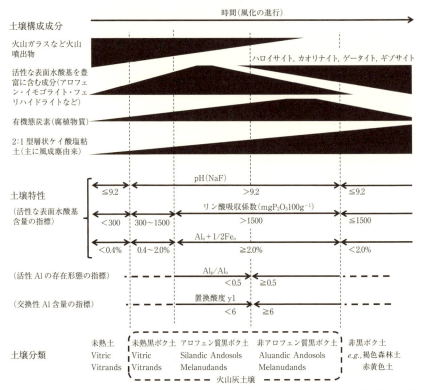

図 3.6　火山噴出物の堆積後に想定される，構成成分，土壌特性，土壌分類の経時変化*（平舘，2014）
*これまでの知見から想定される一般的な関係性を示した．pH(NaF)，リン酸吸収係数，$Al_o + 1/2Fe_o$，$Al_p/Al_o$ については Box 3.6 を，置換酸度については Box 3.7 を参照．

　火山噴出物中の Al は，未風化の場合ほとんどは 4 配位として存在しているが，これらは地上の環境で風化を受けると 6 配位に変換される（Hiradate & Wada, 2005）．この反応は化学的風化と捉えることができ，未熟土から未熟黒ボク土への変化の過程で起こると位置付けることができる（図 3.6）．6 配位に変換された Al は，次いで 6 配位の形態を維持したまま低結晶性成分であるアロフェンやイモゴライトとなり，さらに風化が進むと，やはり 6 配位の形態を維持したまま 1 : 1 型層状ケイ酸塩鉱物や Al 水酸化物になる．また，土壌中の腐植物質と強く結合し，腐植物質の安定化に寄与していると考えられる Al も 6 配位の形態である．
　広域風成塵に含まれる Al は，長石や角閃石中で 4 配位，カオリナイト中で 6 配位，イライトや 2 : 1〜2 : 1 : 1 型 14Å 中間種鉱物中では 4 配位 Al および 6 配位

Alの混合物である．

なお，Alが4配位であるか6配位であるかは，固体 $^{27}$Al-NMR スペクトル分析により比較的容易に知ることができる．

## B. 火山噴出物中4配位Alの6配位Alへの変換と低結晶性成分の生成（未熟黒ボク土の生成）

前項においてH$^+$が火山噴出物固相内へと取り込まれる反応は，引き続いて4配位Alを6配位Al（図3.7）へと変換させる（Box 3.4）．生成された6配位Al上には反応性の高い水酸基（OH基およびOH$_2$基：以下，"活性な表面水酸基"（active surface hydroxyl）と表す）（Box 3.5）が配位することになる．6配位Alが生成されると，次いで6個の6配位Alが環状に結合してヒドロキシアルミニウムイオン（図3.8a）が生成されるとともに，この環の片面の中央にSi(OH)$_4$が1個配位してヒドロキシアルミノケイ酸イオン（図3.8b）が生成されると考えられる．ヒドロキシアルミノケイ酸イオンは，さらにSi(OH)$_4$を取り込んだり（図3.8c），他のヒドロキシアルミノケイ酸イオンと結合したりと，さらにさまざまな反応を起こすと考えられる．これらは，高いリン酸固定能力をもっている（Nakanishi & Wada, 2007）．これらヒドロキシアルミノケイ酸イオンはプロトイモゴライトとも呼ばれ，さらに結合を繰り返すことによって，低結晶性のアルミノケイ酸塩鉱物であるアロフェンやイモゴライトになると考えられている（Hiradate & Wada, 2005）．

ヒドロキシアルミニウムイオン，ヒドロキシアルミノケイ酸イオン，アロフェン，イモゴライト，フェリハイドライトなどは，"活性な表面水酸基"を豊富にもつ低結晶性成分であるが，土壌中におけるこれらの含量が増えてくると，"活性な表面水酸基"の吸着作用によって，腐植物質が巨大分子化して沈殿・集積するようになり，リン酸吸収係数が上昇して 300 mg P$_2$O$_5$ 100 g$^{-1}$ を超え，Alo＋1/2Feo値が0.4％を超え，またpH(NaF)が9.2を超えるようになる（図3.6, Box 3.6）．これらの基準を満たす土層が一定の厚さを超えた時，日本の土壌分類体系の多くは，未熟黒ボク土（いわゆる火山灰土壌の一種）などに分類する．ここまで風化が進んでおらず，これらの基準を満たしていない場合には，十分に土壌生成が進行していないと見なして，火山灰土壌には含めず，

## 第 3 章　広域風成塵と火山噴出物が土壌生成に及ぼす影響

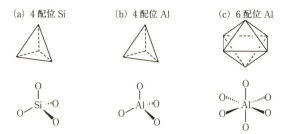

図 3.7　4 配位 Si，4 配位 Al，6 配位 Al の化学構造
(a) 4 配位 Si は，正四面体の中心に Si 原子が位置し，正四面体の 4 つの頂点に O 原子が配位した立体構造をもつ．(b) 4 配位 Al も，正四面体の中心に Al 原子が位置し，正四面体の 4 つの頂点に O 原子が配位した立体構造をもつ．(c) 6 配位 Al は，正八面体の中心に Al 原子が位置し，正八面体の 6 つの頂点に O 原子が配位した立体構造をもつ．Si はほとんどが 4 配位．Al は周囲の $H^+$ および $OH^-$ 濃度によって 4 配位あるいは 6 配位となる．天然の鉱物の中では，4 配位 Si と 4 配位 Al が置き換わる同形置換がしばしば起こっている．

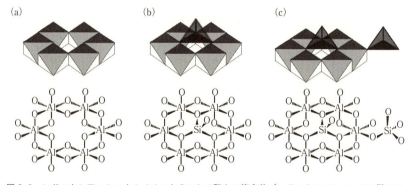

図 3.8　ヒドロキシアルミニウムイオンとそのケイ酸との複合体（ヒドロキシアルミノケイ酸イオン）の化学構造の例
H は表示していない．(a) 6 個の 6 配位 Al が環状に結合したヒドロキシアルミニウムイオンの化学構造．(b) ヒドロキシアルミニウムイオンが作る中央の 6 角形の穴に 4 配位 Si が 3 点結合により結合したヒドロキシアルミノケイ酸イオンの化学構造．(c) B にもう 1 個の 4 配位 Si が結合したヒドロキシアルミノケイ酸イオンの化学構造．

未熟土に分類することになる．一方，海外の土壌分類体系では，火山由来物質が豊富に存在するだけで，それらがほとんど土壌生成を受けていない場合でも，火山灰土壌に含めるものもあることに注意が必要である．

3.4 土壌中における累積性堆積物としての火山噴出物

## Box 3.5　活性な表面水酸基

"活性な表面水酸基"とは，固体表面に配位している反応性に富んだヒドロキソイオン（OH基）あるいはアコイオン（$OH_2$基）であり，非晶質あるいは低結晶性の鉄やアルミニウムの水酸化物上に豊富に存在する．また，低結晶性のアルミノケイ酸塩鉱物であるアロフェンやイモゴライト上にも豊富に存在する．"活性な表面水酸基"は，土壌pHに反応して表面電荷を反転させ，表面に保持するイオンの量や種類を変化させる（図a）．また，リン酸イオン，フッ素イオン，腐植物質などを強く固定し，土壌中に安定的に保持しようとする（図b）．図bの反応では，金属表面に配位した"活性な表面水酸基"が溶液中の配位子と置き換わる反応（配位子交換反応）を起こすことによって，固相表面の電荷状態も変化する．

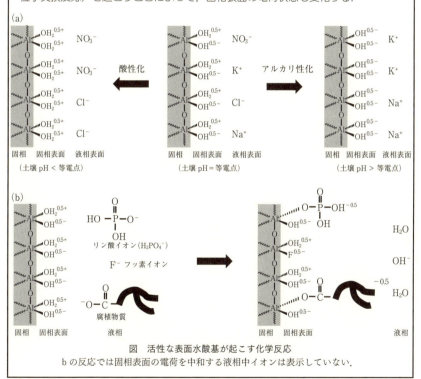

図　活性な表面水酸基が起こす化学反応
bの反応では固相表面の電荷を中和する液相中イオンは表示していない．

## Box 3.6　火山灰土壌の特性の検出

火山灰土壌は，多量の火山ガラスの存在，小さな仮比重，多量の"活性な表面水

酸基"含量，多量の腐植物質含量などによって特徴付けられる．もちろん，どの特徴が強く現れるかは，火山灰土壌の風化段階によって異なる．この中で，"活性な表面水酸基"含量は，火山灰土壌の風化段階をよく反映しているため，土壌分類のための指標としてよく採用されている．

- 腐植物質の蓄積は，火山ガラスの風化に伴って溶出されるFeやAlが"活性な表面水酸基"をもつようになり，次いでこれが腐植物質と複合体を形成することによって促進される（Box 3.5図bの反応など）．アロフェン質黒ボク土や非アロフェン質黒ボク土で，腐植物質含量は著しく高くなる．通常，土壌試料を酸素ガスの存在下で完全燃焼させ，発生した$CO_2$を定量することによって土壌炭素含量を求める．腐植物質含量に換算するためには，土壌炭素含量に1.724を乗じる．

- リン酸吸収係数は，50 gの土壌が100 mLの2.5%リン酸水素二アンモニウム溶液（pH 7.0）から吸着できるオルトリン酸の量であり（吸着反応はBox 3.5 図bを参照），0～2,690 mg $P_2O_5$ 100 $g^{-1}$の値をとりうる．リン酸吸収係数は，土壌の"活性な表面水酸基"含量を概ね反映していると考えられ，アロフェン質黒ボク土や非アロフェン質黒ボク土など風化の進んだ火山灰土壌で特に大きい値となる．ただし，この測定法は日本独自のものであり，国際的には，1,000 ppm P溶液（pH 4.6）から土壌が吸着するPの割合を%で示したP retention値の方がよく用いられている．

- Alo+1/2Feo値は，0.2 M シュウ酸-シュウ酸アンモニウム溶液（pH 3.0）によって土壌から抽出されるAl量と1/2Fe量の合量を，もとの土壌の重量に対する%値として示したものである．抽出されたFeの重量に1/2を掛けるのは，原子数（モル数）ベースとするためであり，Alの原子量が27.0であるのに対してFeの原子量が55.8である影響を緩和するための措置である．この酸性シュウ酸塩溶液を用いる本抽出法は，風化を受けていない一次鉱物をほとんど溶解できない一方，風化によって生成したほとんどの非晶質～低結晶性鉱物を溶解できる．また，風化がさらに進行し結晶性鉱物にまで変換されると，この方法では溶解できなくなる．つまり，この酸性シュウ酸塩抽出法は，非晶質～低結晶性の風化生成物を選択的に抽出する方法であるといえ，現在でも多くの土壌学研究者がこの手法を用いている．なお，"活性な表面水酸基"は，この非晶質～低結晶性の風化生成物表面上に特に多量に存在している．

- Sioは，上記の酸性シュウ酸塩溶液によって抽出されるSiであり，アロフェン＋イモゴライト含量の指標である．アロフェン＋イモゴライト含量に変換するためには，Sio値に7を乗じる．酸性シュウ酸塩溶液が溶解できる非晶質～低結晶性の風化生成物のうち，Siを含む成分は大部分がアロフェン＋イモゴライトに帰属できると想定されている．

- Alp/Alo は，ピロリン酸ナトリウム溶液によって抽出される Al（Alp）と，上記の酸性シュウ酸塩溶液によって抽出される Al（Alo）の比を示す．Alp は，腐植物質に結合している Al と見なされる．一方 Alo は，非晶質〜低結晶性鉱物成分に含まれる Al であり，この中には腐植物質に結合している Al も含まれる．すなわち，Alp/Alo は風化によって溶出された Al がどの程度腐植物質中に捕捉されているかの指標と考えられる．Alp/Alo は，アロフェン質黒ボク土で 0.5 未満であるのに対して，非アロフェン質黒ボク土では 0.5 以上になる．
- pH(NaF) 値は，1 g の土壌に 50 mL の 1 M NaF 溶液（pH 7.0）を加えて撹拌し，2 分後に測定した上澄み液の pH 値である．"活性な表面水酸基"は，$F^-$ と反応すると，表面からヒドロキシイオンおよびアコイオンを放出し，溶液の pH 値を上昇させる（Box 3.5 図 b 参照）．すなわち，"活性な表面水酸基"含量が高い土壌ほど，pH(NaF) 値は高い値となる．

## C. 低結晶性成分の増加に伴うアロフェン質黒ボク土の生成

未熟黒ボク土の風化が進行し，"活性な表面水酸基"をもつ成分の含量がさらに増加すると，腐植含量はさらに高まり，リン酸吸収係数は 1,500 mg $P_2O_5$ 100 $g^{-1}$ を超え，Alo+1/2Feo は 2% を超えるようになる．これらの基準を満たす土層が一定の厚さを超えた時，アロフェン質黒ボク土などに分類される．このステージでは，アロフェンやイモゴライトの含量が非常に高まることが特徴である．

アロフェン質黒ボク土は，母材である火山噴出物の降下からおよそ 1 万年以内の火山灰土壌に典型的に見られる．すなわち，アロフェン質黒ボク土の分布は，完新世に入ってから降下した火山噴出物の分布とよく一致している（三枝ほか，1992）．

## D. 交換性 Al の増加に伴う非アロフェン質黒ボク土の生成

母材である火山噴出物の降下からおよそ 1 万年以上経過した火山灰土壌の場合，すなわち完新世より古い時代に降下した火山噴出物を母材とする火山灰土壌の場合，土壌中に多量の酸を交換態（主として交換性 Al）（Box 3.7）として保持していることが多い（三枝ほか，1992）．土壌中の交換性の酸が 12 mmol$_c$ kg$^{-1}$（置換酸度 y1 として 6）を超えると，多くの畑作物は酸性による生育障害を受けて収量が大きく低下する（Saigusa *et al.*, 1980）．これを避けるためには，石灰質資材などを土壌に施用することにより，作土の土壌酸性を

矯正する必要がある．畑作物栽培において土壌の酸性矯正が必要となる点がアロフェン質黒ボク土と際立って異なるため，土壌中の交換性の酸の量を指標の1つとして，非アロフェン質黒ボク土などとして分類される．

また，非アロフェン質黒ボク土では，アロフェンやイモゴライトなどの含量が低くなり（Sio＜0.6％），腐植物質に取り込まれて存在するAlの割合は高まる（Alp/Alo≧0.5）という特徴ももっており，この点もアロフェン質黒ボク土と非アロフェン質黒ボク土を区別するポイントとなっている．

さて，アロフェン質黒ボク土と非アロフェン質黒ボク土の間のこのような化学特性の違いは，何に起因するのだろうか．また，母材である火山噴出物の堆積年代から考えると，アロフェン質黒ボク土の土壌生成が進行して非アロフェン質黒ボク土が生成したと考えられるが，その生成プロセスにおいて何が起こったのだろうか．この疑問に答えるためには，両土壌間の粘土鉱物組成の違いを理解する必要がある．主要粘土鉱物は，アロフェン質黒ボク土ではアロフェンやイモゴライトであるのに対して，非アロフェン質黒ボク土ではバーミキュライト，スメクタイト，2：1～2：1：1型14Å中間種鉱物などである（Wada, 1986など参照）．

アロフェンやイモゴライトの鉱物表面上に存在するイオン交換サイトは，"活性な表面水酸基"に由来するものであり，弱酸的であるため，$H^+$を交換性の形態でほとんど保持できない（Box 3.5）．すなわち，これらの鉱物表面上の"活性な表面水酸基"は$H^+$を取り込むことにより，$-OH^{-0.5}$から$-OH_2^{+0.5}$になる．この際，活性な表面水酸基上の電荷は$-0.5$から$+0.5$へと反転するため，$Al^{3+}$などの陽イオンは保持されにくくなる．これらの粘土鉱物は，強酸的な環境では，むしろ酸を取り込むことによって中和し緩衝する方向へ働く．この際の中和反応は，粘土鉱物の溶解を伴うことがある．

これに対して，バーミキュライト，スメクタイト，2：1～2：1：1型14Å中間種鉱物などの粘土鉱物表面には強酸的なイオン交換サイトが存在するため，強酸的な環境でも酸を交換性の形態で多量に保持できる．また，アロフェンやイモゴライトに比較してこれらの鉱物は結晶性が高いため，強酸的な環境においても溶解しにくく安定である．

このように，アロフェン質黒ボク土と非アロフェン質黒ボク土の間の酸的性

## 3.4 土壌中における累積性堆積物としての火山噴出物

質の違いは，粘土鉱物組成の違いによって説明できる．それでは，含まれる粘土鉱物の組成の違いは何によって生じたのだろうか．火山灰土壌中に見い出されるバーミキュライト，スメクタイト，2：1〜2：1：1型14Å中間種鉱物の起源については，1980〜1990年代に盛んに議論され，現在ではこれらの粘土鉱物は広域風成塵起源とする考え方（井上，1981；井上・溝田，1988；張ほか，1994など）が広く支持されるようになった（3.3節参照）．すなわち，下記のプロセスが進行すると考えられる．

1. アロフェン質黒ボク土が1万年程度よりも長く表層に存在すると，そこでの広域風成塵の堆積量が顕著になってくる．
2. 広域風成塵は，風化によってバーミキュライトやスメクタイトを生成し，土壌内で強酸的なイオン交換サイトを発現する．
3. 日本の多雨環境では，このイオン交換サイトに雨水由来の酸が蓄積・濃縮し，土壌が酸性化するとともに，2：1〜2：1：1型14Å中間種鉱物が生成する．
4. 土壌の酸性が強まり非アロフェン質黒ボク土となる．

アロフェンやイモゴライトの消失には，土壌の酸性化に伴う溶解反応がかかわっている可能性がある．また，この際に溶解されたAlが腐植物質に取り込まれたと解釈すれば，非アロフェン質黒ボク土でAlp/Aloが0.5を超えるようになることも容易に説明できる．

---

**Box 3.7　交換性 Al**

土壌酸性が強くなると，多くの植物は生育が阻害される．その原因は，$Al^{3+}$もしくは$H^+$の作用によるものである．かつて，どちらが主因であるかについて大論争があったが，現在では土壌pHが4以上で起こる植物の酸性障害は$Al^{3+}$によるものであり，土壌pHが4以下で起こる場合には$H^+$による作用も加わると理解されている．

Alは土壌中に%オーダーで含まれているが，Alの溶出のされやすさは，土壌pHとともにその存在形態にも大きく依存する．一次鉱物中のAlは比較的安定であり容易に溶出されない．これに対して，二次鉱物中のAlは比較的容易に溶出される．溶出されたAlは，溶液中では$Al^{3+}$，$Al(OH)^{2+}$，$Al(OH)_2^+$，ヒドロキシアルミニウムイオン，ヒドロキシアルミノケイ酸イオン，有機酸-Al錯体などさま

ざまな形態をとりうるが，植物の生育阻害の要因となっているのは主として $Al^{3+}$，$Al(OH)^{2+}$，$Al(OH)_2^+$ である．これらは陽イオンであるため，土壌の負電荷に保持されやすい．土壌の負電荷に保持された Al のうち，他の陽イオンによって交換・溶出されやすい画分が交換性 Al である．負電荷の発生源がカルボキシ基の場合，配位結合によって Al が強く保持されるため交換性 Al とはならない画分もあると考えられる．

交換性 Al の測定は，土壌に 1 M KCl 溶液を加えることによって交換性 Al を抽出し，これに含まれる Al イオンを原子吸光法などで定量する手法が一般的である．日本では，1 M KCl 溶液によって抽出した交換性の酸をアルカリによる滴定によって求める手法（置換酸度 y1）もよく用いられている．

### E. 火山灰土壌としての特徴の消失

非アロフェン質黒ボク土がさらに風化を受けると，アロフェンやイモゴライトはほぼ完全に消失するとともに，"活性な表面水酸基"含量は低下し，火山灰土壌としての特徴（火山ガラス含量が高いこと，および"活性な表面水酸基"を豊富に含むこと）を満たさなくなる．そして，その土壌が風化を受ける気候環境などに応じて，褐色森林土や赤黄色土など他の土壌分類群へと遷移すると考えられる．その際には，ハロイサイトやカオリナイトなどの 1：1 型層状ケイ酸塩鉱物，およびゲータイトやギブサイトなどの結晶性金属（水）酸化物の生成を伴うものと考えられる．ただし，ここに至るまでのプロセスや時間的要因については，まだ十分なデータは揃っておらず，今後の研究によるところが大きい．

## 3.4.5 火山噴出物の一次堆積と二次堆積およびその土壌化

日本では，火山灰土壌は主に台地上や丘陵地上に分布している．平野部では，火山噴出物が堆積しても河川や海水面変動の影響を受けて流出しやすく，また沖積物質の堆積の影響を受けて低地土になりやすい．急峻な地形をもつ山地では，火山噴出物が一旦堆積しても，その後の風雨の影響によって失われやすく，火山灰土壌としての基準を満たさない場合も多いと考えられる．このように，特に非固結で細粒質である降下火山灰の場合，風や水の営力によって再堆積しやすい．

## 3.4　土壌中における累積性堆積物としての火山噴出物

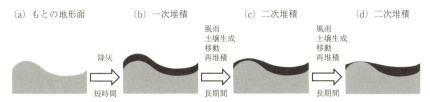

**図 3.9　火山噴出物の一次堆積および二次堆積**
一次堆積：噴火時の直接的な営力により堆積する場合．二次堆積：一次堆積後に地形や気象的要因等の影響を受けて別の場所に再堆積する場合．もとの地形面 (a) とは無関係に，火山噴出物の一次堆積は起こる (b)．これに対して二次堆積は，一次堆積直後から始まり，地形の影響を強く受けながら，長期間にわたって継続的に起こると考えられる (c, d)．二次堆積は，土壌生成作用を受けながら進むと考えられる．

　火山噴出物が堆積する場面において，噴火時の直接的な営力による堆積を一次堆積，一次堆積後に地形や気象的要因等の影響を受けて別の場所に再堆積する場合を二次堆積と呼ぶ（図 3.9）．一次堆積は噴火直後に起こるのに対して，二次堆積は一次堆積直後から始まり，土壌生成作用を受けながらも長期間にわたって継続的に起こると考えられる．一次堆積はもとの地形（図 3.9a）とは無関係に起こるが（図 3.9b），二次堆積はもとの地形の影響を強く受けながら起こる（図 3.9c, d）．すなわち，二次堆積は起こりやすい場所と起こりにくい場所がある．たとえば，もとの地形が急峻な場合には堆積物は移動しやすいため失われやすく，落ちくぼんだ地形面には再堆積によって厚く溜まりやすいと考えられる．このため，二次堆積を受けると，もとの地形面より平坦な地形面を作ると考えられる．火山灰や火砕流は，もともと非固結であることが多い上に，堆積量が多くなると植生を衰退させるため，二次堆積はさらに起こりやすいと考えられる．

　火山噴出物が一次堆積によって地表面を覆い，これらがその場で土壌生成作用を受けることによって累積的な土壌が形成される様子は容易に想像できるだろう．特に，軽石やスコリアなど粒径の大きい火山噴出物は，風雨などによって移動しにくい．たとえば，もとの地形面の傾斜はさまざまであるにもかかわらずその上部に堆積している軽石層の厚さは一定であるなど，一次堆積した状況を保存していると思われる場面をよく目にする（図 3.2 および口絵 8 参照）．

　しかし，火山灰など非固結で細粒質な物質の場合には，二次堆積しやすい．たとえば，アロフェン質黒ボク土や非アロフェン質黒ボク土は一般に 25 cm

より厚い腐植物質に富んだA層をもつ．極端な場合には，A層の厚さが2m に達するものもある（図3.10）．このような厚いA層は，他の土壌では見ることができず，黒ボク土の特徴ともなっている．この厚いA層は，一次堆積後にその場で生成したと考えるよりは，二次堆積作用を受けながら厚くなったと解釈する方が妥当であろう．

下記に，火山灰土壌の厚いA層の生成が一次堆積だけでは説明困難な理由を整理した．

- A層中に蓄積されている腐植物質は，特に火山灰土壌の場合，土壌の固相成分と強く結合しており，土壌断面内を上方から下方へと大きく移動したとは考えにくい．
- 腐植物質は土壌断面内を移動しにくいにもかかわらず，植物根の分布域よりも下方に腐植物質が高濃度に蓄積されている．
- A層とB層の境界は明瞭に変化しており，腐植物質が徐々に浸み込んだようには見えない．
- A層内における腐植物質含量は，深さに伴う変化が小さい．
- A層内における土壌無機母材の風化程度は，そのA層内では深さに伴う大きな違いは認められない．

一方，二次堆積による説明の方が妥当である理由としては下記が挙げられる（Inoue et al., 2011 など参照）．

- 1枚のA層を深さ別に細分して，腐植物質の中でも土壌中での移動性に乏しいヒューミン画分を分離しその $^{14}C$ 年代を測定すると，深いほど古い時代に生成したものであるとの結果が得られる．すなわち，土壌表層の上部に新しい腐植物質が無機成分とともに累積的に堆積したと解釈できる．
- 1枚のA層を深さごとに細分して分析すると，植物ケイ酸体や花粉などがA層全体から検出される．すなわち，いずれの深さの画分もかつては土壌表層だった履歴をもっていると解釈できる．

火山灰土壌の中でも非アロフェン質黒ボク土の厚いA層は，火山噴出物の風化物や腐植物質とともに広域風成塵を含んでいる場合が多い．広域風成塵は，二次堆積の過程でよく混合されたと考えられるが，長い土壌生成過程を経て蓄積するような成分（火山噴出物の風化物，腐植物質，広域風成塵の風化物な

図 3.10 A層の厚さが約 2 m に達する土壌断面
神奈川県藤沢市，2014 年撮影．→口絵 9

ど）をほぼ均質に含んでいることから，この二次堆積は一次堆積直後に一気に起こったものではなく，一次堆積物が土壌生成作用を受けながら，長い時間をかけて別の場所に緩慢に二次堆積したものである可能性が考えられる．

アロフェン質黒ボク土や非アロフェン質黒ボク土の生成過程は，これまで A 層や B 層といった層位ごとに分析することによって解釈されてきた．しかし，それぞれの層位の発達メカニズムについては，それぞれの層位をさらに深さ別に細分して分析することによって，より的確に解釈できるようになると期待される．その際には，二次堆積による影響を考慮に入れて解釈する必要が出てくるだろう．

# おわりに

土壌の生成プロセスを理解する上で，外来土壌母材の累積的な添加を受けてきた履歴を理解し，これを適切に組み込む必要性は高いだろう．現在の土壌分類は，多くが土壌断面内における土壌生成プロセスの進行程度を基準にしてい

第 3 章　広域風成塵と火山噴出物が土壌生成に及ぼす影響

るが，土壌母材の累積性を考慮に入れると，その解釈は変わってくる可能性がある．本章が，これまで解釈が難しかった土壌断面の理解の一助になれば幸いである．

---

**Box 3.8　研究トピックス：土壌生成の謎に挑む**

　土壌はどのような過程を経て生成したのだろうか？　この疑問に答えようと，多くの先人たちが多大な時間，労力，資金，資源を投入してきたにもかかわらず，多くの謎が未解明のまま残されている．おそらく，この疑問に答えるためには相当の困難が伴うだろう．現状では，統一的な理解が不足しているために，分野が異なれば，同じ土壌を扱っていても，土壌生成に対する解釈や調査方法が異なる場合も多い．

　日本の土壌生成環境は，火山噴出物が定期的に地表面を覆う点で，世界的に見て特殊である．このため，私たちの足元にある土壌の謎は，私たちで解明しなければならないだろう．火山噴出物の多くは，現在ではその噴出年代も詳細に明らかになっているため，土壌断面内で一次堆積した状況を維持しつつ保存されていれば，時系列を知るための有力な情報となる．日本では広域風成塵が緩慢かつ継続的に飛来していた履歴も明らかになりつつあるため，火山噴出物の堆積状況と併せて解析すれば，土壌生成にかかわる多くの疑問に答えられるかもしれない．特に，土壌生成における累積性を研究する題材として，日本の土壌は大変適しているといえる．すなわち，私たちは大変恵まれた研究対象を足元にもっているとも捉えることができる．ぜひ，多くの方々に興味をもっていただき，土壌生成の謎解きに挑戦していただきたい．

---

**Box 3.9　研究トピックス：火山灰土壌に見られる黒色土層の生成機構**

　火山灰土壌の断面を実際に見たことがあるだろうか？　そこには，しばしば真っ黒な土層が現れる．その並々ならぬ黒さ，厚さ，下層とのコントラストの強さは，他の土壌ではまず見ることのできない特徴であり，その存在感の強さに目を奪われた経験がある人もいるだろう．いったい，この黒色土層はどのようにしてできたのだろうか．そして，なぜ火山灰土壌に限って現れるのだろうか．上記の疑問のうち，"厚いこと"と"下層とのコントラストが強いこと"は，緩慢かつ長期的な二次堆積による累積的な積み上げの結果であると考えれば理解できる（3.4 節参照）．しかし，その並々ならぬ黒さは，二次堆積では説明できない．

　土層の黒さは，腐植物質（土壌有機物）がもたらすものである．黒色土層から採

## おわりに

取した土壌に過酸化水素水を加えて加熱すると，腐植物質は分解されるとともに，黒色は消え，薄茶色を呈するようになる．腐植物質の性質は土壌によって異なるが，黒色土層中の腐植物質は単位重量あたりの黒味が特に強いことがわかっている．同時に，黒色土層は腐植物質含量も飛び抜けて高い．つまり，黒色土層では黒味の強い腐植物質が大量に蓄積されているのである．ここでさらに疑問は湧き上がる．なぜ黒色土層の腐植物質は黒味が強いのか，そしてなぜ黒色土層で大量に蓄積されるのか．

腐植物質が大量に火山灰土層中に蓄積されるのは，火山噴出物が湿潤環境下で風化を受けることによって放出されるAlイオンやFeイオンが，腐植物質のカルボキシ基同士を配位結合によってつなぎ合わせて巨大分子を作り，これによって腐植物質の溶脱を防ぎ，火山灰土層中にとどめているためと考えられる．また，AlイオンやFeイオンは新たな鉱物も生成するが，その表面も配位結合によってカルボキシ基を強く吸着する．この反応も，腐植物質の蓄積・安定化に寄与していると考えられる．加えて，AlイオンやFeイオンによってカルボキシ基が塞がれると，カルボキシ基は保護され，カルボキシ基を起点とする分解反応も起こりにくくなると考えられる．

黒色土層の黒味が強い原因は，もちろん腐植物質の化学構造に求めなければならない．その原因として，主に木本植物を起源とするリグニンなどが重合した構造（図a）がかつては有力視されていたが，最近ではリグニン含量では説明できず，ベンゼン環が重縮合した構造（図b）が有力であることがわかってきた（渡邉・平舘，2013）．ベンゼン環が重縮合した構造は，生物由来ではなく，炭化物のような燃焼物由来を想起させる．

もともと，火山灰土壌の黒色土層は，その黒さと軽さから，炭化物との関係が指摘されてきた．また，日本では縄文時代から広範囲にわたって草原植生が人為的に維持されてきたが，森林植生への遷移を防ぎつつ草原植生を維持するためには定期

図　火山灰土壌の黒色土層における黒味の原因物質候補
(a) リグニンなどが重合した構造，(b) ベンゼン環が重縮合した構造．

的な火入れが必要だったと考えられている．つまり，火山灰土壌‐黒色土層‐炭化物‐火入れ‐人為‐草原植生という関係性を想定することができる．黒色土層は草原植生下で生成されたものであり，森林植生下では生成されないとする考え方もある（佐瀬ほか，1992）．現在は森林植生下にも黒色土層は見られるが，これらはかつて草原植生だった時代に生成されたものであり，現在の森林植生下ではその黒色は淡色化しつつあるとする研究もある（Iimura et al., 2010）．しかし，本当に森林植生下では黒色土層は生成し得ないのか，黒色土層は燃焼物がなければ生成し得ないのか，黒色土層は人為の影響下で生成されたものなのか，といった疑問に対してはまだ議論の余地があり，さらなる研究が続けられている．

　土壌中に炭素を土壌有機物として貯留することで地球温暖化を緩和しようとする国際的な動き（COP21 パリ協定における 4/1000 イニシアチブの採択など）が明確になっているが，黒色土層生成の疑問に対する答えが明確になった時，私たちは地球温暖化緩和のための鍵を私たちの足元から見い出すのかもしれない．

## 引用文献

Brady, N.C., Weil, R.R. (2008) *The Nature and Properties of Soils* (14h ed.). pp. 975, Pearson.

Clayton, R.N., Rex, R.W. *et al.* (1972) Oxygen isotope abundance in quartz from Pacific pelagic sediments. *J Geophys Res*, 77, 3907-3915.

FAO (Food and Agriculture Organization of the United Nations) (2015) World Reference Base for Soil Resources: Interantional Soil Classification System for Naming Soils and Creating Legends for Soil Maps, Update 2015. pp. 192, FAO.

藤原俊六郎・小川吉雄 他（1998）新版土壌肥料用語事典．pp. 338, 農山漁村文化協会．

平舘俊太郎（2014）三瓶山地域における火山灰土壌の生成と特性．ペドロジスト，58, 93-100．

Hiradate, S., Wada, S.-I. (2005) Weathering process of volcanic glass to allophane determined by $^{27}$Al and $^{29}$Si solid-state NMR. *Clays Clay Miner*, 53, 401-408.

Iimura, Y., Fujimoto, M. *et al.* (2010) Effects of ecological succession on surface mineral horizons in Japanese volcanic ash soil. *Geoderma*, 159, 122-130.

井上克弘（1981）火山灰土壌中の 14Å 鉱物の起源：風成塵の意義．ペドロジスト，25, 97-118．

井上克弘・溝田智俊（1988）黒ボク土および石灰岩・玄武岩台地上の赤黄色土の 2:1 型鉱物と微細石英の風成塵起源．粘土科学，28, 30-47．

井上克弘・成瀬敏郎（1990）日本海沿岸の土壌および古土壌中に堆積したアジア大陸起源の広域風成塵．第四紀研究，29, 209-222．

Inoue, K., Naruse, T. (1991) Accumulation of Asian long-range eolian dust in Japan and Korea from the late Pleistocene to the Holocene. *Catena*, 20, 25-42.

井上克弘・佐竹英樹 他（1993）南西諸島における赤黄色土壌群母材の広域風成塵起源：土壌，基岩および海底堆積物中の石英，雲母，方解石の酸素および炭素同位体比．第四紀研究，32, 139-155．

# 引用文献

井上克弘・吉田 稔（1978）岩手県盛岡市に降った"赤雪"中のレスについて．土肥誌，**49**, 226-230．

井上克弘・張 一飛 他（1994）東アジア中緯度域における雨水の水質に及ぼす広域風成塵の影響．土肥誌，**65**, 619-628．

井上克弘・趙 蘭坡 他（1987）中国吉林省の代表的耕地土壌の粘土鉱物組成．岩手大農報，**18**, 287-302．

Inoue, Y., Hiradate, S. *et al.* (2011) Using $^{14}$C dating of stable humin fractions to assess upbuilding pedogenesis of a buried Holocene humic soil horizon, Towada volcano, Japan. *Geoderma*, **167-168**, 85-90.

菅野均志・平井英明 他（2008）1/100万日本土壌図（1990）の読替えによる日本の統一的土壌分類体系第二次案（2002）の土壌大群名を図示単位とした日本土壌図．ペドロジスト，**52**, 129-133．

川瀬久美子（2014）変動地形と火山地形．自然地理学（松山 洋 他著），pp. 11-28，ミネルヴァ書房．

町田 洋・新井房夫（2003）新編 火山灰アトラス：日本列島とその周辺．pp. 360，東京大学出版会．

三浦英樹・佐瀬 隆 他（2009）第四紀土壌と環境変動：特徴的土層の生成と形成史．デジタルブック最新第四紀学，CD-ROM および概説集．pp. 30，日本第四紀学会．

Nakanishi, R., Wada, S.-I. (2007) Reactivity with phosphate and phytotoxicity of hydroxyaluminosilicate ions synthesized by instantaneous mixing of aluminum chloride and sodium orthosilicate solutions. *Soil Science and Plaut Nutrition.*, **53**, 545-550.

成瀬敏郎（2006）風成塵とレス．pp. 197，朝倉書店．

成瀬敏郎・井上克弘（1982）北九州および与那国島のレス：後期更新世の風成塵の意義．地学雑誌，**91**, 44-57．

成瀬敏郎・井上克弘（1983）山陰および北陸沿岸の古砂丘に埋没するレスについて．地学雑誌，**92**, 26-42．

日本ペドロジー学会第五次土壌分類・命名委員会（2017）日本土壌分類体系．pp. 53，日本ペドロジー学会．

日本ペドロジー学会第四次土壌分類・命名委員会（2003）日本の統一的土壌分類体系：第二次案（2002）．pp. 90，博友社．

小原 洋・大倉利明 他（2011）包括的土壌分類：第1次試案．農業環境技術研究所報告，**29**, 1-73．

小原 洋・大倉利明 他（2016）包括的土壌分類からの読み替えによる World Reference Base for Soil Resources (2006) 土壌図の試作．土肥要旨集，**62**, 85．

Rex, R.W., Syers, J.K. *et al.* (1969) Eolian origin of quartz in soils of hawaiian islands and in pacific pelagic sediments. *Science*, **163**, 277-279.

三枝正彦・松山信彦 他（1992）開拓地土壌概要に基づく交換酸度 y1 によるわが国黒ボク土の類型区分．土肥誌，**63**, 646-651．

Saigusa, M., Shoji, S. *et al.* (1980) Plant root growth in acid Andosols from northeastern Japan : 2. Exchange acidity $Y_1$ as realistic measure of aluminum toxicity potential. *Soil Sci*, **130**, 242-250.

阪口 豊（1977）ダスト論序説．地理学評論，**50**, 354-366．

佐瀬 隆・細野 衛 他（1992）Te Ngae Road Tephra Section（ニュージーランド）における火山灰土の腐植の性質．土肥誌，**63**, 79-82．

Schmincke, H.U. (2004) *Volcanism*. pp. 324, Springer.

## 第 3 章　広域風成塵と火山噴出物が土壌生成に及ぼす影響

Shoji, S. (1986) Mineralogical Characteristics. I. Primary Minerals. In: *Ando Soils in Japan* (ed. Wada, K.) pp. 21–40, Kyushu University Press.
周藤賢治・小山内康人 (2002) 岩石学概論 (上)：記載岩石学. pp. 272, 共立出版.
Soil Survey Staff (2014) Keys to Soil Taxonomy (12th edition). pp. 359, USDA, NRCS.
Wada, K. (1986) *Ando Soils in Japan*. pp. 117, Kyushu Univiersity Press.
渡邉 彰・平舘俊太郎 (2013) 土と炭化物：炭素の隔離と貯蔵. pp. 156, 博友社.
Wilson, M. J. (2004) Weathering of the primary rock-forming minerals: Processes, products and rates. *Clay Miner*, **3**, 233–266.
Windom, H.L. (1969) Atmospheric dust records in permanent snowfields: Implications to marine sedimentation. *Geol Soc Am Bull*, **80**, 761–782.
張 一飛・井上克弘 他 (1994) 洞爺火山灰以降に堆積した岩手火山テフラ層中の広域風成塵. 第四紀研究, **33**, 131-151.

# 第4章 森林土壌に生息する土壌動物

菱 拓雄

## はじめに

　土壌動物が森林土壌の形成にとって重要であることは古くから知られており，紀元前の時代にアリストテレスはミミズを大地の腸と呼んだ．現代ではどんな生態系でも，土壌動物がいることでさまざまな側面において土壌の機能が変化しうることはよく知られている（Lavelle *et al.*, 1997; Garcia-Palacios *et al.*, 2013）．この土壌形成に果たす土壌動物の働きの大きさを初めて定量的に示したのは，自然淘汰による生物進化の発見で有名なチャールズ・ダーウィンによる研究であり，40年にわたるミミズと土壌形成に関する長大な観測を綴った作品が彼の絶筆となった（Darwin, 1881）．世界のあらゆる場所，人の目の届かないところにおいて，小さな生物による，小さくも巧妙な行動の積み重ねが土壌と地球環境を形作っていることが初めて定量的に示された名著である．

　数十mにも達する地上の生産者と消費者の遺体を数十cmに圧縮した土壌のエネルギーを背景に，土壌動物は全球の動物現存量の多くを占め，分類群も広範で，わずか数cm$^2$の中に数十種という高い多様性を保つ（図4.1）．土壌動物学は，土壌動物の多様性や食物網の構造がどのように土壌の物質動態に影響しているのか，またその多様性や食物網は環境の変化に対してどのように維持されているのかといった問題を主な研究テーマとしている．

　土壌動物は多様な分類群や機能群が複雑に相互作用しており，同じ有機物を多くの生物が何度も利用するなど栄養段階もわかりにくいため，土壌動物を取

第4章　森林土壌に生息する土壌動物

図4.1　一握りのヒノキ林土壌（100 mL）からツルグレン装置で得られた中型土壌動物
10種以上のトビムシやダニ類が見える．ここでは土壌1 m²あたり10万匹ほどの中型土壌動物が生息していた．→口絵10

り巻く環境と土壌動物の構造の全体像を把握するのは地上部の動物群集を把握するよりも難しい．本章では，森林の土壌生態系における土壌動物の役割について理解することを目的とする．まず土壌動物を制御する土壌環境について概説し，土壌動物の機能群や土壌の食物網の特徴，およびそこに含まれる分類群について概説する．さらに土壌動物が生態系において果たしている機能とその機能が維持される仕組みについて説明し，最後に今後の森林生態系における土壌動物研究の方向性についての見通しを述べたい．

## 4.1　土壌動物を制御する土壌環境

土壌動物を研究する上で，その生息場所である土壌条件の理解は欠かせない．土壌生成や層位が，気候，生物要素，地形，母材，時間によって特徴付けられていることは第3章で説明した．ここでは，土壌動物の生活環境として特に重要な環境条件と考えられている土壌水分環境と堆積腐植型（humus form）の特徴について概説する．

### 4.1.1　土壌水分

土壌水分が土壌生物にとって重要であることは疑う余地もない．ほとんどの土壌動物は，相対湿度がほぼ100%の水蒸気飽和した空気に完全に依存して

4.1 土壌動物を制御する土壌環境

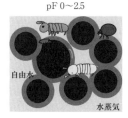
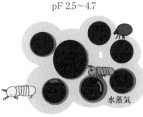

pF 0〜2.5
sub-aquatic system
重力自由水が存在
相対湿度 100%
小型土壌動物：活動
トビムシ：活動
ダニ：活動

pF 2.5〜4.7
edaphic system
毛管水が優勢
土壌湿度ほぼ 100%
小型土壌動物：移住，休眠
トビムシ：移住，休眠
ダニ：活動

pF 4.7〜7
arial system
水蒸気が優勢
土壌湿度＝地表湿度
ダニ：移住，休眠

図 4.2 土壌の水分状態と土壌動物の活動（Vannier, 1987 を改変）
左から右に向かって土壌の乾燥状態の変化を示す．水の状態はそこに棲むことができる生物を制限する．pF は土壌水分吸引圧の指標であり，数値が大きいほど土壌が乾いていることを示す．

いる．また，土壌動物は体の大きさや体表構造により，水分状態への依存性や生活場所の制限が大きく異なる．土壌孔隙間に自由水が十分に存在している水分飽和状態（pF 0〜2.5）は sub-aquatic system と呼ばれる（図 4.2）．乾燥が進むと自由水を失い，毛管水と土壌表面の水膜が残り，気相は水蒸気に満たされる edaphic system の状態（pF 2.5〜4.7）となる．さらに乾燥が進むと水分が水蒸気のみの状態（pF 4.7〜7）に近付き，気温と地温が一致する aerial system のフェーズになる（Vannier, 1987）．sub-aquatic system の状態ではトビムシとダニともに活動できるが，edaphic system の状態でトビムシには活動の低下や逃避が見られる．たとえばトビムシは湿度 98% 以上が最適湿度だが，ムラサキトビムシの仲間には湿度 93% で死に至るものもいる．また，表層性や樹上性，草地のトビムシを用いて湿度操作した実験において湿度 100% の環境で数時間〜3 日の間にほとんどが死亡することから，トビムシの多くは気相中の水蒸気だけではなく，土壌やコケなどの表面水を必要としているのかもしれない（Davies, 1928）．乾燥耐性の高いダニは，aerial system の状態で活動低下や逃避が顕著になるとしている．ササラダニ 10 種を用いて，10℃，20℃の温度条件下で相対湿度を 13〜100% の間で操作し，3 日間放置した実験では，相対湿度が 50% 以上ではどのササラダニも 100% 生存した（Atalla & Hobert, 1964）．乾燥に強いササラダニは湿度 13% でも 3 日間生存できた．ただし外

## 第4章　森林土壌に生息する土壌動物

殻の固い成虫に比べると，体の柔らかい若虫や幼虫ではより高い湿度で生存率が低下する．

トビムシやダニよりも小さい細菌，原生生物や小型のセンチュウは，土壌自由水や毛管水を棲み処としており，土壌の液相はこうした動物の活動範囲を完全に制限する．このため，当然ながら小型土壌動物は，気相を徘徊するトビムシやダニよりも水分の影響を受けやすい．また，より大きな動物や菌類は水膜の外で湿度100%を下回る環境でも活動できる．

### 4.1.2　土壌堆積腐植型

土壌動物にとって林床の腐植物質がどのように蓄積しているのかは，土壌の食物や棲み場所としての機能とかかわるため重要である．このため土壌動物の棲み場所の記述には，堆積腐植型の記述が一般的に行われている（図4.3）（Bal, 1982）．堆積腐植型は有機物がどのように堆積しているのかという直接的な意味合いから，地上部の生産者や消費者までを含めた生態系全体の特徴の類推を可能とする指標でもある．これは植生と植食者，そしてリターの質，土壌生物や土壌機能の間に，互いを制限するフィードバック関係があることが前提となっている（図4.4）（Wardle *et al.*, 2004）．堆積腐植型はフィードバック関係を通して生態系全体の生産性を反映し，地上の食物網と土壌の食物網の関係を決定する重要なフレームワークであると考えられている（Ponge, 2013）．

生産性の低い系の土壌では，未分解のF, H層が厚く堆積し，土壌と鉱物の撹拌が行われず，A層を欠いたタイプの土壌が発達する．これらの堆積腐植型はモル（mor）型と呼ばれる．このタイプの土壌では，F, H層の直下に突然E層や母材が出現し，A層がある場合でも極めて薄く緻密（compact）であり，

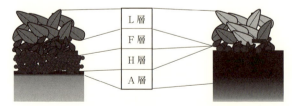

図4.3　モル，モダー型土壌とムル型土壌の断面模式図
モル型，モダー型（左）では有機物の腐植層（F, H層）が発達する．ムル型土壌（右）ではリターは分解，撹拌され，速やかに鉱物との混合物であるA層へと有機物が移行する．

4.1 土壌動物を制御する土壌環境

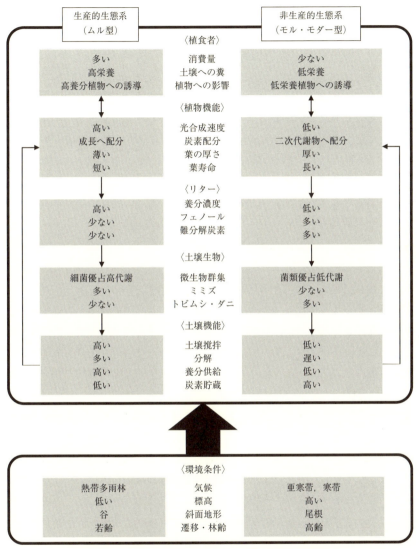

図 4.4 生産的な環境と非生産的な環境での植食者,植生,土壌生物,土壌機能の間のフィードバック
Wardle *et al.*(2004)をもとに作成.

層位の境界が明瞭である．生産性の高い系の土壌では，有機物がよく分解され，さらに風化母材と有機物がよくかき混ぜられた厚くて柔らかい（crumby）A層の発達が見られ，A，B層の境界は漸変する．このタイプの土壌では，F，H層を欠いており，このような堆積腐植型をムル（mull）型と呼ぶ．モダー（moder）型土壌はモルとムルの中間型として位置付けられ，薄くて緻密なA層をもち，モルよりもA層とB層の境がやや不明瞭だがムルよりも明瞭である．モル型土壌において層位が急激に変わるのは，水の鉛直浸透が小さいことに加えて，生物による撹拌作用の履歴を欠くためであり，寒冷地，乾燥土壌や湿地のピートで動物活動が大きく制限されるなど特殊な環境でよく見られる．日本の森林では，乾性立地で分解が遅い系においては，モダー型土壌が一般的であろうと思われる．モル・モダー型では有機物の層がL，F，H層に明瞭に区別できるが，ムル型は腐植物質が有機物と鉱物の混ざったHAやA層として存在するため，有機物の分解段階を層位から明確に分けるのは困難である．武田・金子（1988）では，堆積腐植型に直接影響しているのは，化学的な分解の速さというよりも，リターの粉砕と団粒化によるリター消失プロセスの有無が重要であることを示唆している．A層が発達するムル型土壌に特徴的な有機物と鉱物の混ぜ込みは，主としてミミズによるものだが，他にも植物根，白色腐朽菌，ヤスデ，シロアリ，アリ，甲虫，また人間による機械的な撹乱（耕耘）によってもたらされる（Ponge, 2013）．

　フィードバックシステム（図4.4）の考えに従えば，モル，モダー型土壌は，リター消失速度の低いところに発達するので，気温の低いところや水分の少ない土壌，あるいは極端に水分の多い湿地などに発達する．気候では寒帯，亜寒帯に広く分布する．地形では尾根や山頂など集水面積の小さな場所に分布する．また，植生によりリターの分解速度が異なることから，分解しにくいリターを供給するマツ類をはじめとする針葉樹の土壌でもモル，モダー型土壌が広く見られる．林齢の進行とともに樹木の木質リター割合が高くなることや，遷移の進行とともに最大光合成速度が高くなり，リター養分濃度の高い陽樹から養分濃度の低い陰樹への転換が生じる．そのため，林齢に伴って分解速度は低下する傾向があることから，高齢林分ではモル・モダー型を示す場合が多い．反対に，ムル型土壌は有機物分解の活発なところで発達するので，気候では亜熱帯

や熱帯多雨林に広く見られる．地形では尾根よりも谷に広く分布し，植生は広葉樹や草原など，分解しやすいリターを生産するところに分布する．また，林齢が低い時や，遷移段階の初期においてもムル型の傾向を示す．

### 4.1.3 堆積腐植と土壌微生物

　土壌微生物は物質循環の化学的分解フローを実際に動かす役割を直接担っている．土壌動物の活動はそれらの土壌微生物に依存しているため，土壌微生物が環境条件によってどのように変化するのかを理解することは土壌動物の機能を理解する上でも極めて重要である．土壌微生物の多様性や機能についての詳細は第5章で詳しく取り扱うが，ここでは土壌動物の餌源となり，また，土壌動物が土壌機能を改変する時の媒介者となる土壌微生物の特徴を堆積腐植型と関連させながら簡単に説明する．

　土壌微生物は，細菌類と菌類に大きく分けられる．前述したように，細菌類は土壌の液相部分や植物根の周辺に活動の分布が限定され，菌類は気相にまで分布できる．また，細菌類の密度は他の草地や畑地土壌と比較して，森林土壌では1オーダー程度低いと考えられている（Whitman *et al.*, 1998）．実験室で十分な栄養条件で培養された細菌は20分もしないうちに倍に増えるが，土壌中の細菌類は多くの場合，炭素飢餓状態にあり，通常の土壌では年に数回しか細胞分裂しない（Coleman *et al.*, 2004）．しかし根圏における細菌類の働きは大きく，細菌類をベースに，それを捕食する原生生物，センチュウなどで構成される食物網が卓越し，細菌の増殖や養分生産が盛んに行われる（Clarholm, 1985）．一方，菌類の菌糸は，かなり乾燥した条件でも活動が可能である．菌糸ネットワークによって土壌孔隙間での物質輸送も可能であり，菌糸の活動域は土壌に遍在する．こうした微生物の活動環境の違いから見ると，モル・モダー型土壌は，エネルギー源になりにくい難分解性の有機物や乾燥した環境との関連が強いので，菌類が優勢になりやすく，ムル型土壌では利用しやすい有機物や湿性環境との関係から，細菌類が優勢になりやすい．

### 4.1.4 土壌堆積腐植と養分動態

　堆積腐植型は，土壌動物による分解活動の痕跡，すなわち未分解有機物と土

壌動物の糞の形態から林床での有機物の状態を判断する方法だが，これらはさまざまな土壌機能と密接な関係がある．すなわち，土壌動物による活動は森林土壌の機能にとって重要なプロセスを含んでいるといえるだろう．たとえば，有機物の貯蔵場所や，土壌生物の活動場所，養分生産の場所，そして樹木が養分吸収のために細根を配置する場所が，モル・モダー型土壌とムル型土壌ではそれぞれ O 層，A 層と，異なる場所を中心としている（武田，1994）．また，モル・モダー型ではアンモニウム態窒素，ムル型土壌では硝酸態窒素が供給されやすい．一般に土壌 A 層の窒素無機化速度や硝化速度を比べると，尾根などの乾燥立地のモル・モダー型土壌の方が，谷など湿潤地のムル型土壌よりも低い傾向がある（Hirobe *et al.*, 1998）．

## 4.2 土壌動物の特徴と種類

### 4.2.1 土壌動物の機能群

　土壌動物とは土壌を生息場所とし，摂食などの活動をしている動物を指す．Wallwork（1970）は土壌動物を生活史で土壌をどのくらい利用するかによって分類した．越冬や卵の時に土壌に滞在し，土壌内では摂食を行わない通過型（transient），幼虫が土壌で生育し，成虫は別の場所で生育する一時型（temporary），成虫が土壌と地上部両方を利用する周期型（periodic），すべての生活史を土壌で完結する常在型（permanent）の 4 つに分けられる．このうち，一般的には通過型は土壌動物とは呼ばない（通過型には土壌越冬するテントウムシやシマリスやクマも含まれると考えられている）．一時型には，ハエやセミなどが含まれる．ハエの幼虫は重要な腐植食者であるし，セミなどは一生のほとんどを幼虫として，地中で植物根の導管液を吸汁しながら生活しており，土壌動物といえる．

　土壌動物に含まれる分類群は，原生生物から環形動物，節足動物や，モグラなどの哺乳類まで多様な分類群が含まれる．それらの分類群は，生活場所，サイズ，機能や食物網の位置などによってさらに機能群に分けられる．

　最も一般的な分け方は，体幅を基準に綱，目レベル相当の分類群とする方法

## 4.2 土壌動物の特徴と種類

表 4.1 土壌動物の各サイズクラスに含まれる分類群の例と採集方法

| サイズクラス | 分類群 | 抽出・採集法 |
| --- | --- | --- |
| 小型土壌動物<br>(体幅 <100 μm) | 原生生物 | 直接検鏡 |
| | センチュウ, ワムシ, クマムシ | ベールマン装置 |
| 中型土壌動物<br>(体幅 100 μm〜2 mm) | ダニ, トビムシ, カマアシムシ,<br>コムシ, エダヒゲムシ, カニムシ | ツルグレン装置 |
| | ヒメミミズ | オコーナー装置 |
| 大型土壌動物<br>(体幅 2〜20 mm) | シロアリ, ヨコエビ, ヤスデ, ミミズ, ザトウムシ, アリ, クモ,<br>ハエ幼虫, 甲虫 | ハンドソーティング<br>ピットフォールトラップ |

である (表 4.1) (Swift, *et al.*, 1979). 体サイズが大きいほど侵入できる土壌孔隙が制限され, 体重あたりの体表面積の減少による物理ストレス耐性が増大する. このため, サイズ分類群は土壌孔隙の利用の仕方を反映し, 土壌から土壌動物を採集する方法にも関係する. 体幅およそ 0.1 mm までの動物を小型土壌動物 (soil microfauna), 2 mm までの動物を中型土壌動物 (soil mesofauna), 2 mm 以上の土壌動物は大型土壌動物 (soil macrofauna) と呼ばれる. モグラやネズミなど土壌生息性の脊椎動物は, 他の動物よりもはるかに大きく, 巨大土壌動物 (soil megafauna) と呼ばれる. 小型土壌動物には, 原生生物やセンチュウなどが含まれる. 小型土壌動物は土壌孔隙間の液相を主な生活場所にしており, 湿式のベールマン抽出法などで抽出される. 中型土壌動物は, トビムシやダニ, カニムシなどの小型の節足動物門を中心とする. これらは土壌孔隙の気相を徘徊し, 乾式のツルグレン装置などで抽出される. 湿性動物であるヒメミミズはオコーナー装置という, ベールマン装置に電球を付加した装置で抽出される. 大型土壌動物は土壌中で自ら穴を掘り移動することができ, 土壌の生活空間を自ら改変する能力をもつ. 大型動物になると, 目視により手やピンセット, 吸虫菅で集められるようになるので, ハンドソーティング法で直接採取する. 抽出方法については Box 4.1 で解説する.

土壌動物は土壌形成における役割の違いによって, 微生物食者 (microbial grazer), 落葉変換者 (litter transformer), 生態系改変者 (ecosystem engineer) に分けられる (Lavelle *et al.*, 1997). 微生物食者は, 原生生物類, センチュウ類あるいはトビムシ, ダニ類のように, 細菌類, 菌類を直接捕食するこ

## 第4章 森林土壌に生息する土壌動物

とで，微生物の種間関係や，微生物活動の活性化に寄与する．落葉変換者は，ダンゴムシやヤスデのように，リターの物理的な粉砕や化学的な変換などを主な機能とする機能群である．生態系改変者は，ミミズ，アリ，シロアリなどのように，土壌の物理構造を恒常的に変化させる作用をもっており，粉砕だけでなく，土壌の団粒化や巣などによる構造物を作る．微生物食者でも，トビムシやダニにはリター表面や粉砕された有機物を微生物ごと摂食するものがおり，落葉変換者にも土壌食が知られるヤスデもいるため，機能群の区別はしばしば困難である．これらの機能群は，異なる空間スケールや時間スケールでの土壌プロセスに関与していると考えられている（Lavelle *et al.*, 1997; Wardle, 2002）．金子・伊藤（2004）では上記3種の土壌動物機能に加え，生食者である根食者（root herbivore）と捕食者（predator）の機能を考慮する必要があるとしている．

### Box 4.1　土壌動物の採集方法

　土壌動物は，体の大きさや生活環境によって採集の方法が異なる．以下で述べるように，対象とする生物に合わせた採集方法を用いることが重要である．なお，ここには紹介しないが，土壌の原生生物は，水中で少量の土壌を砕いた土壌懸濁液を検鏡して観察することができる．いずれの土壌動物の採集方法の詳細についても，森林立地調査法（森林立地調査法編集委員会，1999）や土壌動物学への招待（金子ほか，2007）にまとめられているので参考にするとよい．

・小型土壌動物，湿性中型動物の採集（ベールマン法・オコーナー法）

　センチュウ，クマムシなどを含む小型土壌動物は，極めて小さく，土壌団粒中の水膜内に棲んでいるなど，肉眼ですべて探し出すのはほぼ不可能である．ベールマン法は，こうした小型節足動物を効率的に抽出する方法である．抽出したい土壌をティッシュやキムタオルなどで包み，ロートの上に載せる．ロートの下にピンチコックなどで留めたホースをつけ，土壌が浸るまで水をロートに入れる．湿性の土壌動物は土壌から水の中に泳ぎ出て，ロートの下方に沈む．最後にホースの下に瓶やシャーレを置いてピンチコックを開放すれば，動物の入った水と土壌が分離される．オコーナー法ではさらに上部に白熱灯などの熱源をつけ，熱，乾燥勾配によってベールマンよりも強力に土壌から湿性動物を追い出す．これはヒメミミズを抽出するための手法である．

・中型土壌動物の採集（ツルグレン装置）

　ベールマン法を湿式抽出装置とするのに対して，ツルグレン法は乾式抽出装置と

呼ばれる．光熱源，底が網になっている篩(ふるい)状のバケツ，ロート，瓶とこれらを載せるラックが組み合わさった装置である．原理は，熱と乾燥が上部の熱源から加えられ，湿った下方に逃げた中型土壌動物がロートの下に置いた瓶に落ちる仕組みである．35〜40℃くらいの温度で抽出するが，熱すぎると土壌中で若い虫などが死んでしまう．3〜5日間でトビムシ，ダニが抽出される．

・大型土壌動物の採取（ハンドソーティング法）

　目視できる2mm以上程度の動物を対象に直接土壌動物を採集する方法．大型土壌動物全体を定量する場合には，一定面積（通常15〜40cm四方の方形区）の土壌を30〜100cmほどの深さまで掘る．層ごとにビニールシートに広げ，ピンセットや吸虫管で土壌動物を集めていく．篩やバットなどを併用するとよい．

　なお地表徘徊性動物の場合には土壌に穴を開け，コップなどを1日仕掛けて落ちている動物を採集するピットフォール法が有効である．

## 4.2.2 腐植食物網

　生態系機能とのかかわり方による機能分けとは別に，生物間の食う‒食われるの関係から栄養段階を位置付ける食物網も土壌動物の働きを理解するために重要である．図4.5に土壌の食物網を模式的に示す．生きた植物体とそれを直接摂食する植食者から始まる生植食物網に対し，動植物の枯死遺体から始まる食物網を腐植食物網（detrital food web）と呼ぶ．

　腐植食物網は，細菌類，あるいは菌類など微生物が有機物を摂食するところから始まる（図4.5）．有機物源の食物としての質によって，細菌類と菌類の活動の大きさが異なる．分解しやすい有機物源の場合は細菌の働きが大きくなり，分解しにくい有機物源の場合には菌類の働きがより大きくなる．したがって，土壌有機物の質は微生物のエネルギー経路の決定に重要であり，分解しやすい資源のもとでは細菌経路（bacterial channel）が，分解しにくい資源のもとでは，菌類経路（fungal channel）が卓越する．分解しやすい資源は，植物根から低分子の多糖類などが供給される根の周囲数mmの範囲（根圏：rhizosphere）や，動物の作る団粒構造の中，動物の腸内など，特異的な高栄養状態の場所に限られる．有機物源とそれを直接食べる微生物群集およびセンチュウや原生生物などの小型微生物食者と合わせた食物網を微小食物網（micro-food web）と呼ぶ．菌食の小型節足動物は，菌類だけでなく微小有機物ごと細菌類

## 第4章　森林土壌に生息する土壌動物

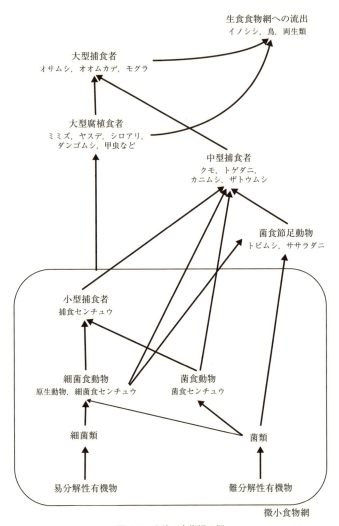

図 4.5　土壌の食物網の例
大型腐植食性動物のミミズや等脚類は，枯死有機物から始まる細菌-原生生物を中心とする細菌ループ（左）と菌類-小型節足動物を中心とする菌類ループ（右）を含む微小食物網ごと食物とする入れ子構造が見られる（Coleman *et al.*, 2004 を参考に作図）．

を摂食する．さらに大型の腐植食動物は，微小食物網が含む分解作用を受けた有機物を含んだ小さな生態系ごと摂食するという食物網の入れ子構造が存在する（Coleman et al., 2004）．この摂食は，新たな微小生態系の棲み場所環境の創出を意味する．捕食者は微生物食者や小型の動物を捕食することで，より下位の生物の個体群を制御する機能をもつと考えられる．また，細菌経路と菌類経路に始まる食物網のエネルギーの流れは，より上位の大型腐植食者や捕食者のもとに統合されている（図4.5）．細菌経路と菌類経路の食物網は，植物の供給するリターの特性や土壌の養分供給によってスイッチするが，捕食者がいずれの経路も利用できる場合，片方の経路のみが利用される時よりも腐植食物網の安定性が向上することがシミュレーションで示されている（Moore et al., 2003）．

　腐植食物網の研究例は，機能群の研究とのつながりも含めて数多く行われているが，土壌生物は，すべての分類群について直接的な食う-食われるの関係を観察するのが難しいため，食物網構造やそれが依存する根や腐植物質を特定するのが大変困難である．また，生食物網に比べ，腐植食物網では同じものを違う生物が何度も摂食し，他の生物の食べた排泄物が重要な食物源となることや，遺体を食べて成長した個体も，死後にはそれ自身が遺体として同じ食物網の資源となるなど，栄養源の二次利用やループが常在しているため，全体の流れを把握するのに困難がある．そこで，体を構成する化学物質構成比から食物網構造を類推する方法（Pokarzhevskii et al., 2003）や，同位体比を用いて食物源の植生や有機物腐植段階と栄養段階を分離する方法（Hyodo et al., 2010）などの化学的手法で，食物網の全容を解明する研究が進められている．

### 4.2.3　土壌動物の分類群

　これまで説明してきたように，現在は形態の違いを中心とした分類群よりも，生態学的に解釈しやすい機能群や機能形質の違いを重視した研究方法が盛んである（Pey et al., 2014）．しかしこれまでと変わらず，生物相を把握し，機能群分けや機能形質の測定，推定の基礎となるのは分類群による類別方法である．

　分類を専門にしていない者にとって，生物相の把握に重要な分類群による類別に重要となるのは，図鑑類や検索表の充実である．日本では，『日本産土壌

第4章　森林土壌に生息する土壌動物

動物（第2版）：分類のための図解検索―』（青木，2015）が刊行されている．この図鑑では，日本の土壌に棲むほとんどの土壌生物を検索表付きで属，種まで検索できるようになっている．土壌生態学の初学者にとっても専門家にとっても，国内の網羅的な分類検索表が存在することは大変に優位である．

　ここでは土壌の物質循環などと関係の深い土壌動物の代表的な分類群について簡単に概説する．分類群はまず大きさによって分け，Petersen & Luxton (1982) で示されている生態グループごとに細分化して説明していく．

## A. 小型土壌動物（microfauna）
### 微生物食者のグループ（micrograzer）

　小型土壌動物はほとんどが微生物食者として扱われる．原生生物同士の捕食や，小型のセンチュウを大型の捕食センチュウが捕食することも知られるが，数が多いのは微生物食のものであり，全体としては微生物食者として扱われる．

・原生生物（Protista）

　もともとは単細胞性の動物を指す言葉であったが，実際には多系統であり，現在では便宜的に生態的側面からグループにされている側面が強い．土壌性のものはセンチュウとは別に，微小土壌動物とも呼ぶ．体幅15～100 μm．繊毛虫やアメーバなどの単細胞生物が土壌液相や根圏（根の周囲数mmの範囲）に生息し，ほとんどの種類が細菌類や菌類を摂食している．生態的には主に鞭毛虫，無殻アメーバ，有殻アメーバ，繊毛虫の4つのグループに分けられる（Coleman et al., 2004）．鞭毛虫は1本以上の鞭毛をもち，活発でよく細菌類の摂食活動を行う．1gあたりの土壌に100～10万匹ほど生息する．無殻アメーバは農地から森林まで広く分布する．細菌類，菌類，藻類，微細有機物などを摂食する．体の形を自由に変え，土壌の狭い孔隙内の細菌類などを捕食できる．有核アメーバは森林内の乾燥した場所では特に無殻アメーバよりも数が少ない．繊毛虫は他の3つのグループと比較すると数は少なく，土壌1gあたりに10～500個体ほどが生息する．

　微小土壌動物は，腐植食もわずかにいるが，機能群としては微生物食者に含まれる．微生物ループ，または微小食物網と呼ばれる根圏域での根の滲出物に由来する細菌増加と原生生物による捕食活動の増加は，土壌の窒素利用性と植物の養分獲得にとって重要な機能である（Bonkowski, 2004）．実際，森林土

壌でエネルギーフローを調べた研究では，rhizopodsの働きがミミズ，ヒメミミズとともに高かった．原生生物，特に有核アメーバ類には，モル・モダー型土壌に対する選好性が認められ，堆積腐植型によって異なる原生生物が分布する（Fossiner, 1999）．

・センチュウ（線形動物門：Nematoda）

体幅5～120 $\mu$m．その名の通り長細い，ひも状の生物．生息場所や食性の幅が広く，あらゆる土壌に出現するため，土壌の状態を知るための生物指標として用いられる．ベールマン法（Box 4.1）などの湿式抽出法で，土壌から群集ごと抽出することが可能である．センチュウ全体としては微生物食者に位置付けられることが多い．また，原生生物と同様，根圏での密度増加が顕著に見られる．たとえばIngham $et\ al.$ (1985)では，わずか土壌の4～5%にあたる根から1～2 mmの根圏土壌が，土壌全体の70%を占めるセンチュウの生息するホットスポットとなることが示されている．

センチュウ全体として微生物食の割合は高いが，センチュウの中にはさまざまな食性が見られる．土壌センチュウは食性グループに分けられることが多く，細菌食（bacteritivore），菌食（fungivore），植物寄生性（plant parasitoid），捕食性センチュウ（predator）に分けられ，これらは口器の形状から類別できる．森林土壌では，pHや含水率によって微生物の群集構造が変化するが，これに応じて微生物食群集の利用微生物が変化する．こうした微生物群集依存の変化が土壌の腐植食物網に与える影響を評価する方法として，細菌食センチュウと菌食センチュウの個体数比であるbacteritivore/fungivore（B/F）比が用いられる．一般にモル・モダー型土壌では菌類食のセンチュウが多く，ムル型土壌では細菌食のセンチュウの割合が高くなる（Alphei, 1998）．また，図4.5にあるように，腐植食物網における微小ループでは，捕食センチュウが重要な捕食者となるため，より細菌の優勢なムル型土壌で捕食性センチュウの種数や密度は高くなる．

他の指標として，科ごとに生活史戦略（Box 4.2）に従って，多産，小卵，高繁殖率，短命，非永続的高品質食物依存で，撹乱後の回復が早い$r$戦略種の移住型（colonizers）と，少産，大卵，低繁殖率，長命，永続的低品質食物依存で，撹乱後の回復が遅い$K$戦略種の定住型（persister）の程度に応じた点数

第4章　森林土壌に生息する土壌動物

を5段階でつけ，個体数で重み付けした群集平均値を用いた指標である maturity index（Bongers, 1990）などが土壌肥沃度や土壌汚染，また畑地土壌の耕起，不耕起といった撹乱要因との関連で用いられる．撹乱に強く世代時間の短い移住型の種類は，ムル型でモダー型土壌よりもはるかに多く観察される（Alphei, 1998）．センチュウ移住者の高い密度は，おそらくミミズなどにより形成された微生物活動のホットスポットへの素早い定着を反映している．

---

**Box 4.2　生活史戦略**

　生物が獲得できる資源は有限である．どんな生物でも有限な資源をもとに，基礎代謝活動，成長，他者からの防御，そして繁殖へとエネルギーを配分しなくてはならない．したがって生物にとって，ある活動への投資は競合する他の活動への投資を減少させるので，ある活動への投資と競合する活動への投資は負の相関が見られることがある．たとえば，成体になるまで成長に多くの投資が必要となる種では，成長が早い代わりに捕食者からの防御に投資できないため，成長が遅く，防御に投資する種よりも死亡率は高くなる．こうした成長や繁殖などの間の負の関係を生活史トレードオフ（trade-off）という．

　生活史のトレードオフによって，生物は2つの戦略に類型化できるとされている．$r$-$K$ 淘汰説では，個体あたりの内的自然増加率（$r$）を高めるか，その環境の上限密度である環境収容力（$K$）を高めるか，いずれかを優先する戦略をとるという考えである．$r$ 戦略種は，個体数が減少しても素早く復元できる繁殖力の高さと，これに付随して，子供が小さい，成長が速い，防御への投資が低い，生理的な代謝速度が速い，世代時間が短いという特徴をもつ．逆に $K$ 戦略種は，繁殖力が低く，子供は大きく，成長は遅く，防御への投資が高く，生理的な代謝は遅く，世代時間が長いことを特徴とする．$r$ 戦略種は，個体数の急速な増加が見込める反面，急速な成長や速い代謝を支える高品質の資源を必要とするため，生息環境の撹乱などが大きく，食物資源の質が高い場合などに有利となる．一方，$K$ 戦略種は個体数の急激な増加や死亡減少が生じにくく，個体数の変動が小さいため，資源が少なく，撹乱の少ない安定した環境で有利になりやすい．こうした一般的な生活史戦略の類型化は，土壌動物の研究でも広く使われている．

　群集を構成する種の生活史戦略の評価に，$r$-$K$ 戦略の特徴に応じて0～5点など5段階程度の得点を与え，種ごとに評価し，その得点を個体数で加重平均した指標である maturity index が群集解析に用いられる（センチュウ：Bongers, 1990; トゲダニ：Ruf, 1998）．一般に，土壌撹乱への耐性や回復力は $r$ 戦略種が $K$ 戦略種よりも高いと考えられるので，土壌の大規模な撹乱などが生じた場合には Maturity index は小さくなると考えられている．

・クマムシ（緩歩動物門：Tardigrada）

長い体型に4対8本の脚をもつ．吸汁性の口針で溶存，細片有機物，微生物，藻類細胞液や遺体を食物とする．真空や高温，乾燥，宇宙空間など極限環境において乾眠（cryptobiosis）と呼ばれる休眠態で耐えて生存することで有名．陸上では，草原土壌の表層3 cmほどまでの浅いところや，森林土壌でも高密度に生息することが確認されている．長野県に位置する八ヶ岳の亜高山帯林では，1 m$^2$ あたり約 74,058 匹のクマムシが確認されている（Ito & Abe, 2001）．クマムシは樹上，地上の蘚苔類からもよく抽出される．森林土壌での研究は少ないが，多数の個体が森林土壌中に生活し，何らかの機能を有しているのかもしれない．

## B. 中型土壌動物（mesofauna）

中型土壌動物の個体数や種数において優占的なのは，トビムシとダニ，そしてヒメミミズで，ヒメミミズを除くとほとんどが小型節足動物（microarthropods）である．これは乾燥する土壌表面近くにおいて，気相を棲み場所としている．このことは，中型土壌動物は自ら土壌中に穴を掘って潜る能力がないため，節足動物のような外骨格による乾燥耐性機能が重要だからかもしれない．

**小型腐植食者のグループ（micro-saprophages）**

・トビムシ（Collembola：トビムシ目）

英名は尻尾がバネのように働いて跳躍するので，springtail と呼ばれる．体幅は 150 $\mu$m〜2 mm．トビムシは陸域のほぼあらゆる土壌にいる節足動物で，土壌中での密度と多様性が高く，中型土壌動物の中心的生物である．世界ではおよそ 8,600 種が記載され，日本では 400 種ほどが記載される．最古のトビムシの化石記録は，およそ4億年前のデボン紀の地層から見つかった *Rhyniella praecursor* だが，シルル紀の地層からはトビムシのものと思われる糞が発見されており，トビムシは初期の陸上生態系においても重要だったと考えられる（Hopkin, 1997）．

トビムシは昆虫綱内顎亜綱に属するトビムシ目とされていたが，近年の分子生物学的手法の発展によりさまざまな説が唱えられ，トビムシ目とするものか

らトビムシ綱とするものまであり，系統的な位置は確定していない．『日本産土壌動物（第2版）』（青木，2015）は，トビムシ400種をすべて検索できる世界でも最大級のトビムシ検索表を含んでおり，森林土壌での野外研究に強い助けとなる．また，微生物と同様に，トビムシ群集の遺伝子の分布を読むメタバーコーディングによる種構成や現存量の把握（Saitoh et al., 2016）も進められており，将来的には形態種では類別が困難な分類群や，隠蔽種を含めた分子情報からの群集把握が可能になるだろう．

　ほとんどの種は菌，細菌や腐植，藻類などを摂食し，全体では微生物食者に属するが，センチュウ捕食者も存在する．トビムシを餌とする生物は極めて多く，トゲダニなど同サイズ捕食者から，クモ，ムカデ，甲虫類など大型捕食者，カエルなど脊椎動物捕食者までさまざまな上位捕食者の餌資源となる（Hopkin, 1997）．

　トビムシの種ごとの性質によって，さまざまな機能群に分けられる．最もよく使われているのは，生活場所で分けた生活型グループである（図4.6）．リター層表面近くに棲む種のグループを表層種（epiedaphon），鉱物質土壌中に生活する種のグループを真土壌種（euedaphon），腐植層を好む中間的グループを半土壌種（hemiedaphon）と呼ぶ．この分類は生活する場所から分けられているが，単に棲んでいる場所だけでなく，ストレス耐性，移動力，生理反応，繁殖様式，餌資源の分布，生活史戦略に至る他のさまざまな性質にかかわる重要な分類である（表4.2）（Petersen, 2002）．食性の違い，繁殖モードの違いや，水分ストレス耐性の違いによって機能群を分けることがある．これらの種特性同士は棲み場所に応じて同時に変化する，形質同調性（trait-syndrome）が見られる．たとえば表層種と真土壌種の間では，菌食と，腐植や土壌を食べるという食性の変化だけでなく，体サイズ，目の数，体色や繁殖戦略なども同時に変化する．このため，生活場所と食性のグループはある程度類似する．食性グループの分け方には，腸管内容物の構成比を観察する方法（Takeda & Ichimura, 1983），酵素を分析する方法（Berg et al., 2004），炭素，窒素安定同位体比から類推する方法（Hishi et al., 2007）がある．

　トビムシの種構成と植生や堆積腐植型の関係は比較的明確であると考えられている（Ponge, 1993；Ponge et al., 2003）．堆積腐植型と機能群の関係につい

4.2 土壌動物の特徴と種類

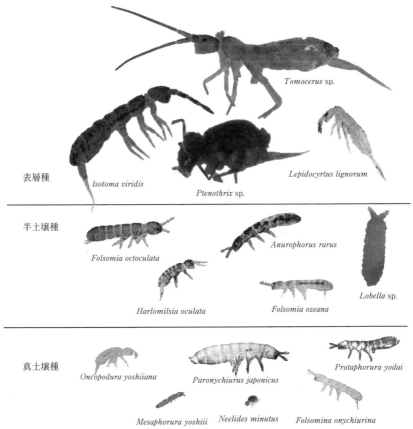

図 4.6 表層性，半土壌性，真土壌性のトビムシ
特徴については表 4.2 を参照．→口絵 11

ての研究からは，熱帯や斜面の谷部において表層性の菌食者が増え，冷温帯や斜面の尾根において半土壌性の腐植食者が増えるなどの一般的なパターンがわかっている（Takeda, 1981; Takeda & Abe, 2001）．また，モル・モダー型土壌では豊富な腐植堆積を反映して個体数が多いが，ムルに多い表層種は個体サイズが大きいので，結果的にトビムシ全体の現存量はモダーとムルで変わらないとされる（Takeda, 1981）．

・カマアシムシ（カマアシムシ目：Protura）
　小型で触角や目を欠く．原尾目ともいわれる．トビムシや昆虫類との系統的

## 第4章　森林土壌に生息する土壌動物

表4.2　トビムシの対比的な生活型機能群と一般的な形態的，生態的特徴の対応
トビムシは表層種，半土壌種，真土壌種に分けられる．半土壌種は，表層種と新土壌種の中間的な性質をもつと考えられている．Petersen (2002), Salmon *et al.* (2014), Hasegawa & Takeda (1995) などを参照の上作成．

| 生活型 | 表層種 | 真土壌種 |
| --- | --- | --- |
| 分布場所 | リター／表土 | 土壌間隙 |
| 体サイズ | 大 | 小 |
| 体表 | 模様，着色，鱗 | 白色，毛 |
| 目の数 | 多い | 少ない |
| 分散力 | 高い | 低い |
| 触覚後器 | 欠く，単純 | 複雑 |
| 繁殖 | 両性生殖 | 単為生殖 |
| 幼体の相対サイズ | 小さい幼体 | 大きい幼体 |
| 卵の数 | 多い | 少ない |
| 繁殖期 | 季節依存 | 年中 |
| 代謝速度 | 高い | 低い |
| 食物資源 | 質が高い | 質が低い |
| 食物の分布 | 偏在 | 遍在 |
| 食性 | 菌食 | 腐植，土壌食 |
| 物理ストレス耐性 | 高い | 低い |
| 生活史戦略 | *r* 戦略 | *K* 戦略 |

な関係はまだ確定していない．カマアシムシは菌糸に口器を突き刺し，菌根菌糸や腐生菌の中の細胞質を吸っている．

・コムカデ（コムカデ綱）

　白くて目がなく，細長い多くの脚をもつ典型的な土壌適応の動物．ムカデとついているが，ムカデとは異なる分類群で，捕食者ではなく，植物細胞や腐植を摂食する．

・エダヒゲムシ目（エダヒゲムシ目：Pauropoda）

　枝分かれした触角と8～11対の脚をもち，白いか無色で長い．典型的な真土壌性生物．菌食者と捉えられている．

・ヒメミミズ（貧毛綱ヒメミミズ科：Enchytraeidae）

　直径数50～200 $\mu$m，長さ1～2 mm程度の細さの白くて小さなミミズである．特に北方域において有機物に富んだ湿った土壌に多く生息するが，熱帯域にも生息している．ミミズのように有性生殖も行うが，分裂後にそれぞれの断

片が個体として再生する無性生殖も知られている．ミミズのように，鉱物と有機物の両方を摂食することが知られるが，ミミズよりも食物とする物質の粒子サイズは小さい．腐植層で見られるヒメミミズの糞は細かい腐植粒子で形成されるが，鉱質土壌で見られる糞は鉱物と有機物の混合物で形成される（Kasprzak, 1982）．ミミズやトビムシの糞なども二次摂食していると考えられている．森林土壌での密度は 1 m$^2$ あたり数千～数万個体が一般的である（Petersen et al., 1982）．

大型ミミズ類が温帯のムル型土壌で優占するのに対し，ヒメミミズは北方域のツンドラも含め，熱帯までのさまざまな土壌型で優占する．特に湿性で気温が低いためにモル型となるようなツンドラなどでは，ミミズなどの他の大型動物を欠くために，土壌動物の中でも相対的な役割が非常に高い．ヒメミミズはオコーナー法（Box 4.1）を用いて抽出される．

・ササラダニ（クモガタ綱ダニ目ササラダニ亜目：Oribatida）

最初に簡単にダニ目全般について解説する．クモガタ綱には 11 目あるが，他の 10 目はすべて捕食性であり，ダニのみが捕食性のほかに植食，腐植食，菌食などの多様な食性群を含む．土壌中で数が多いのはトゲダニ，ササラダニ，ケダニ，コナダニの 4 亜目である．近年の分類体系では，ダニは亜綱に格上げするなどの改変が提唱されている（Krantz & Walter, 2009）．本書では伝統的なダニ目と諸亜目で説明する．人畜に寄生し吸血するタイプのマダニ類や，室内でアレルギーを引き起こすダニが一般に知られるが，土壌性のほぼすべてのダニの種は自活性で人畜無害である．

ササラダニの名についている簎（ささら）とは，細い竹や木を束ねて作成された洗浄器具のことで，お茶をたてる時に使う茶筅（ちゃせん）が長くなったような形である．ササラダニの頭部には胴感毛という感覚毛があり，この形が簎と類似するためにつけられた名である．

ササラダニはトビムシと並んで土壌に最も優占する節足動物であり，森林土壌の条件と群集構造の研究が数多く行われている．世界中の土壌や樹上にも生活している．トビムシと同様，ほとんどは腐植や細菌，菌，藻類を食物とし，全体としては微生物食者に含まれる．ただし有機物を直接摂食するイレコダニの仲間などは強力な鋏角で植物遺体をちぎって食べるので，リター変換者の機

能をもっている．植物の陸上進出から間もない4億年前のデボン紀から化石記録があり，その腸管には腐植が入っていた．つまり，はるか昔からその存在が確認されている分解者である．ササラダニも大変種類が多く，同じ森林の中にも多くの種類が含まれる．日本のササラダニ分類は比較的進んでおり，ササラダニについても『日本産土壌動物（第2版）』（青木，2015）に日本での記載種750種の検索表がついている．

　ササラダニの機能群は，消化管内容物や鋏角形状を用いた食性分類が行われている（Kaneko, 1988）．植物遺体食（macrophytophagous）は枯死有機物をそのまま食べ，微生物食（microphytophagous）は菌や細菌などの微生物を食べ，広食性（panphytophagous）は枯死有機物と微生物両方を食べ，細片食者（fragment feeder）は他の動物が排泄した糞などに含まれる有機物を二次摂食している．冷温帯林の斜面上部（モル・モダー）と下部（ムル）で比較した研究では，個体数は斜面下部よりも上部で多くなるが，食性で見ると，厚い有機物堆積と菌類ループを反映した斜面上部で菌食が多く，大型動物の多い斜面下部では，大型動物の糞を二次摂食する細片食者が多い（Kaneko & Takeda, 1984）．

### 小型捕食者のグループ（micro-predators）

・ケダニ（ダニ目ケダニ亜目：Prostigmata）

　体長0.2～2 mmほど．多くは捕食者だと考えられているが，花粉食，植食者などさまざまな食性が知られている．毛がびっしり体表を覆う種が多いことからこの名がついている．

・トゲダニ（ダニ目トゲダニ亜目：Gamasida）

　小型の捕食者である．ただしイトダニは菌食として考えられている（Schaefer, 1990）．トゲダニは主にトビムシやセンチュウ，他のダニ類などを捕食していると考えられる．小型捕食者の中では最も密度が高い．

　生育段階の途中で，他の大型昆虫類への便乗移動などが知られている．土壌性のトゲダニには，寿命が短いながら好適環境で個体数増加率が高い戦略（r戦略）の科と，寿命が長く，個体数増加率の低い戦略（K戦略）の科に分けられる（Ruf, 1998）（Box 4.2参照）．

・カニムシ（クモガタ綱カニムシ目：Pseudoscorpiones）

1〜7 mm 程度の小さな捕食者である．pseudo-（偽）scorpione（サソリ）という名をつけられており，毒針と尻尾のないサソリのような形をしている．アトビサリ，アトシザリなどとも呼ばれる．敵に出会うと鋏を広げ，後ろ向きに後退していくことからそう呼ばれる．ピンセットを近付けても後ろ向きに後退する．肉眼でも観察できる．

・コムシ（コムシ目：Diplura）

長い触角をもち長い尾角をもつナガコムシと，ハサミ型の尾角をもつハサミコムシがいるが，いずれもダニやトビムシ，ヒメミミズなどを捕食する．トビムシ，カマアシムシとともに原始的な昆虫とされてきたが，近年，昆虫に近いのはこのうちコムシだけではないかといわれている．土壌中の密度はトビムシが数万匹/$m^2$いるのに対して，数十匹/$m^2$程度と，それほど高くない．

### C. 大型土壌動物

大型土壌動物は体サイズが大きいことに加えて強い顎をもっている．したがって，有機物の粉砕（リター変換）や，土壌の団粒化（生態系改変）など，土壌環境の物理的な変換に大きく関与する．堆積腐植型に見られる有機物の堆積の仕方は土壌動物群集を説明するのに有効であることを説明したが，それは土壌環境が動物を制御するためばかりでなく，大型動物においては自らが堆積腐植型の形成に大きく関与するためでもある．

**大型腐植食者のグループ**（macro-saprophages）

・等脚類（ワラジムシ目：Isopoda）

ダンゴムシ，ワラジムシ，フナムシなど陸上甲殻類の仲間．さまざまな土壌の有機物層や石の下に棲むが，乾燥にも強い．乾燥に適応した性質として，夜行性で比較的基礎代謝が低いなどの特徴をもっている．甲殻類としてカルシウム要求性が高いと考えられており，リターのカルシウム含量などと個体数が関係する．強力なアゴで落葉や腐植を粉砕，摂食するリター変換者と捉えられる．また，実生や根を摂食する．腸内におけるフェノール類酸化作用による無毒化やpH調整を行い，後腸で微生物による分解活動が促進され，リグニンやセルロース分解が行われ，栄養として吸収される．自身の糞を摂食する行動なども知られる．さまざまな生理的側面の進化生態学的な情報についてはZimmer (2002) に詳しく解説されている．

第4章　森林土壌に生息する土壌動物

・端脚類（ヨコエビ目：Amphipoda）
　海洋で非常に反映しているグループだが，淡水や陸上にも多数生息している．森林土壌では湿った落ち葉の中で落葉を直接摂食しているリター変換者である．

・シロアリ（ゴキブリ目シロアリ科：Isoptera）
　特に熱帯域での土壌機能においては最も重要な土壌動物の1つといえる．木材や土壌などを主に食物とする大型腐植性昆虫であり，集団内に女王，兵，労働者などの階級をもつ真社会性昆虫である．日本でもシロアリは見られるが，熱帯域ではさらに多くの種，個体数が観測される．熱帯の陸上動物の10%はシロアリが占め，有機物分解に大きくかかわっている（Bignell & Eggleton, 2000）．温帯でのミミズの重要性に対し，熱帯の生態系エンジニアはシロアリが重要であると考えられる所以である．材食，土壌食の食性をもつものと，集めた有機物に菌を植え，養菌して分解された有機物を食べる種類がいる（キノコシロアリ）．消化管に共生微生物や原生生物を有し，セルロース分解が腸内で強力に進められるが，高等シロアリは自らがセルラーゼをもつ．

・ハエ（ハエ目：Diptera）
　ハエの幼虫（蛆虫）は重要な腐植食者であり，成虫も腐植物質を利用する．一般的に腐植物質に富んだ湿った土地に生息する．また，さまざまな動物の遺体食者としても重要である．森林を含め，湿地，耕作地において，特徴的な群集が形成されることが知られ，生物指標として用いることもできる（Frouz, 1999）．この研究では，ハエの幼虫を feeding group に分けており，生死問わず植物組織を消費する植物食者（phytosaprophages），リター表面を削り取り，微生物と微細腐植を食べるスクレイパー（surface scrapers），土壌の微粒子を消費する微細食（microphage），菌糸を食べる菌食者（mycetophage），動物食（predators）としている．Frouz（1999）は自然撹乱や人為撹乱，遷移などに関するさまざまな生態系の変化に対するハエ群集の反応についてまとめている．

・ヤスデ（ヤスデ綱：Diplopoda）
　倍脚類とも呼ばれる．温帯と熱帯の広葉樹林に多い．英語名は Millipede（千の脚）である．1つの体節から前の3節のみ1本ずつ，それより後ろの体節では2本ずつ脚が生えているのが特徴であり，これが倍脚類の由来である．管状で長細い形のものから，ダンゴムシのような短くて丸い形のものまでさま

ざまな形のヤスデがいる．長さは一般に5，6 cm ほどだが，熱帯の大型種には20 cm を超えるものもいる．体表にワックスを欠いているため，極端な乾燥には弱いとされる．ヤスデは腐植食大型土壌動物であり，土壌有機物や落葉が主要な食物なので，リター変換者と位置付けられているが，土壌食も知られる．

・カタツムリ類（腹足綱：Gastropoda）

森林ではあまり詳しい機能の研究は行われていないが，農地においては重要な植食，リター食者であると考えられている．

・ミミズ（貧毛綱：Oligochaeta）

土壌動物では，ヒメミミズ以外のミミズを特に earthworm と呼ぶ．土壌機能に関しては最も重要な土壌動物ということができるだろう．熱帯においてシロアリやアリのバイオマスがこれを凌駕することがあることを除けば，ほとんどの土壌で最も現存量の多い土壌動物である（Petersen & Luxton, 1982; Fierer et al., 2009）．そして土壌の炭素，養分の無機化および貯留の双方に最も重要な機能を付加する団粒構造を形成するため，重要である．団粒の機能については4.3節以降で説明する．

ミミズの調査は，定量調査をする場合には主にハンドソーティング法（Box 4.1）で密度を推定することが多い．ミミズのみを対象にサンプリングする場合には，ほかにも粉マスタード水溶液やホルマリン，その他忌避物質を撒いて，表層に棲む種や坑道を用いるミミズを追い出して採取する方法もある（Gunn, 1995; Zaborski, 2003）．

ミミズは生息する土壌深度，食性，生活史の特徴から，3つの生態グループに分けることができる（Bouché, 1977; Barois et al., 1999）．表層性（epigeic），表層採食地中性種（anecic），地中性種（endogeic）である．表層性の種は，概して小型（<10 cm）であり，濃い体色，短命，多産の生活史を特徴とし，リター層やリター層直下の土壌表面などに生息する．リター層に完全に依存する種類は体色が濃いが，土壌表面に棲んでリターを食べる種類（epi-anecic などと呼ばれる）は着色が部分的である場合がある．地中性種は無機物を含む土壌を多く摂食しており，体色が薄く，餌の質が低いため成長が遅く寿命が長い．地中性種は，種によって好む土壌層位が異なっている．生息する深さに応じて

第 4 章　森林土壌に生息する土壌動物

表層土壌で生活し，有機物に富む土壌を食べる富腐植食性地中種（polyhumic endogeic），土壌深 0〜20 cm に生活し，0〜10 cm の A, B 層を食べる中腐植食性地中種（mesohumic endogeic），主に 15〜80 cm の B 層などに棲み，20〜40 cm の土壌を摂食する貧腐植食性地中種（oligo endogeic）に分けられる．これらは棲む場所と食べている土壌の質によって生態的特徴が異なり，深いところに棲むものほど大型化する．土壌の深い層に棲む表層採食地中性種は，ダーウィンの研究したヨーロッパツリミミズ（*Lumbricus terrestris*）を含むグループで，土壌の深くに坑道を掘り，そこに表面のリターを引き込んで摂食する．主要な餌源は少し分解が進んだ落葉であり，自ら坑道の出入り口に落葉を溜めている．また，巣として利用する穴を掘ることで，土壌とリターを両方食べている．ただし，地中種に比べるとリターを食べる割合は高い．消化管に含まれる無機物の重量割合から，機能群ごとの土壌への依存度がわかる．土壌の無機物表層性種の消化管内に無機物は 10〜30% 程度含まれており，表層採食地中性のヤンバルオオフトミミズは消化管内の無機物割合が重量で 35%，地中性の種類では 40% 以上が無機物である（Judas, 1992; Uchida et al., 2004）．

　表層性種の機能は，主に落葉を摂取し，土壌は表層土壌を利用するため，他の生態グループと比較するとリター変換者の機能に近いかもしれない．しかしリターと鉱物の団粒化は行っている．表層採食地中種では土壌の深いところと地表のリター層をつなぐ垂直の坑道が発達し，垂直的な土壌撹拌への寄与が高い．一方，棲んでいる場所と採食場所の層が同じ土壌食の地中性種は，水平的な土壌撹拌を行っている．

　気候帯ごとにミミズの機能群の構成比を比較すると，表層性種は高緯度の冷温帯域で多く，暖温帯域にかけて表層採食地中性種や富腐植食性地中種が増える．熱帯域では中腐植食性地中種や貧腐植食性地中性種が多い（Lavelle *et al.*, 1997）．より分解しにくい資源を利用する貧腐植食性地中種は，難分解性の上に濃度の低い有機物を多量に摂取するため，暖かい場所での高い微生物活性が必要なのかもしれない．シロアリの土壌食も熱帯域で見られるが，これも同様のメカニズムによるのかもしれない．

**大型捕食性，雑食のグループ（macro-predators and polyphagous）**
・クモ（クモ目：Arachnida）

すべて捕食性である．糸で巣を張り，待ち伏せて捕食するものから，活発に被食者を追いかけて捕食するタイプまでさまざま．極地以外のあらゆる気候に生息する．土壌動物では，地表徘徊性のクモ類が上位捕食者として機能している．また，地表徘徊ばかりではなく，小型の真土壌性の種類もいる．土壌ではトビムシなどの密度を上位から制限し，さらに生態系機能に影響を及ぼすトップダウン効果が知られる．Lawrence & Wise（2000）では，林床からクモを除去するとトビムシが増加し，リター分解速度が増加する効果が見られた．

・ザトウムシ（ザトウムシ目：Opiliones）

メクラグモ，収穫者（harvestmen），あしながおじさん（daddy longlegs）など，変わった別名をもっている．小さく丸い体を極めて長い脚で支えている．林冠から地表面まで生息している．短い脚の種類もあり，それらはリター中を徘徊する．毒腺はないがすべて捕食者と考えられている．

・ムカデ綱（ムカデ綱：Chilopoda）

英語名は Centipede（百の脚）であり，日本語でも漢字では百足と書く．1つの体節には1対の脚がついている．大型の捕食者である．ただしジムカデやイシムカデの仲間はツルグレン装置でもよく抽出される小型のムカデで，土壌中にも多数生息し，トビムシなど小動物を捕食する．ムカデは顎肢（牙）に毒腺をもっている．

・アリ（ハチ目アリ科：Formicidae）

雑食性だが，捕食性要素が強い．局地から熱帯まで分布し，個体数は多く，種も多様である．熱帯では土壌動物の1/3がアリとシロアリで，1 ha あたり800万匹以上のアリがいると推定されている．いずれもカーストをもつ社会性昆虫である．土壌生態系においてはダニや小型節足動物の重要な捕食者であり，生きた動物以外にも遺体や，生きた植物体も土壌に持ち込んで食べる．造巣活動において土壌を撹拌する生態系改変者としての役割も重要である．

・甲虫（甲虫目：Coleoptera）

土壌における甲虫類には，分類群により捕食性，植物（根）食性，腐食性とさまざまなものがいる．甲虫は特に熱帯に多いが，温帯にも多い．オサムシ科やハネカクシ科の多くは捕食者である．ハンミョウは幼虫期に土壌の巣穴で待機し，接近した獲物を襲って巣穴に引きずり込んで捕食する．コガネムシ科や

ゴミムシダマシ科には糞食や腐植食が広く見られる．コメツキムシなどには根を摂食する害虫として知られるものがある．地表を徘徊するものはピットフォールトラップ法でよくとれる．

## 4.3 土壌環境条件に対する土壌動物の分布の特徴

土壌動物の機能を知るにあたって，どのような場所にどのような土壌動物が多く分布するのかについて知っておく必要がある．個々の土壌動物については前節で説明したが，全体的に土壌動物がどのように分布しているのかについてここで概説する．

### 4.3.1 自然環境が決定する土壌動物現存量

1960〜70年代に行われた国際生物学事業計画（International Biological Program：IBP）において，世界中の土壌動物の生物量や消費，同化，呼吸などの配分が詳しく調べられた．この時の結果では，土壌動物の現存量は温帯や亜熱帯域で最も多く，亜寒帯，針葉樹林，熱帯雨林などで少なかった．土壌動物の現存量は単純に生態系生産量と正負の相関があるわけではなく，亜熱帯，暖温帯を頂点とする単峰型分布をするとされた（Petersen & Luxton, 1982）．しかし熱帯雨林でのシロアリのバイオマス推定や寒帯域でのヒメミミズの現存量についての過小評価なども指摘されており，Fierer *et al.* (2009) の小型節足動物，ヒメミミズ，ミミズの現存量，Sanderson (1996) のシロアリ現存量を合わせた場合，生態系の生産量の増加に伴って土壌動物の全現存量は増加傾向を示しているといえそうだ（図4.7）．また，温帯草原の土壌動物現存量は森林のそれに比べて大きい傾向があるように見える．草原の方が地上部，地下部とも難分解性の材をもたない分，リターの分解にかかるエネルギーが少ないことや，根の摂食や根の滲出物も多い可能性を考えると，より食物網の栄養段階が高く大きな現存量をもつ動物にエネルギーが回る細菌経路が卓越し（図4.5），土壌動物に流れるエネルギー流が大きいのかもしれない．また，全バイオマスのうちの分類群が占める割合を見ると，寒帯はヒメミミズ，温帯域ではミミズ，熱帯ではシロアリやアリが現存量に重要な影響を与えている．つまり，温帯に

## 4.3 土壌環境条件に対する土壌動物の分布の特徴

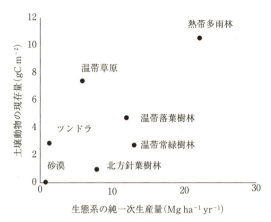

図 4.7 各気候帯の生態系の純一次生産量と土壌動物の現存量
純一次生産量は Whittaker (1974) より．土壌動物のバイオマスはセンチュウ, ダニ, トビムシ, ヒメミミズ, ミミズについて Fierer *et al.* (2009), シロアリについて Sanderson (1996) を参照に合計した値.

おいて土壌動物の現存量がどこで増えるのかは，ミミズがどこで増えるのかを考えることともいえる．また，熱帯域で貧腐植食性地中種のミミズやシロアリなどが多いのは，難分解な有機物を共生微生物の力を借りて分解できるので，低い質の有機物からの餌源の獲得が高温条件下で有利だからかもしれない．

地域内における地形の違いも土壌動物の現存量に影響する．冷温帯落葉広葉樹林の土壌動物の現存量を比較した例では，モダー型よりもムル型土壌で土壌動物現存量が大きく，小型の菌食者や捕食者がモダー型で多い一方，大型の腐植食者がムル型土壌で卓越する (Schaefer & Schauermann, 1990).

### 4.3.2 さまざまな撹乱が土壌動物の現存量に影響する

さまざまな撹乱要因も土壌動物の現存量を下げる．近年日本ではニホンジカによる下層植生の摂食被害やそれに伴う土壌劣化が問題となっている．京都府北部の冷温帯林において，シカの増加が顕在化していなかった 1976 年と，シカによって下層が消失して 10 年程度経過した 2007 年を比較した例では，ほぼすべての大型土壌動物分類群の個体数，現存量とも減少し，現存量では 60 ～80％ 減少した (Saitoh *et al.*, 2008)．また，1976 年頃はモダー型とムル型土壌に生息する土壌動物群集構造が明確に異なっていたが (Tsukamoto, 1996),

近年のシカ被害によって尾根と谷の群集構造に差が見られなくなってきた (Saitoh *et al.*, 2008). シカによる土壌劣化の被害は，それぞれの場所特有の土壌生態系環境を均質化し，土壌生物および土壌機能の多様性を損なう恐れがあるということを土壌動物から見ることができるのである.

## 4.4 土壌動物による土壌機能への影響

これまで何度も強調されてきたように，土壌の重要な機能は水分動態の制御および炭素や養分物質の無機化と貯蔵である．生産者の純一次生産量の高さと，それと対になる土壌分解機能や養分供給力の高さだけでなく，有機物や養分を系内に多量に蓄積できることも生態系の重要な役割である．分解と貯留の双方のバランスが，土壌とそれが支える生態系の安定性を決めている．たとえば，土壌に未分解有機物炭素を溜め込んできた泥炭湿地などにおいて，今後の温暖化によって有機物分解が進行し，二酸化炭素の放出が加速することが世界的に懸念されている．ここでは Lavelle *et al.* (1997) による土壌動物の機能群の有機物分解機能と，生態系改変者による有機物貯留機能の 2 つについて説明する．

### 4.4.1 土壌動物の有機物分解への寄与

土壌動物による土壌有機物分解への寄与については，古くから土壌動物学者によって多く研究されてきた．有機物分解において重要な要素は，分解が行われる場所の物理化学条件，リターの質，そして分解を実際に行う分解者生物の 3 つである (Swift *et al.*, 1979)．これらのうち，最も重要なのは気候条件であり，次いでリターの質，分解者群集というように，影響の重要性には階層性があるとされてきた．また，分解者生物の働きに着目すれば，土壌における物質の制御，特に有機物の無機化を進める分解活動を直接行っているのはほとんど微生物の働きである．分解呼吸のうち，土壌動物の呼吸量が占める割合，つまり土壌動物が炭素の無機化に直接与える影響は多くの土壌において 5% 程度以下である (Petersen & Luxton, 1982)．しかし土壌動物は，微生物の棲み場所の物理化学環境を制御し，胞子運搬や摂食を通して微生物間の競争に関与す

## 4.4 土壌動物による土壌機能への影響

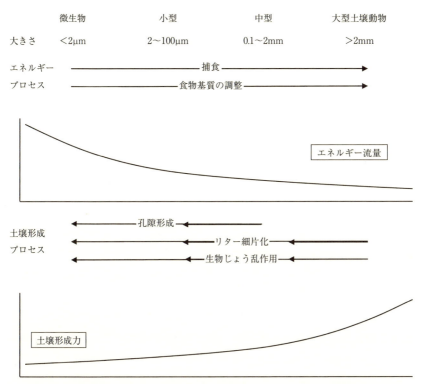

図 4.8 土壌動物のサイズクラス間同士に対する機能のプロセスの違いと影響力の大きさ
上段はエネルギーの流れにかかわるプロセスで，食物網の栄養関係に基づいて決定される．下段は土壌形成にかかわるプロセス．上段のプロセスは瞬間的に生じるプロセスであり，下段のプロセスは長期的な影響を及ぼす（Scheu & Setälä, 2002 を改変）．

ることで，分解活動を直接行う微生物の活動を高め，制御する舞台を作る役割を担っている．微生物を含めて土壌の分解者群集は，体サイズが小さいものほどエネルギー動態への関与が強く，大きいものほど土壌環境の形成能力が高くなると考えられている（図 4.8）（Scheu & Setälä, 2002）．

近年では，落葉分解に対する影響について，気候よりも植物のリターの質がより重要であることも示されている（Zhang et al., 2008）．また，有機物分解に関して，気候やリターの質に対して動物の寄与はこれまで考えられていたよりも重要であることがわかってきた．世界的なスケールにおいて土壌動物による落葉分解への寄与を調べた研究結果を集約して解析した例では，どの生態系

でも落葉分解は微生物単独の場合に比べて正の影響があり，分解量の35％は土壌動物の効果と認められている（Garcia-Palacios et al., 2013）．また，気温や湿度が高い地域ほどその寄与率は高くなることが示されている．微小食物網は，有機物の存在するどのような土壌にも成立しうるが，より上位の菌食者はツンドラからより温暖なところ，ミミズなど大型の腐植食は温帯からより温暖なところで，アリやシロアリは熱帯で優占している．このように，気候と腐植食物網の構造の複雑さには相関があり，有機物分解における食物網の影響は温暖な地域ほど大きい．

ドイツの石灰岩ムル型土壌のブナ林で土壌動物の各分類群の呼吸や同化量を調べた研究では，樹木から供給されるリター 13,206 kJ m$^{-2}$ yr$^{-1}$ に対し，土壌動物の呼吸による有機物消費は 1,515 kJ m$^{-2}$ yr$^{-1}$ であった（Schaefer, 1990）．すなわち，リターが土壌動物と微生物によって1年間ですべて消費されると仮定した場合，動物の寄与は全消費量の11％に相当する．このうち原生生物によって消費される量は土壌動物の全呼吸の52％を占めており，20％をミミズ，12％をヒメミミズ，残り16％はその他の動物による呼吸であった．一方，単純に動物によるリターの摂食量を見ると，年間リターフォール量の108％の摂食量であった．すなわち，リターはそのほぼすべてが土壌動物による摂食行動および土壌改変効果を受けており，微生物は土壌動物の食べ残しや物理化学的に変換されたリターを最終的に消費する役割を担っているといえる．また，微生物と他の動物によって物理化学的な変換作用を受けたリターを他の動物が二次摂食するということも広く行われている．このブナ林はムル型の土壌であり，原生生物，センチュウ，ミミズなど細菌経路の役割が大きいが，モル・モダー型土壌では菌食動物の重要性が高い（Schaefer & Schauermann, 1990）．

### 4.4.2 微生物食土壌動物が微生物分解機能に与える影響

土壌微生物は有機物分解を実際に駆動している．この土壌微生物を捕食，摂食する土壌動物の機能はどのようなものがあるだろうか．微生物食者で代表的なのは，原生生物，センチュウ，またトビムシ，ササラダニなどの小型節足動物である．微生物食者の機能には大きく分けて，以下で述べるような摂食による代償成長の誘引と微生物群集構造の改変が挙げられる．

## 4.4 土壌動物による土壌機能への影響

　微生物は養分を取り込んだ後，動物に摂食されないと活動を止めて養分を放出しないことがある．細菌類と原生生物の食物網単位が重要であることはすでに述べたが，小麦を用いて細菌と原生生物の有無を操作した実験では，細菌単独の場合に比べて原生生物を入れた場合，窒素無機化量や植物による窒素吸収量は70%以上増加した（Clarholm, 1985）．すなわち，土壌の窒素養分は，小麦による根の滲出物を通した炭素の供給，それを利用する細菌の増殖，さらに細菌の捕食により窒素養分の無機化を促進する原生生物の存在があって初めて植物に効率的に利用される．トビムシによる適度な菌糸の摂食は，菌糸の呼吸速度を上げる（図4.9）．ただし，トビムシによる摂食の効果は，菌が利用する資源量とトビムシの摂食圧のバランスに依存しており，菌類が利用する資源が少ない場合にはトビムシの摂食により菌糸呼吸は低下する．中程度の資源量下では，ある密度までトビムシの摂食によって菌糸の呼吸速度が増加するが，トビムシの密度が高すぎると摂食のダメージで却って呼吸量は減少する．加えて，菌類が利用する資源が多い場合にはトビムシの密度がさらに高く，摂食圧が高まっても菌糸の呼吸速度は増加する（Hanlon, 1981）．また，微生物が利用できる資源量が少ない時にトビムシが資源分解に負の影響を与え，逆に資源量が多い時には正の影響を与えるならば，土壌資源量の蓄積に対してトビムシによる微生物の摂食は，微生物呼吸に負のフィードバックがかかる方向に誘導しているといえるであろう．

　競争力の強い種に対する捕食圧は，その他の競争力の弱い種が増える機会が増えるため，群集全体の多様性を高めることは古くから知られている．微生物食者の食物選択性は，土壌微生物の群集構造や機能性にどのように影響しているのだろうか．根圏において原生生物による細菌類の捕食はしばしば硝化細菌の活動を促進するが，これは競争力の強い競合菌を捕食することによって生じると考えられている．根圏効果と菌根菌は，どちらも植物根の炭素を微生物が使って養分を生産し，植物の養分吸収が増加するシステムだが，これら2つには土壌動物の存在を介してトレードオフの関係がある．原生生物の存在は根の周囲の菌糸現存量を減少させ，逆に菌根菌の増加は細菌とアメーバを減少させる．根圏効果をめぐる生態学的な研究についてはBonkowski（2004）に詳しく解説されている．植物の根から炭素をもらう菌根菌と，リターや腐植，根

第4章 森林土壌に生息する土壌動物

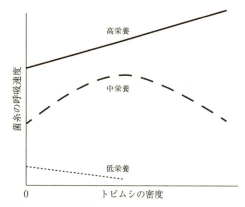

図4.9 培地の栄養濃度（高，中，低濃度）とトビムシの密度が菌糸の呼吸速度に与える影響
菌類を支える資源量によって菌糸の呼吸がトビムシから受ける影響が異なる
（Hanlon, 1981 より作図）．

の滲出物などに依存する腐生菌には土壌資源をめぐる競争があると考えられる．微生物食の節足動物は，菌根菌糸と腐生菌糸ではより細く着色した腐生菌の菌糸を好むため，腐生菌に取り込まれた養分を放出し，さらに菌根菌と共生者である植物に有利に働く競争関係の改変機能を有していると考えられている．森林でリター分解以外に微生物食者の機能を検出した例はあまり多くない．たとえば，ヒノキ林土壌に殺虫剤を用いて土壌小型節足動物を排除した実験では，トビムシ，ダニの減少は，菌糸直径と菌根化率の減少，腐生菌胞子の増加をもたらし（図4.10）（Hishi & Takeda, 2008），菌根化率の低下を補うように根の成長量は3倍になった．また，根と菌根による土壌の水消費はトビムシ，ダニがいる系の方が大きかった．野外でこうした影響が地上部まで及ぶことを示した研究はまだないが，Klironomos & Kendrick (1995) のポット実験では，カエデ，リター，トビムシ，ダニを操作した結果，菌食者による腐生菌の摂食，菌根の増加，植物成長の増加が確認されている．これらの研究では，トビムシやササラダニは一般に菌根菌糸よりも腐生菌を好むため，間接的に菌根菌を助けていると考えられる．しかし菌根菌を根から切り離して時間を置くと食べるようである（Kaneda & Kaneko, 2004）．菌根菌は生きているうちは何らかの忌避物質をもっているのかもしれないが，死亡後には遺体は摂食されるようである．

4.4 土壌動物による土壌機能への影響

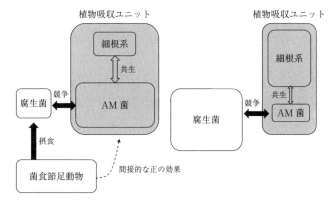

図 4.10 菌食動物が腐生菌と菌根-細根共生系の競争関係に与える影響の模式図
菌食節足動物は腐生菌の摂食を通じて，競合する菌根-細根共生に間接的な影響を与える．また，結果として植生による土壌資源利用にも影響する．AM 菌はアーバスキュラー菌根菌（Hishi & Takeda, 2008 より作図）．

## 4.4.3 リター変換者が土壌分解機能に与える影響

リター変換者には等脚類，ヤスデなど大型の落葉食動物が代表的なものとして挙げられる．落葉食の動物がリターを食べた場合，その糞はもとのリターからどのように変わっているのだろうか．まず，リターは断片化を受けることで表面積が増えるため，微生物が有機物にアクセスしやすくなることで分解が促進される効果がある．しかし，リター変換者に食べられたリターは単に粉砕されるだけではなく，化学的な質も変化する．陸生等脚類の腸内にはたくさんの細菌類がいて多くの役割を果たしている．口器で粉砕されたリターは，消化管でフェノール類やタンニン類が解毒され，外部からリターとともに取り込んだ微生物によるリグニン，セルロース分解が進む（Zimmer, 2002）．こうして後腸で分解した栄養を微生物ごと吸収する．そして糞にはリターの時と比較して微生物が増加している．シロアリは難分解性の材や土壌を食物源としており，原生生物や細菌との腸内共生による高いセルロース分解能力を有している．キノコシロアリは有機物を共生菌類に分解させる菌園という培養室で有機物を分解させて，分解した有機物を摂食する．ほかにも甲虫の幼虫などによる腐朽材の摂食がある．クワガタムシでは，白色腐朽，褐色腐朽，軟腐朽などの腐朽型

によって,群集相が異なることが知られている(荒谷,2002).

　落葉食者では消化効率の低さを補うため,一度食べて排泄した有機物を複数回食べるという行動が知られている.先述の通り,落葉変換者から粉砕,pH調整,微生物添加作用を受けた上で排出された糞は,体外でも分解活動が継続する.分解によって食べやすくなった糞を再度摂取することで,最初の摂食で消化吸収できなかった有機物も取り込むことができる.しばらく土壌で培養させるという意味で,ワラジムシではわざわざ糞が少し分解されてから再度摂食するという行動も知られている(Hassall & Rushton, 1985).糞食は等脚類だけでなく,ヤスデでも見られる.ヤスデでも等脚類でも,落葉のみで糞食ができない状況を実験的に作ると,糞食できる場合に比べて成長量が10% 以下となり,1ヶ月後にも1% 程度しか成長できなかった(McBrayer, 1973).特にワラジムシではこのような糞食での成長は,成長にとって質の良い葉よりも悪い落葉の時に増加した(Kautz et al., 2002).もっとも,自然の中では落葉変換者の糞は他のさまざまな土壌動物や微生物にとっての餌であり,糞食はどんな土壌でも恒常的に見られるものともいえる.土壌において,摂食に伴う排泄は新たな食物資源の創出であるといえる.

　リター変換者によるリターの粉砕は,菌糸の切断や腸内での細菌類の植え付けなどが生じるため,土壌のプロセスでは細菌類に有利になるように働く.ワラジムシの密度を操作した実験では,ワラジムシがいない場合に比べて菌糸は半分以下となり,細菌類は4〜10倍以上増加することが知られている(Hanlon & Anderson, 1980).また,ヤスデの糞には摂食前のリターの10〜100倍の細菌が棲んでいる(Anderson & Bignell, 1980).

## 4.4.4　生態系改変者が土壌の有機物分解および貯留機能に与える影響

　生態系改変者は,ミミズ,アリ,シロアリなどが代表的である.温帯で特に重要なのは,ミミズによる土壌団粒の形成である.ミミズは土壌鉱物と有機物を混合し,養分動態を促進すると一般的に考えられているが,長期間団粒の果たしている影響を観測すると,土壌団粒からの炭素放出には短期的な促進効果と長期的な遅延効果の両方が見られる.つまり観測するスケールによって,ミミズの土壌での機能は異なっているのである.

ミミズの土壌機能への寄与は，直接的な摂食による消化，さらに粉砕作用による有機物表面積の増加や細菌類に適したpHに調整されるなどといった分解の促進にかかわる作用が最初に生じる（Wall & Moore, 1999）．そして数週間を経たのち，団粒の中に閉じ込められた有機物が嫌気状態で微生物から隔離されること（Bossuyt *et al.*, 2005）と，有機物の利用可能性が下がること（Zangerlé *et al.*, 2013）が分解の停滞にかかわる作用として働く．ミミズの糞には多くの微生物にとって利用可能な栄養塩や物質が含まれており，分解初期段階ではミミズ団粒はリターよりも分解が加速する．数週間後には団粒に含まれる有機物の利用可能性は低下し，これらの分解には数年～数十年かかるとしている．Lubbers *et al.* (2013) はさまざまな研究結果を総合して，ミミズの団粒は炭素放出量を促進するが，土壌の炭素蓄積量を有意に減らすような影響がないことを示した．むしろ，ミミズの団粒は土壌炭素の貯留に重要であることがいくつかの長期実験で確かめられている．有機物を土壌と混合したものとミミズの団粒との比較（Martin, 1991），ミミズの作用が加わっていない土壌とミミズによる団粒の比較（McInerney & Bolger, 2000; Frouz *et al.*, 2014）など1～3年の観測いずれにおいても，ミミズの団粒形成効果が有機物を蓄積する効果が高くなることを示していた．成分の面からも，ミミズの団粒に含まれる有機物の光学組成を経時的に調べると，45日目までは変化があるが，それ以降ほとんど変わらないことが示されている（Zangerlé *et al.*, 2013）．これらの意味するところは，本来緩慢に低下していく有機物の分解過程は，ミミズによって初期は分解が速められ，後期には分解が遅くなるというように，時間スケールによって異なる分解段階が形成されることを示している．したがって，ミミズの形成する団粒の土壌形成，特に炭素蓄積への効果を正しく評価するには，数週間程度の短期実験だけでなく，長期的な時間スケールの研究が不可欠であることを示している．

## おわりに

　第4章では，森林生態系における土壌動物の機能や多様性について，どのような捉え方ができるのか，土壌環境と土壌動物の現存量，機能群の反応や土

壌機能に与える影響を説明してきた．自然の森林生態系の環境要因として，ムル，モダー，モルの堆積腐植型との対応を中心に説明してきたが，ほかにも土壌動物学で扱うべきさまざまな応用的，現代的研究テーマがある．

たとえば，土地利用の変化や気候変動が土壌動物の機能に与える影響は，さまざまな形で研究が進んでいる．人類が生物の多様性や生態系の機能を損なう最も大きな原因は，土地利用形態の変化である．農地化は森林と比較して，土壌動物の特に表層種，半土壌種の減少を導くが，不耕起畑はこの減少を緩和する（Ponge et al., 2003）．気候変動も重要な課題である．日本においても温暖化の進行に伴う北方域における冬季の積雪の減少は，土壌に凍結融解の物理的ストレスの増加をもたらし，土壌機能に強く影響する（Shibata, 2016）．この時土壌動物はストレス耐性種への群集変化を生じる（Bokhorst et al., 2012; Mori et al., 2014）．温暖化は乾燥ももたらすが，世界的に土壌凍結と同じく乾燥ストレスに強い種へのシフトが生じることが予測される．乾燥に対するトビムシ群集の減少にどのような形質が影響を受けるのかについて研究されている（Makkonen et al., 2011）．重金属汚染に対する節足動物の反応（van Straalen, 1998）や森林土壌におけるミミズの放射能汚染（Hasegawa et al., 2013）など，土壌動物は土壌汚染の指標としても重要視されている．こうして，どんな場所にも存在し，かつ環境への決まった変化の生じる土壌動物は，今後さまざまな場面で生物指標としての利用が期待されている（Vandewalle et al., 2010）．

こうした環境変化に対する土壌動物の反応とは反対に，土壌動物の変化が環境に大きく影響する例も重要である．北米ではヨーロッパから人為的に持ち込まれたツリミミズによって，本来寒冷なモダー型の土壌はムル型土壌に改変され，下層の草本や将来の森林を担う樹木実生の現存量や多様性が著しく低下している（Hale et al., 2006）．自然の土壌にとって，土壌の養分供給力や生産性の高低は，良い，悪いを示しているのではない．生活史戦略（Box 4.2）の観点から，生物には速く育つことも遅く育つことも理にかなう状況があり，貧栄養地での土壌からの養分放出は，植生が使えない過剰養分を系外に逃がすリスクを高くする．ツリミミズはリターを表面から深い層に持ち込んだり，絶えず土壌を攪拌することによって十分な養分を生産するが，根の浅い実生はこれを利用できない．また，ミミズは菌類型から細菌型に微生物チャンネルを変える

が，優占種のカエデが共生するアーバスキュラー菌根などの共生菌の菌糸が切断されるため，樹木の養分吸収力に対してミミズは負の影響を与える．こうして過剰に生成される養分は，植物に利用されずに系外に排出され，将来的には生態系内の窒素養分は少なくなると考えられている．ミミズの外来種問題は大きく，わかりやすい問題だが，上で述べたように土壌動物はさまざまな環境変動に影響を受けている．この時同時にどのような土壌動物機能が変化しているのか，長期的な視野で検証していくことが求められるだろう．

## 引用文献

Alphei, A. (1998) Differences in soil nematode community structure of beech forests: Comparison between a mull and a moder soil. *Appl Soil Ecol,* **9**, 9-15.

Anderson, J.M., Bignell, D.E. (1980) Bacteria in the food, gut contents and faeces of the litter-feeding millipede *Glomeris marginata* (Villers). *Soil Biol Biochem,* **12**, 251-254.

青木淳一 (2015) 日本産土壌動物 分類のための図解検索（第2版），東海大学出版部．

荒谷邦雄 (2002) 腐朽材の特性がクワガタムシ類の資源利用パターンと適応度に与える影響．日本生態学会誌, **52**, 89-98.

Atalla, E.A.R., Hobart, J. (1964) The survival of some soil mites at different humidities and their reaction to humidity gradients. *Entomol Exp Appl,* **7**, 215-228.

Bal, L. (1982) *Zoological Ripening of Soils.* Centre for Agricultural Publishing and Documentation, Waaningen.

Barois, I., Lavelle, P. *et al.* (1999) Ecology of earthworm species with large environmental tolerance and/or extended distributions. In: *Earthworm Management in Tropical Agroecosystems.* (eds. Lavelle, P. *et al.*) pp. 57-85. CABI Publishing, New York.

Berg, M., Stoffer, M., van den Heuvel, H.H. (2004) Feeding guilds in Collembola based on digestive enzymes. *Pedobiologia,* **48**, 589-601.

Bignell, D.E., Eggleton, P. (2000) Termites in ecosystems. In: *Termites: Evolution, Sociality, Symbioses, Ecology.* (eds. Abe, T. *et al.*) pp. 363-387. Kluwer Academic, Dordrecht.

Bokhorst, S., Phoenix, G.K. *et al.* (2012) Extreme winter warming events more negatively impact small rather than large soil fauna: Shift in community composition explained by traits not taxa. *Glob Chang Biol,* **18**, 1152-1162.

Bongers, T. (1990) The maturity index: An ecological measure of environmental disturbance based on nematode species composition. *Oecologia,* **83**, 14-19.

Bonkowski, M. (2004) Protozoa and plant growth: the microbial loop in soil revisited. *New Phytol,* **162**: 617-631.

Bossuyt, H., Six, J., Hendrix, P.F. (2005) Protection of soil carbon by microaggregates within earthworm casts. *Soil Biol Biochem,* **37**, 251-258.

第 4 章　森林土壌に生息する土壌動物

Bouché, M.B. (1977) Strategies lombriciennes. *Ecological Bulletins*, **25**, 122-132.

Clarholm, M. (1985) Interactions of bacteria, protozoa and plants leading to mineralization of soil nitrogen. *Soil Biol Biochem*, **17**, 181-187.

Coleman, D.C., Crossley, D.A., Hendrix, P.F. (2004) *Fundamentals of Soil Ecology*. Elsevier, MA.

Cornwell, W.K., Cornelissen, J.H.C. *et al.* (2008) Plant species traits are the predominant control on litter decomposition rates within biomes worldwide. *Ecol Lett*, **11**, 1065-1071.

Darwin, C. (1881) The formation of vegetable mould, through the action of worms, with observations on their hibits. John Murray（チャールズ・ダーウィン 著，渡辺弘之 訳（1994）ミミズと土．平凡社）．

Davies, W.M. (1928) The effect of variation in relative humidity on certain species of Collembola. *J Exp Biol*, **6**, 79-86.

Fierer, N., Strickland, M.S. *et al.* (2009) Global patterns in belowground communites. *Ecol Lett*, **12**, 1238-1249.

Fossiner, W. (1999) Soil protozoa as bioindicators: Pros and cons, method, diversity, representative examples. *Agric Ecosyst Environ*, **74**, 95-112.

Frouz, J. (1999) Use of soil dwelling Diptera (Insecta, Diptera) as bioindicators: A review of ecological requirements and response to disturbance. *Agric Ecosyst Environ*, **74**, 167-186.

Frouz, J. Špaldoňová *et al.* (2014) The effect of earthworms (*Lumbricus rubellus*) and Simulated tillage on soil organic carbon in a long-term microcosm experiment. *Soil Biol Biochem*, **78**, 58-64.

Garcia-Palacios, P., Maestre, F.T. *et al.* (2013) Climate and litter quality differently modulate the effects of soil fauna on litter decomposition across biomes. *Ecol Lett*, **16**, 1045-1053.

Gunn, A. (1995) The use of mustard to estimate earthworm populations. *Pedobiologia*, **36**, 65-67.

Hale, C.M., Frelich, L.E., Reich, P.B. (2006) Changes in hardwood forest understory plantation communities in response to European earthworm invations. *Ecology*, **87**, 1637-1649.

Hanlon, R.D.G (1981) Influence of grazing by Collembola on the activity of senescent fungal colonies grown on media of different nutrient concentration. *Oikos*, **36**, 362-367.

Hanlon, R.D.G., Anderson, J.M. (1980) Influence of macroarthropod feeding activities on microflora in decomposing oak leaves. *Soil Biol Biochem*, **12**, 255-261.

Hasegawa, M. Ito, M.T. *et al.* (2013) Radiocesium concentrations in epigeic earthworms at various distances from the Fukushima Nuclear Power Plant 6 months after the 2011 accident. *J Environ Radioact*, **126**, 8-13.

Hasegawa, M., Takeda, H. (1995) Changes in feeding attributes of four collembolan populations during the decomposition processes of pine needle. *Pedobiologia*, **39**, 155-169.

Hassall, M., Rushton, S.P. (1985) The adaptive significance of coprophagous behavior in the terrestrial isopod Porcellio scaber. *Pedobiologia*, **28**, 169-175

Hirobe, M., Tokuchi, N., Iwatsubo, G. (1998) Spatial variability of soil nitrogen transformation patterns along with a forest slope in *Cryptomeria japonica* D. Don. Plantation. *Eur J Soil Sci*, **34**, 123-131.

Hishi, T., Hyodo, F. *et al.* (2007) The feeding habits of collembola along decomposition gradients using stable carbon and nitrogen isotope analyses. *Soil Biol Biochem*, **39**, 1820-1823.

引用文献

Hishi, T., Takeda, H. (2008) Soil microarthropods alter the growth and morphology of fungi and fine roots of *Chamaecyparis obtusa*. *Pedobiologia*, 52, 97-110.

Hopkin, S.P. (1997) *Biology of the Springtails (Insecta: Collembola)*. Oxford University Press, Oxford.

Hyodo, F., Kohzu, A., Tayasu, I. (2010) Linking aboveground and belowground food-webs through carbon and nitrogen stable isotope analyses. *Ecological Research*, 25, 745-756.

Ingham, R.E., Trofymow, J.A. *et al.* (1985) Interactions of bacteria, fungi and their nematode grazers: Effects on nutrient cycling and plant growth. *Ecol Monogr*, 55, 119-140.

Ito, M., Abe, W. (2001) Micro-distribution of soil inhabiting Tardigrades (Tardigrada) in a sub-alpine coniferous forest of Japan. *Zool Antz*, 240, 403-407.

Judas, M. (1992) Gut content analysis of earthworms (Lumbricidae) in a beechwood. *Soil Biol Biochem*, 24, 1413-1417.

Kaneda, S., Kaneko, N. (2004) The feeding preference of collembolan (*Folsomia candida* Willem) on ectomycorrhizal (*Pisolithus tinctorius* (Pers.)) varies with mycelial growth condition and vitality. *Appl Soil Ecol*, 27, 1-5.

Kaneko, N. (1988) Feeding habits and cheliceral size of oribatid mites in cool temperate forest soils in Japan. *Eur J soil Biol*, 25, 353-363.

金子信博・伊藤雅道（2004）土壌動物の生物多様性と生態系機能．日本生態学会誌，54, 201-207.

Kaneko, N., Takeda, H. (1984) A preliminary study on oribatid mite communities in the cool temperate forest soils developed on a slope. *Bulletin of the Kyoto University Forests*, 56, 1-10

金子信博・鶴崎展巳 他（2007）土壌動物学への招待：採集からデータ解析まで．東海大学出版会．

Kasprzak, K. (1982) Review of enchytraeid (Oligochaeta, Enchytraeidae) community structure and function in agricultural ecosystem. *Pedobiologia*, 23, 217-232.

Kautz, G., Zimmer, M., Topp, W. (2002) Does *Procellio scaber* (Isopoda: Oniscidea) gain from coprophagy? *Soil Biol Biochem*, 34, 1253-1259.

Klironomos, J.N., Kendrick, W.B. (1995) Stimulative effects of arthropods on endomycorrhizas of sugar maple in the presence of decaying litter. *Funct Ecol*, 9, 528-536.

Krantz, G.W., Walter, D.E. (2009) *A Manual of Acarology*. Texas Tech University Press, Lubbock, Texas.

Lavelle, P., Bignell, D. *et al.* (1997) Soil function in a changing world: The role of invertebrate ecosystem engineers. *Eurpean Journal of Soil Biology*, 33, 159-193.

Lavelle, P., Decaëns, T. *et al.* (2006) Soil invertebrates and ecosystem services. *Eur J Soil Biol*, 42, S3-S15.

Lawrence, K.L., Wise, D.H. (2000) Spider predation on forest-floor Collembola and evidence for indirect effects on decomposition. *Pedobiologia*, 44, 33-39.

Lubbers, I.M., van Groenigen, K.J. *et al.* (2013) Greenhouse-gas emissions from soils increased by earthworms. *Nat Clim Chang*, 3, 187-194.

Makkonen, M., Berg, M.P. *et al.* (2011) Traits explain the responses of a sub-arctic Collembola community to climate manipulation. *Soil Biol Biochem*, 43, 377-384.

Martin, A. (1991) Short-term and long-term effects of the endogeic earthworm Millsonia animala

(Omodeo) (Megascolecidae, Oligochaeta) of tropical savannas, on soil organic-matter. *Biol Ferti Soils*, 11, 234-238.

McBrayer (1973) Exploitation of deciduous leaf litter by *Aheloria montana* (Diplopoda: Eurydesmidae). *Pedobiologia*, 13, 90-98.

McInerney, M., Bolger, T. (2000) Decomposition of Quercus petraea litter: Influence of burial, comminution and earthworms. *Soil Biol Biochem*, 32, 1989-2000.

Mori, A.S., Fujii, S., Kurokawa, H. (2014) Ecological consequences through responses of plant and soil communities to changing winter climate. *Ecological Research*, 29, 547-559.

Petersen, H. (2002) General aspects of collembolan ecology at the turn of the millennium. *Pedobiologia*, 46, 246-260.

Petersen, H., Luxton, M. (1982) A comparative analysis of soil fauna populations and their role in decomposition processes. *Oikos*, 39, 288-388.

Pey, B., Nahmani, J. *et al.* (2014) Current use of and needs for soil invertebrate functional traits in community ecology. *Basic and Applied Ecology*, 15, 194-206.

Pokarzhevskii, A.D., van Straalen, N.M., *et al.* (2003) Microbial link and element flows in nested detrital food-webs. *Pedobiologia*, 47, 213-224.

Ponge, J.F. (1993) Biocenoses of Collembola in atlantic temperate grass-woodland ecosystems. *Pedobiologia*, 37, 223-244.

Ponge, J.F. (2013) Plant-soil feedbacks mediated by humus forms: A review. *Soil Biol Biochem*, 57, 1048-1060.

Ponge, J.F., Chevalier, R., Loussot, P. (2002) Humus Index: an integrated tool for the assessment of forest floor and topsoil properties. *Soil Sci Soc Am J*, 66, 1996-2001.

Ponge, J.F., Gillet, S. *et al.* (2003) Collembolan communities as bioindicators of land use intensification. *Soil Biol Biochem*, 35, 813-826.

Ruf, A. (1998) A maturity index for predatory soil mites (Mesostigmata: Gamasina) as an indicator of environmental impacts of pollution on forest soils. *Appl Soil Ecol*, 9, 447-452.

Saitoh, S., Aoyama, H. *et al.* (2016) A quantitative protocol for DNA metabarcoding of springtails (Collembola). *Genome*, 59, 705-723.

Saitoh, S., Mizuta, H. *et al.* (2008) Impacts of deer overabundance on soil macro-invertebrates in a cool temperate forest in Japan: A long-term study. 森林研究, 77, 63-75.

Salmon, S., Ponge, J.F. *et al.* (2014) Linking species, traits and habitat characteristics of Collembola at European scale. *Soil Biol Biochem*, 75, 73-85.

Sanderson, M.G. (1996) Biomass of termites and their emissions of methane and carbon dioxide: A global database. *Global Biogeochem Cycles*, 10, 543-557.

Schaefer, M. (1990) The soil fauna of a beech forest on limestone: Trophic structure and energy budget. *Oecologia*, 82, 128-136.

Schaefer, M., Schauermann, J. (1990) The soil fauna of beech forests: Comparison between a mull and a moder soil. *Pedobiologia*, 34, 299-314.

Scheu, S., Setälä, H. (2002) Multitrophic interactions in decomposer food-webs. In "Multitrophic Level

Interactions" (eds. Tscharntke, B., Hawkins, B.A.), pp. 223-264.

Shibata, H. (2016) Impact of winter climate change on nitrogen biogeochemistry in forest ecosystems: A synthesis from Japanese case studies. *Ecological Indicator*, 65, 4-9.

森林立地調査法編集委員会 編（1999）第Ⅲ章 土壌動物，微生物．森林立地調査法：森の環境を測る．博友社．pp. 87-123

Swift, M.J., Heal, O.W., Anderson, J.M. (1979) *Decomposition in Terrestrial Ecosystems*. Blackwell, Oxford.

Takeda, H. (1981) A preliminary study on collembolan communities in a deciduous forest slope. *Bulletin of the Kyoto University Forests*, 53, 1-7.

武田博清（1994）森林生態系において植物：土壌系の相互作用が作り出す生物多様性．日本生態学会誌，44, 211-222

Takeda, H., Abe, T. (2001) Templates of food-habitat resources for the organization of soil animals in temperate and tropical forests. *Ecological Research*, 16, 961-973.

Takeda, H., Ichimura, T. (1983) Feeding attributes of four species of collembola in a pine forest soil. *Pedobiologia*, 25, 373-381.

武田博清・金子信博（1988）森林の微地形と土壌堆積腐植の様式：Ⅰ. 斜面地形の尾根部と谷部における土壌堆積腐植の様式．京都大学農学部演習林報告，60, 33-45.

Tsukamoto, J. (1996) Soil macro-invertebrates and litter disappearance in a Japanese mixed deciduous forest and comparison with European deciduous forests and tropical rain forests. *Ecological Research*, 11, 35-50.

Uchida, T., Kaneko, N. *et al.* (2004) Analysis of the feeding ecology of earthworms (Megascolecidae) in Japanese forests using gut content fractionation and $\delta^{15}N$ and $\delta^{13}C$ stable isotope natural abundances. *Appl Soil Ecol*, 27, 153-163.

van Straalen, N.M. (1998) Evaluation of bioindicator systems derived from soil arthropod communities. *Appl Soil Ecol*, 9, 429-437.

Vandewalle, M., de Bello, F. *et al.* (2010) Functional traits as indicators of biodiversity response to land use changes across ecosystems and organisms. *Biodivers Conserv*, 19, 2921-2947.

Vannier (1987) The porosphere as an ecological medium emphasized in Professor Ghilarov's work on soil animal adaptations. *Biol Fertil Soils*, 3, 39-44.

Wall, D.H., Moore, J.C. (1999) Interactions underground-Soil biodiversity, mutualism, and ecosystem processes. *Bioscience*, 49, 109-117.

Wallwork, J.A. (1970) *Ecology of Soil Animals*. McGraw-Hill, London.

Wardle, D.A. (2002) *Communities and ecosystems. Linking the aboveground and belowground components*. Princeton University Press, Oxford.

Wardle, D.A., Bardgett, R.D. *et al.* (2004) Ecological linkages between aboveground and belowground biota. *Science*, 304, 1629-1633.

Whitman, W.B., Coleman, D.C., Wiebe, W.J. (1998) Prokaryotes: the unseen majority. *Proc Natl Acad Sci USA*, 95, 6578-6583.

Whittaker, R.H. (1970) *Communities and Ecosystems*. The Macmillan Co., New York.

## 第4章 森林土壌に生息する土壌動物

Zaborski, E.R. (2003) Allyl isothiocyanate: an alternative chemical expellant for sampling earthworms. *Appl Soil Ecol*, 22, 87–95.

Zangerlé, A., Hissler, C. *et al.* (2013) Near infred spectroscopy (NIERS) to estimate earthworm cast age. *Soil Biol Biochem*, 70, 47–53.

Zhang, D., Hui, D. *et al.* (2008) Rates of litter decomposition in terrestrial ecosystems: Global patterns and controlling factors. *Journal of Plant Ecology*, 1, 85–93.

Zimmer, M. (2002) Nutrition in terrestrial isopods (Isopoda: Oniscidea): An evolutionary-ecological approach. *Biol Rev Camb Philos Soc*, 77, 455–493.

# 第5章 森林土壌微生物の構成と養分動態へのかかわり

磯部一夫

## はじめに

 本章では森林土壌を中心に，環境中の微生物の構成や養分動態へのかかわりについて述べる．微生物（microorganism）とは目に見えないほど小さな（micro-）生き物（organism）の総称であり，本章では原核生物であるバクテリア（細菌：bacteria）とアーキア（古細菌：archaea），真核生物である菌類（真菌類：fungi）を主な対象とする（図5.1，図5.2）．

 森林土壌は微生物の宝庫である．1 g の土壌の中には実に何千万～何億個体，何万種ものバクテリアが存在していると推定されており（Roesch *et al.*, 2007），未知なる進化系統の，未知なる代謝機能を有する微生物がたくさん存在している（Hug *et al.*, 2016）．森林土壌において微生物は分解者として捉えられることが多い．植物は葉や枝を落とし，分泌物を根から滲出させ，有機物を土壌に供給する．これらの有機物は，植物が大気中の二酸化炭素から合成したものである．微生物はこれらの有機物を分解し，無機化する．無機化された炭素は二酸化炭素となり，大気へと還元される．無機化された窒素やリンの一部は植物によって再吸収される．すなわち植物が再び利用できるように変換する．

 このように微生物による有機物の分解と無機化は，森林土壌における主要な生態系機能となっている．しかし微生物の代謝機能は驚くほどに多様であり，分解者としての役割に終始しない．たとえば，微生物の細胞に含まれる炭素と窒素は森林土壌中の窒素と炭素の多くを占めるため，微生物の増殖と死滅は土

第 5 章　森林土壌微生物の構成と養分動態へのかかわり

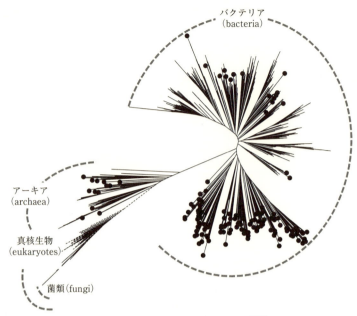

図 5.1　生物の系統位置関係を示す系統樹
ゲノムが解読されている 3,083 の生物（バクテリア，アーキア，真核生物）のリボソームタンパク遺伝子の塩基配列をもとに作成されている．1 つの属から 1 つのゲノムが選ばれ，系統樹上の 1 つの線は各生物の系統位置を示している．提案されているバクテリアの 92 の門，アーキアの 26 の門，真核生物の 5 つすべての界の生物が含まれている（5.1.1 項参照）．黒丸は分離・培養された微生物株が存在していない系統を示している．本章では生物の中で系統的に最も多様であるバクテリア，アーキア，菌類（カビ，キノコ，酵母）を対象とする（Hug *et al.*, 2016 を改訂）．

壌における炭素・窒素のシンク（貯蔵）とソース（供給）の機能を果たしている．また微生物は，無機化された窒素をさまざまな形態へと変化させる．森林生態系に過剰な窒素が流入すれば直接的・間接的に系外へと排出するような機能を果たす．加えて，ほとんどの陸上植物は，根において微生物と共生関係を形成しており，微生物は共生している植物へ窒素やリンを直接的に供給している（図 5.3）．

19 世紀末に Robert Koch が微生物の純粋培養法を発明して以来，人類は 1 個体ずつ微生物を分離・培養し，形態観察や生理試験を行い，土壌に存在している微生物の構成や代謝機能を記述してきた．その中で微生物の系統や代謝機能が極めて多様であり，動物や植物にはなく微生物だけが有するユニークな代

# はじめに

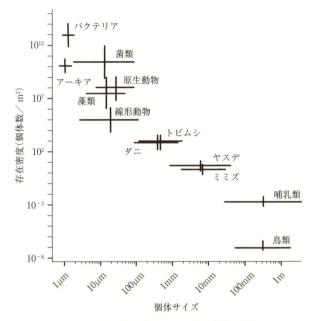

図 5.2　陸上生物の個体サイズと存在密度の関係
本章では個体サイズが小さく，土壌において高密度に存在しているバクテリア，アーキア，菌類（カビ，キノコ，酵母）を対象とする．キノコは菌糸が集まって組織となり子実体構造を作るため，個体サイズは大きくなる（Veresoglou *et al.*, 2015；Orgiazzi *et al.*, 2016 を改訂．アーキアの存在密度は筆者による推定）．

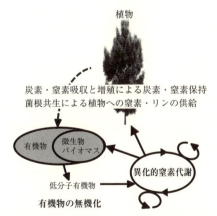

図 5.3　森林における微生物の主な生態系機能
本章で述べる植物や物質動態とのかかわりを中心に示している（Isobe & Ohte, 2015 を改変）．

謝機能が多数存在していること，微生物が地球上の物質循環を支えていることをすでに明らかにしている．その一方で，取り扱うことができる微生物の数には限界があり，当時は森林土壌についてもわずかな微生物（多くて数十個体）を対象としていた．しかし20世紀末になるとCarl Woeseが遺伝情報を利用した生物分類法を発明し，ここ数年～十数年の遺伝情報解読と情報処理についてのいくつもの技術的なブレークスルーがあり，微生物をめぐる研究の状況は一変している．現在では土壌から個々の微生物によって形作られる"群集 (community)"に含まれる数万～数百万程度の遺伝情報（あるいは数万・数百万個体の系統情報）を取得し，それを利用して群集中の微生物の構成や代謝機能を再構築する方法が一般的となっている．その中で微生物の驚くほどの多様さと，新たな生態系機能の姿が明らかにされ，研究の地平は大きく広がっている．

このような現状を踏まえて，我々は多様な微生物の姿を通して，森林の成り立ちや森林土壌の機能をどのようにして知ることができるだろうか．本章では微生物研究に関する歴史的な経緯を踏まえつつ，森林の土壌微生物の構成と養分動態へのかかわりについての現在の知見と研究状況について述べる．

## 5.1 微生物の進化系統と生理生態機能

微生物はすべての生物の中でどのように分類されてきたのだろうか．また，生物学者はこれまで微生物の進化系統をどのように理解し，その多様さを明らかにしてきたのだろうか．ここでは微生物の多様な進化系統と生理生態機能について述べる．

### 5.1.1 微生物の進化系統

人類が初めて微生物を目にしたのは，オランダで布地店を営んでいたAntonie van Leeuwenhoekといわれている．Leeuwenhoekは，1674年に自作の顕微鏡を使ってバーケルス湖から採取した水の中に動く微生物の姿を観察した．それ以来，新たな微生物が次々と発見され，我々が知る微生物の進化系統は現在も増え続けている．微生物の発見から長い間，人類は微生物を生物分類

## 5.1 微生物の進化系統と生理生態機能

上どのように取り扱うべきかわからないでいた（図5.4）(Orgiazzi *et al.*, 2016). 1730年代にはCarl von Linnéがすべての生物は動物と植物に分類できると提唱し，微生物を動物のカオス属として分類している．しかし，1880年代にはRobert Koch が寒天培地を用いた微生物の純粋培養法を発明し，顕微鏡技術や細胞染色技術の進歩もあり，1920年代には Édouard Chatton が，生物はバクテリアのように核やミトコンドリアをもたない原核生物と動物や植物のように核やミトコンドリアをもつ真核生物に大別できることを明らかにしている．これは現在でも採用されている重要な分類区分である.

20世紀終わりになると，すべての生物は原核生物と真核生物に，さらに真核生物は動物，植物，菌類（カビ，酵母，キノコ），原生生物（ミドリムシやゾウリムシなど）の4つのブランチに，あるいは原生生物をクロミスタ（真核の藻類など）と原生動物に分けた5つのブランチに分類されることが広く認識されるようになった．1977年にWoese が生物分類の統一的な基準について記した論文（Woese & Fox, 1977）を発表する以前，生物の分類は主に形態的特徴や生殖可能性の違いに基づいて行われていた．微生物であれば，形態的特徴のほか，至適温度，至適pHなどの生理特性，菌体の脂肪酸組成やキノン組成などの違いに基づいて分類が行われていた．そのため，微生物，動物，植物を含めたすべての生物についての系統を統一的な基準に従って比較することはできないでいた．全生物の細胞にあるリボソーム（タンパク質（リボソームタンパク）とRNA（リボソームRNA）からなるタンパク質を合成するための細胞小器官）について研究していたWoeseは，リボソームRNAの塩基配列をたくさんの生物間で比較することで，それらの間の系統関係を明らかにできると考えた．リボソームは生物において極めて重要な器官であり，それを構成するリボソームRNAの塩基配列は進化の間にゆっくりとしか変化しないため，近縁であればあるほど似た構成を示し，遠縁になるに従って違いが大きくなると予想したのだ (Box 5.1)．Woese は，原核生物，動物，植物，菌類，原生生物のリボソームの小サブユニットを構成するRNA（原核生物の16SリボソームRNAまたは真核生物の18SリボソームRNA）の塩基配列を比較し，系統樹を作成した．系統樹は確かにそれまでの分類体系を十分に反映したものであった．ただし系統樹は大きく3つに分かれ，真核生物やバクテリアとは異

# 第 5 章　森林土壌微生物の構成と養分動態へのかかわり

**図 5.4　生物の系統分類についての歴史的な変遷**
Orgiazzi *et al.* (2016) を改変.

| 提案者 | 年 | 分類数 | 界の構成 |
|---|---|---|---|
| Linnaeus | 1735 | 2界 | 動物界／植物界 |
| Haeckel | 1866 | 3界 | 動物界／植物界／原生生物界 |
| Chatton | 1925 | 2ドメイン | 〈真核生物〉／〈原核生物〉 |
| Copeland | 1930 | 4界 | 動物界／植物界／原生生物界／モネラ界 |
| Whittaker | 1969 | 5界 | 動物界／菌界／植物界／原生生物界／モネラ界 |
| Woeseら | 1977 | 6界 | 動物界／菌界／植物界／原生生物界／アーキバクテリア界／バクテリア界 |
| Woeseら | 1990 | 3ドメイン | 〈真核生物〉／〈アーキア〉／〈バクテリア〉 |
| Cavalier-Smith | 1993 | 8界 | 動物界／菌界／植物界／クロミスタ界／アーケゾア界／原生動物界／アーキバクテリア界／バクテリア界 |
| Cavalier-Smith | 1998 | 6界 | 動物界／菌界／植物界／クロミスタ界／原生動物界／バクテリア界 |
| Ruggieroら | 2015 | 7界 | 動物界／菌界／植物界／クロミスタ界／原生動物界／アーキア／バクテリア界 |

なる枝が認められ，そこにはバクテリアと思われていたメタン生成菌が位置していた．Woese はメタン生成菌の一群をアーキバクテリア（現在のアーキア）と名付け，生物はバクテリア，アーキア，真核生物の 3 つのドメインからなっていると主張した．Woese はそれまでの生物分類法とは全く異なる斬新な手法を採用していたため，その主張は受け入れられるまでに時間を要した．しかし，生物のリボソーム RNA やゲノムの塩基配列の情報が蓄積するに従って広く受け入れられるようになった．

　Woese が用いた方法は，環境中の微生物の多様さを明らかにすることにもなった．環境から直接，微生物群集のリボソーム RNA やリボソーム RNA をコードしている DNA（リボソーム DNA）を取り出し，その塩基配列を解読することで（5.2 節参照），群集に含まれる個々の微生物の系統（微生物群集組成）を知ることができるようになったのだ．同時に，それまでに培養できていた微生物は環境中に存在している微生物のごくわずか（多くの場合 1% 以下）にすぎず，未知なる微生物が数多く存在していることが明らかになった．

　微生物の主な分類体系は，上位からドメイン（domain），界（kingdom），門（phylum），綱（class），目（order），科（family），属（genus），種（species）となっている（図 5.5）．最小単位が種であり，種の集合が属，属の集合が科というように，微生物の進化を反映させて上位分類群へとまとめられる．2016 年 10 月現在，バクテリアとアーキアの中には 35 の門，80 の綱，178 の目，402 の科，2,552 の属，10,000 超の種が「List of Prokaryotic names with Standing in Nomenclature (LPSN, http://www.bacterio.net)」に登録されている（図 5.5）．菌類では 5 の門が知られている（Ruggiero *et al.*, 2015）．微生物の分類記載は，分離・培養された後に，必要とされる生理性状の解析，国際的な菌株保存機関への委託，国際誌への掲載を経て認証される．しかし，環境中に存在している微生物は分離・培養されているものに比べてはるかに多様である．現在では，微生物を環境から分離・培養することなく，微生物のゲノムの配列情報を得ることも可能になっている．2016 年 4 月に発表された論文において，環境から直接得られた微生物のゲノムの配列情報から，正式に認証されていない門を含めてバクテリアにおいて 92 の門が，アーキアにおいて 26 の門が提案されている（図 5.1）(Hug, *et al.*, 2016)．

## 第 5 章　森林土壌微生物の構成と養分動態へのかかわり

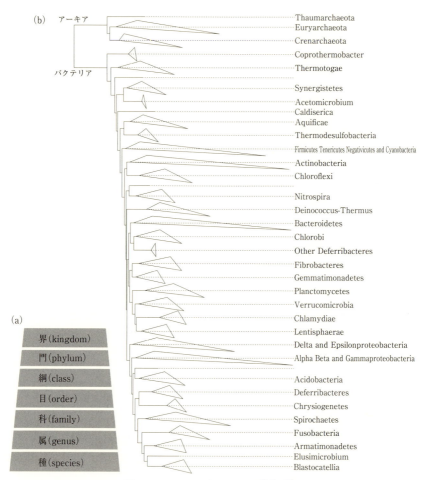

図 5.5　バクテリアとアーキアの進化系統

(a) バクテリアとアーキアの系統分類単位．最小単位が種 (species) であり，種の集合が属 (genus)，属の集合が科 (family) というように，微生物の進化を反映させて上位分類群へとまとめられる．(b) List of Prokaryotic names with Standing in Nomenclature (LPSN) において認証されている主な門 (phylum) とその系統位置関係．Proteobacteria 門は綱 (class) で表示し，各門における三角形の縦の長さはそこに含まれる認証されているバクテリアまたはアーキアの種数を，三角形の横の長さは進化距離を反映している ('The All-Species Living Tree' Project のデータから作成)．

5.1 微生物の進化系統と生理生態機能

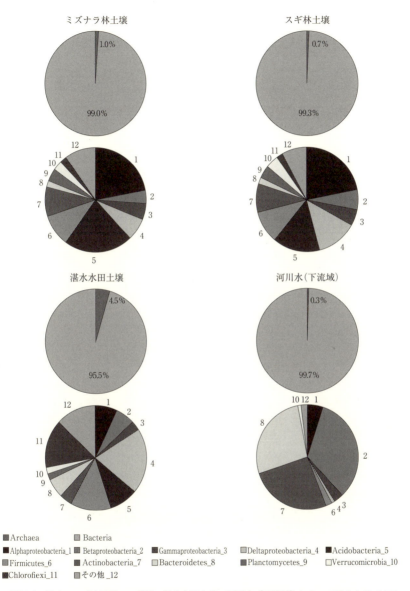

- ■ Archaea　■ Bacteria
- ■ Alphaproteobacteria_1　■ Betaproteobacteria_2　■ Gammaproteobacteria_3　■ Deltaproteobacteria_4　■ Acidobacteria_5
- ■ Firmicutes_6　■ Actinobacteria_7　■ Bacteroidetes_8　■ Planctomycetes_9　□ Verrucomicrobia_10
- ■ Chloroflexi_11　■ その他_12

図 5.6　日本のミズナラ林，スギ林，湛水水田土壌，河川水（下流域）において見られるバクテリアとアーキアの存在比およびバクテリア内の門（phylum）レベルの系統組成．Proteobacteria 門は綱（class）で表示している．リボソームタンパク遺伝子の塩基配列をもとに作成（磯部ほか，未発表）．

## 第5章　森林土壌微生物の構成と養分動態へのかかわり

　環境中にはどのような系統の微生物が多く存在しているのだろうか．一例として，日本におけるいくつかの森林土壌，水田土壌，河川水において見られるバクテリアとアーキアの系統組成を見ると（図5.6），どの生態系においてもバクテリアが優占しているが，その組成は異なっている．森林土壌においてはProteobacteria門のAlphaproteobacteria綱やAcidobacteria門のバクテリアが優占しているが，水田土壌ではProteobacteria門のDeltaproteobacteria綱やChloroflexi門のバクテリアが優占している．また河川水においてはProteobacteria門のBetaproteobacteria綱，Actinobacteria門，Bacteroidetes門のバクテリアが優占している．

---

### Box 5.1　DNA系統解析を学ぶために必要な基礎知識

　微生物の系統解析にはリボソームRNA（リボソームDNA）の塩基配列が利用されている．リボソームはすべての生物に存在し，50種類以上のリボソームタンパクと，原核生物では3種類のリボソームRNA（5S，23S，16SリボソームRNA），真核生物では4種類のリボソームRNA（28S，5.8S，5S，18SリボソームRNA）からなる．リボソームRNAは細胞内に多く存在しているため，WooseはPCR法やDNAシーケンシング法が開発される以前から，細胞からリボソームRNAを回収し，その塩基配列を比較解析することができた（5.1.1項参照）．今ではリボソームRNAをコードしている遺伝子（リボソームDNA）を増幅し，その塩基配列（A，T，G，Cの並び）を解読している（5.2.2項参照）．リボソームDNA（原核生物の5S，23S，16SリボソームDNAおよび真核生物では28S，5.8S，18SリボソームDNA）はゲノム上に下図に示すように並んでいる．それらの塩基配列は保存性が高く，遠縁の生物同士でも配列の比較が可能である．特に，

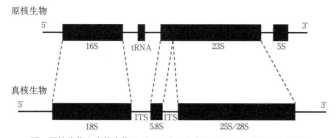

図　原核生物と真核生物のゲノム上に存在しているリボソームDNA
原核生物と真核生物のリボソームDNAの間の点線は機能的に対応している領域を示す．

原核生物の 16S リボソーム DNA と真核生物の 18S リボソーム DNA の塩基配列は系統解析によく用いられている．また，菌類の 18S リボソーム DNA は種間で類似の塩基配列を有していることがあるため，種によって塩基配列や長さが異なるスペーサー領域（ITS 領域）の塩基配列が用いられることも多い．また近年では，リボソームタンパクをコードしている遺伝子も系統解析に用いられている（図 5.1，図 5.6）．

## 5.1.2 微生物のエネルギーと栄養の獲得

　微生物が森林の物質循環において極めて重要な役割を果たしている理由の 1 つは，微生物が有する代謝が極めて多様なことにある．植物や動物にはなく微生物だけが有する代謝が数多くあり，微生物の物質代謝はそのまま森林土壌における物質動態，物質循環に反映されている．それに加えて生息可能な環境条件（土壌の温度，酸性度，塩濃度など）の幅も広い．たとえば植物が休眠している冬であっても，微生物は雪の下で秋に落葉したリターを分解し，活性を維持している．そのため微生物の生理生態特性は，至適温度（低温性，中温性，好熱菌，超高熱菌），至適 pH（好酸性，好中性，好アルカリ性），至適塩濃度（非好塩性，低度好塩性，中度好塩性，高度好塩性）などのストレス耐性の観点から分類されることもある．ここでは微生物の生理生態特性について，炭素・窒素循環や上で述べた進化系統との関連の観点から紹介する．

　環境中の微生物はどのようにエネルギーを獲得し，どのような栄養源を利用しているのだろうか．微生物はエネルギー源として化学エネルギーに依存するものと光を利用できるものとに大別することができる．前者を化学合成微生物，後者を光合成微生物と呼んでいる．また栄養源，特に炭素源として有機物に依存するものと二酸化炭素を利用できるものとに大別することもできる．前者を従属栄養微生物，後者を独立栄養微生物と呼んでいる（図 5.7）．また近年には，電気エネルギーを利用できる微生物も発見されている（Ishii *et al.*, 2015）

　森林土壌に存在する微生物の多くは，化学合成型の従属栄養微生物である．既知の菌類はすべて化学合成型の従属栄養微生物である．これらはリターや微生物遺骸に由来する有機物を酸素や硝酸イオンなどの電子受容体を用いて酸化することでエネルギーを獲得し，そのエネルギーを利用し，低分子化した有機

## 第5章　森林土壌微生物の構成と養分動態へのかかわり

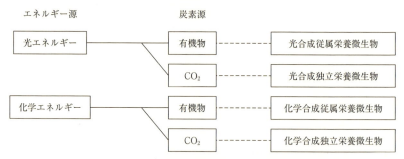

図5.7　エネルギー源と炭素源をもとにした微生物の分類

物を炭素源としてアミノ酸やタンパク質を合成している．森林土壌には化学合成型の独立栄養性微生物も存在しており，アンモニア酸化バクテリア，メタン酸化バクテリア，メタン生成アーキア，硫黄酸化バクテリア，水素酸化バクテリアなどが含まれる．これらはアンモニア，メタン，硫化水素，硫黄，水素分子などの有機物以外の物質を酸素や硝酸イオンなどの電子受容体を用いて酸化することでエネルギーを獲得し，そのエネルギー利用し，二酸化炭素を炭素源として，アミノ酸やタンパク質を合成している．化学合成型の従属栄養微生物の一部は有機物を分解するための酵素（タンパク質）を細胞外に産生し，大部分は低分子化した有機物の吸収や無機化を行うため，森林における炭素・窒素循環の主要な役割を担っている．化学合成型の独立栄養性微生物も上に挙げたユニークな代謝を発現することで，炭素・窒素循環にかかわらず森林の物質循環において重要な役割を担っている．

　従属栄養微生物あるいは独立栄養性微生物の中でも，エネルギー源や栄養源に対する要求性はさまざまある．微生物学のモデル生物としてしばしば用いられる大腸菌（*Escherichia. coli*）は栄養要求性，最大増殖速度ともに大きいが，土壌に存在する微生物の多くは大腸菌ほど多くの栄養を吸収して早く増殖できない．

　微生物学では，微生物の栄養や基質に対する要求性の違いを示す際に富栄養性（copiotrophy または eutrophy）と貧栄養性（oligotrophy）という用語がしばしば用いられる（図5.8）．これは植物や動物などのマクロ生物に対して用いられる $r$ 戦略と $K$ 戦略という用語に対応している．富栄養性微生物は栄養や基質への要求性が大きく，栄養や基質が十分に存在している環境において早

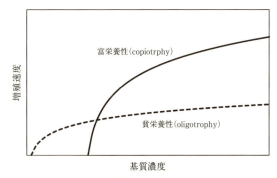

図 5.8 富栄養性（copiotrophy）と貧栄養（oligotrophy）の微生物の栄養や基質に対する要求性の違い（概念図）

く増殖する微生物を指している．すなわち栄養や基質に対する至適濃度が大きい 'fast-grower' である．貧栄養微生物は増殖速度自体は小さいが，栄養や基質の供給が少なく富栄養微生物が増殖できない条件においても増殖できるような微生物を指している．すなわち栄養や基質に対する至適濃度が小さい 'slow-grower' である．森林土壌に微生物の栄養源としてスクロースを添加すると，Bacteroidetes 門や Betaproteobacteria 綱のバクテリアの優占度は大きくなる一方で，Acidobacteria 門のバクテリアの優占度は小さくなることが示されている（Fierer *et al.*, 2007）．

このことは Bacteroidetes 門や Betaproteobacteria 綱のバクテリアには富栄養性バクテリアが多く含まれ，Acidobacteria 門のバクテリアには貧栄養性バクテリアが多く含まれていることを示している．またエネルギー源としての窒素に対する要求性も，微生物によって異なっている．エネルギー源としてアンモニアを利用する独立栄養性のアンモニア酸化バクテリアとアンモニア酸化アーキアでは，アンモニア酸化バクテリアの方がアンモニアに対する要求性が大きい（Stahl & de la Torre, 2012）．そのためアンモニア肥料が投入される農耕地土壌ではしばしばアンモニア酸化バクテリアが，アンモニアの供給が少ない森林土壌ではしばしばアンモニア酸化アーキアが優占している．

微生物の栄養要求性について，ゲノムの構成要素の観点から，より実証的な説明がなされつつある．微生物の栄養要求性や最大増殖速度はゲノムに含まれているリボソーム RNA をコードする遺伝子（リボソーム DNA）の数としば

しば相関している（Klappenbach et al., 2010；Vieira-Silva et al., 2010）．リボソーム DNA は微生物の系統分類に利用されている遺伝子でもあり（5.1.1 項参照），ゲノム中のリボソーム DNA の数は微生物によって異なっている．リボソームはタンパク質を合成する工場の役割を果たしており，微生物が増殖するためには，リボソームでタンパク質を合成し続ける必要がある．それを可能にするために，栄養要求性や最大増殖速度が大きい微生物は多くのリボソーム DNA を保有していることが指摘されている（Klappenbach et al., 2000；Vieira-Silva et al., 2010）．土壌に栄養源やエネルギー源を添加するとリボソーム DNA を多く保有する微生物が優占するという例も示されている（Klappenbach et al., 2010；Nemergut et al., 2015）．

　一方で，栄養要求性や増殖速度が大きい微生物は吸収した栄養の利用効率が低いことも示唆されており，増殖速度と増殖効率は相反するのかもしれない（Roller et al., 2016；Poltz et al., 2016）．栄養要求性，増殖速度が大きい微生物では吸収した炭素の多くを二酸化炭素として排出し，細胞の合成に利用しないことが指摘されている．これを土壌の炭素循環の視点で考えると，栄養要求性や増殖速度が大きい微生物が優占する土壌では，供給される炭素源の多くは二酸化炭素へと無機化され，微生物バイオマスとして土壌に蓄積する割合は小さくなることに対応している（Bradford & Crowther, 2013）．土壌中の微生物群集を構成する個々の微生物の増殖速度や炭素利用効率を次々と測定していくことは難しいが，個々の微生物のリボソーム DNA の数は推定できるようになりつつある（Kembel et al., 2012）．そのためゲノムの構成要素の観点からも，微生物群集の系統組成と炭素の利用効率との関係が明らかになることで，土壌の炭素・窒素循環に対する理解が進むことが期待される．

## 5.1.3　微生物の生理生態機能と進化系統の関係

　それでは微生物の進化系統（5.1.1 項参照）と生理生態機能（5.1.2 項参照）との間にはどのような関係があるのだろうか．酸素発生型光合成という代謝機能を例にとると，シアノバクテリアという特定の門（phylum）に含まれる微生物はその代謝機能を有しており，他の門の微生物は有していない（Martiny et al., 2013）．一方で，硝酸呼吸（脱窒）を行う微生物は系統樹上により

5.1 微生物の進化系統と生理生態機能

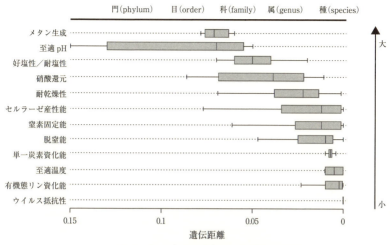

図 5.9　代謝（生理生態）機能の系統的保存性
Martiny *et al.* (2015) を改変.

ランダムに位置している (Jones *et al.*, 2008). 門どころかある綱 (class) に含まれる微生物の中でも脱窒を行う属 (genus) と行わない属が混在している. 酸素発生型光合成という代謝機能は門レベルで保存されており, 脱窒という代謝機能は属レベルにおいても保存されていない. このように, 機能によって系統的な保存の程度は異なっている (図 5.9).

遺伝子は通常親から子へ受け継がれる（遺伝子の垂直伝播）が, 種をまたいで個体同士で遺伝子がやり取りされることもある（遺伝子の水平伝播）. 原核生物は分裂速度が大きく, 遺伝子の突然変異とともに水平伝播による遺伝子の獲得や損失が生じやすい. ある代謝機能をコードしている遺伝子にそのような水平伝播が頻繁に生じれば, 系統的保存性は損なわれ, その代謝機能は進化系統とは何ら関係がなくなるだろう. 多くの代謝機能について同様にそれが生じれば, 微生物の進化系統は代謝機能について何も関係ないことになってしまうが, 実際には以下で述べるような多くの生理生態機能が系統的に保存されているようである (図 5.9).

微生物の生理生態機能には, 形態学的なものから生理学的な物質代謝反応,

第5章 森林土壌微生物の構成と養分動態へのかかわり

生態学的な環境変化に対する応答といったものまでさまざまである．これらは進化系統との間にどのような関係があるのだろうか．個々の微生物が有する生理生態機能について 89 もの遺伝型あるいは表現型機能の系統的保存性を検証した研究では，93% もの機能の有無が進化系統と関連していること（Martiny et al., 2013）や，有機物分解に必要な代謝機能の有無（Zimmerman et al., 2013），細胞サイズという形態学的要素（Portillo, et al., 2013）についても系統と関連があることが示されている．

　環境変化に対する応答については，たとえば 5.1.2 項において示した研究例から，Betaproteobacteria 綱や Bacteroidetes 門に含まれるバクテリアの多くは炭素源の供給に対して似たような適応性（栄養要求性）を有し，Acidobacteria 門に含まれるバクテリアの多くはそれと相反する適応性を有していることが示唆される（Fierer et al., 2007）．また 5.3.2 項で示すように，Acidobacteria 門のバクテリアは pH に対して似たような適応性（至適 pH）を有し，Actinobacteria 門のバクテリアはそれと相反する適応性を有していることが示唆される（Lauber et al., 2009）．

　さらに近年は，気候変動が生態系機能にもたらす影響を検証する目的でさまざまな操作実験が行われ，そこでの微生物の挙動が検証され始めている．たとえばカリフォルニア州の草地土壌やリターにおいて，降水量の変化に応じたバクテリアや菌類の増減パターンは系統によって異なっていることが示されている（Evans & Wallenstein, 2014; Amend et al., 2016）．

　このように，さまざまなレベルの生理生態機能の有無や発現程度は，系統的に保存されているようである．ただし，酸素発生型光合成と脱窒の例からわかるように，機能によって保存の程度は異なっている．特に個々の微生物が有する生理生態機能がどの系統分類レベル（門，綱，属など）で保存されているか，あるいは保存されていないかは，その機能の複雑さと関連があることが示唆されている（図 5.9）．いくつもの遺伝的・生理学的要素が関与する複雑な機能ほど上位の系統分類レベルで保存され，関与する要素が少ない比較的単純な機能ほど，より下位の系統分類レベルで保存される傾向にあることが指摘されている（Martiny et al., 2015）．これは，少数の遺伝子のみが関与する比較的単純な生理生態機能ほど，遺伝子の水平伝播や突然変異の影響を受けやすいことに

由来しているのかもしれない．

微生物の生理生態機能と進化系統の関係についての総括的な研究は限られているが，群集を構成する個々の微生物の系統情報を容易に得ることができるようになった現在，系統情報から生理生態機能やそれら微生物の環境応答を高い精度で予測できるようになることが期待されている．

## 5.2 森林土壌中の微生物群集の解析

森林土壌においてどのような微生物がどれだけ存在していて，どのような生理生態機能を発現しているのだろうか．ここでは本章で紹介する研究例で用いている解析法を中心に紹介する（図5.10）．実際にはここで紹介する以外にもさまざまな解析法があり，技術的な進歩に伴って年々発展している．多くの詳細な実験書や解説書が出版されているため，ここでは解析法のコンセプトの紹介に留め，詳しい内容はそれらの出版物を参照してほしい（たとえば，Bruijn, 2011；東樹, 2016）．

### 5.2.1 （メタ）ゲノムと（メタ）トランスクリプトーム

個々の微生物あるいは微生物群集の解析には遺伝情報が広く利用されている．DNA（デオキシリボ核酸）は遺伝情報を記録している物質であり，デオキシリボース（単糖），リン酸，4つの塩基（アデニン A，グアニン G，シトシン C，チアミン T）によって構成されている．1953年にJames WatsonとFrancis Crickが明らかにしたように，DNAは二重らせん構造をなしており，1本鎖に含まれるA, T, G, Cは相補鎖のT, A, C, Gとそれぞれ水素結合によって結合している．DNAの中には多くの遺伝情報すなわち遺伝子（gene）が含まれている．1つの生物が保有する遺伝情報全体をゲノム（genome）と呼び，群集が保有する遺伝情報全体をメタゲノム（metagenome）と呼んでいる．ゲノムにはそれを保有する個々の微生物の，メタゲノムには微生物群集全体の進化系統や生理生態機能に相応する情報が記録されている．情報とはすなわちA, T, G, Cの並びである．進化系統については，Woeseが明らかにしたように，リボソームRNAまたはそれをコードしている遺伝子（リボソーム

# 第 5 章　森林土壌微生物の構成と養分動態へのかかわり

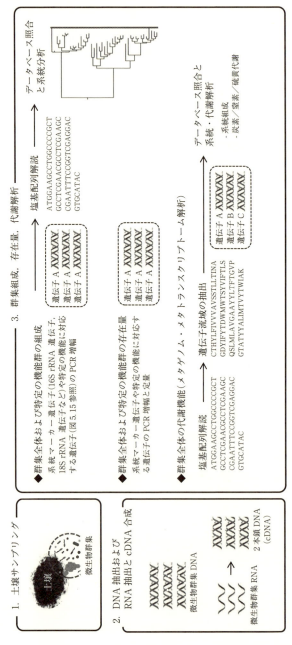

図 5.10　微生物群集の組成や代謝解析の主なフロー
磯部・大手（2015）を改変.

DNA）の塩基配列（A，T，G，C の並び）が進化系統を反映していることが明らかとなっている（5.1.1 項参照）．

　生理生態機能については，たとえばアンモニアを酸化する微生物であれば，アンモニア酸化酵素をコードしている（転写，翻訳されてアンモニア酸化酵素が産生される）遺伝子を保有する．そのため，メタゲノムあるいはそこに含まれる遺伝子の塩基配列を次々と解読していけば，群集の中にどのような進化系統の微生物が，またどのような生理生態機能が存在しているのかを推定することができる．

　遺伝子は転写される際に，DNA の 1 本鎖の塩基配列と相補的な配列を有するメッセンジャー RNA が生成される．1 つの生物が保有するメッセンジャー RNA 全体をトランスクリプトーム（transcriptome）と呼び，群集が保有するメッセンジャー RNA 全体をメタトランスクリプトーム（metatranscriptome）と呼ぶ．個々の生物が保有するゲノムは一定の構成であるが，トランスクリプトームは環境の変化に応答して固有の構成をとる．たとえば，アンモニアを酸化する微生物がアンモニア酸化酵素を生産するためには，ゲノムに存在しているアンモニア酸化酵素をコードしている遺伝子が転写され，メッセンジャー RNA が生成される必要がある．そのためメタトランスクリプトームの塩基配列を次々と解読していけば，群集の中でメッセンジャー RNA が生成されている遺伝子のみをスクリーニングすることができる．

## 5.2.2　土壌からの核酸抽出と進化系統・代謝機能の解析

　この方法では，土壌から核酸（DNA や RNA）を抽出することから始まる（図 5.10）．土壌や水などさまざまな環境試料から核酸を抽出するためのキットが市販され利用されている．核酸の抽出は，主に微生物細胞から核酸を放出させるステップと放出した核酸を精製するステップからなる．具体的には，抽出の第一のステップにおいて土壌をバッファー内に拡散させ，ビーズを用いて微生物細胞や土壌構造を物理的に破壊させると同時に，界面活性剤や酵素を用いて溶菌することによって，細胞内の核酸をバッファー内へと放出させる．この段階ではバッファー内には核酸のほかに，土壌粒子，微生物細胞，腐植物質やタンパク質などの不純物が含まれる．そこで第二のステップでは，遠心分離

第 5 章　森林土壌微生物の構成と養分動態へのかかわり

やフェノールやクロロホルム，またはエタノールを用いた精製を繰り返し，不純物を除去する．市販の抽出キットによってはゲルろ過カラムを用いるものもある．このようにして精製した核酸を以降の実験に用いる．市販の核酸抽出キットは汎用性を重視しているため，土壌の種類によっては核酸の抽出効率が低くなることもあるので注意が必要である．たとえば日本に広く分布している火山性土壌は核酸のリン酸を強く吸着し，市販のキットでは十分に抽出できない可能性がある．そのため火山性土壌からの核酸抽出の際には，バッファー中のリン酸濃度やキレート剤の濃度を大きくし，火山性土壌のリン酸吸着サイトをあらかじめブロッキングすることで，微生物細胞から放出された核酸の吸着を阻害し，抽出効率を高く維持する方法が提案されている（Huang *et al.*, 2016）．

　図 5.10 に示すように，特定の遺伝子（たとえば系統を反映する遺伝子）を対象とするかどうかでその後の操作が異なる．特定の遺伝子を対象とする場合には，ポリメラーゼ連鎖反応（PCR）法を用いてその遺伝子を増幅してから解析することが一般的である．

　PCR 法は 1987 年に Kary Mullis が発表した方法で，熱反応と酵素反応を利用して DNA を増幅させる．生物学全般のほか DNA 型鑑定や診断等においても広く利用されている．メタゲノムの中から特定の遺伝子を多量に増幅することは，メタゲノムから特定の遺伝子のみを抽出することとほぼ同義となる．

　次に，増幅された特定の遺伝子の塩基配列を次々と解読していく必要がある．塩基配列の解読は A，T，G，C それぞれに異なる種類の蛍光色素を付加させ，その蛍光をシーケンサーと呼ばれる装置を用いて検出することで行われる．バクテリアやアーキアの進化系統を反映する 16S リボソーム DNA（Box 5.1）を対象とした場合には，得られた塩基配列をデータベース（たとえば，Ribosomal Database Project；Cole *et al.*, 2014）に照らし合わせることで，群集の中にどのような系統の微生物が存在しているのかを明らかにできる．ここで用いられるデータベースには多数の進化系統情報と塩基配列の組み合わせが格納されており，得られた塩基配列を 1 つずつデータベースに対して検索し，相同性の高い（塩基配列の並びが類似している）塩基配列を探し，その配列を有する微生物の系統情報を得ることができる．また，得られた塩基配列のばらつきから種数などの系統的多様性を推定することもできる．

## 5.2 森林土壌中の微生物群集の解析

　微生物の'種'を定義するのは難しいが，多くの場合 16S リボソーム DNA の塩基配列（の一部）が 97% 以上一致しているものを 1 つの'種'（実際には operational taxonomic unit：OTU）として便宜的に定義している．つまり，得られた OTU の数が微生物の種数となる．土壌の微生物は多様であるため，多くの塩基配列を解読すればするほどに OTU の数は増えていく．そのため微生物群集の種数や系統的多様性を土壌間や環境間で比較する場合には，解析に用いる 16S リボソーム DNA の塩基配列の全数を一定にして，そこに含まれる OTU の数を比較することが多い．菌類の系統を対象とする際には，18S リボソーム DNA やリボソーム DNA 内の 18S リボソーム DNA と 5.8S リボソーム DNA あるいは 5.8S リボソーム DNA と 25S/28S リボソーム DNA の間の internal transcribed spacer（ITS）領域と呼ばれる領域の遺伝子が利用される（Box 5.1）．5.3.2 項において日本や世界の森林土壌の微生物の群集組成について述べるが，そこではここで示した方法に従っている．

　特定の生理生態機能に着目する場合には，その生理生態機能に対応する遺伝子を増幅して解析することも多い．たとえばアンモニア酸化に対応する遺伝子 amo や脱窒に対応する遺伝子 nir を解析することで，アンモニア酸化や脱窒を行う微生物の系統組成を推定する（5.4.1 項，図 5.14 参照）．また，PCR 法を応用して遺伝子の定量的な情報，すなわち土壌にどれほどの数の遺伝子が存在しているかを推定することもできる．たとえば土壌中の遺伝子 amo の数からアンモニア酸化微生物の量が推定される．5.4.2 項において微生物の窒素動態へのかかわりについて述べるが，そこではここで示した方法に従っている．

　特定の遺伝子を対象としない場合や，対象とする遺伝子の塩基配列情報が十分でない場合には，メタゲノムの塩基配列をランダムに解読する．ランダムに解読された塩基配列をデータベース（たとえば NCBI-NR データベース，Pruitt et al., 2007）に照らし合わせることで，そこに含まれる遺伝子の同定を行い，存在するさまざまな遺伝子についての情報を得ることができる．これをメタゲノム解析と呼んでいる．その中には機能が不明な遺伝子から，機能については推定できるが PCR 法では増幅されなかった遺伝子が含まれていることも多い．

　メタゲノム解析は，このような遺伝子探索的な目的で利用されることもあれ

第 5 章　森林土壌微生物の構成と養分動態へのかかわり

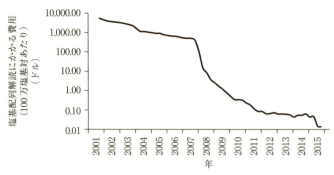

図 5.11　塩基配列解読に必要とされる費用の変遷
ここ数年から十数年の間に劇的に費用が低下していることを示す（ヒトゲノムの解読に必要とされる費用をもとに算出，National Human Genome Research Institute のデータから作成）．

ば，検出されたすべての遺伝子組成から微生物群集の代謝機能の総体を推定する試み，複数の代謝機能の間で見られる共起パターンから代謝機能間の相互作用を推定するような試みもなされている（Anantharaman *et al.*, 2016; Xue *et al.*, 2016）．ここ十数年から数年にかけて塩基配列の解読にかかるコストは驚くほどの勢いで低下している（図 5.11）．また，一度に解読できる塩基配列の情報量も指数関数的に増加しているため，ランダムに解読したとしても，存在量の少ない遺伝子も含めて解読することが可能になりつつある．そのため今後は PCR 法を利用しないメタゲノム解析やメッセンジャー RNA をランダムに解読するメタトランスクリプトーム解析がより主要な方法になっていくと考えられる．

## 5.2.3　微生物の培養と生理生態機能解析

　遺伝情報を利用することで微生物の群集を解析することが可能になったが，微生物を分離・培養し，個々の微生物の生理生態機能を一つ一つ明らかにしていくことは今も重要である．5.1.3 項で述べたように微生物の生理生態機能は遺伝子の有無によって大きく決まるような比較的単純な機能から，いくつもの遺伝的要素の相互作用や他の生理学的作用も含めた複合的要因によって決まるような複雑な機能までさまざまであり，現状において遺伝情報のみから明らかにされる生理生態機能は限定的である．5.4.2 項で述べるように森林の物質循

環を駆動している微生物の環境応答も，遺伝情報だけから推定することは困難である．分離・培養した微生物を用いて調べることができるストレス耐性，増殖速度，栄養要求性などの知見の拡充もまた，同時に図られる必要がある．実際に 5.4.1 項で述べる近年見い出されたアンモニア酸化アーキア，アナモックスバクテリア，完全硝化バクテリアなどは分離・培養を経て，詳細な生理生態機能とゲノムの解析が併せて行われたことで，窒素循環へのかかわりに対する理解が大きく進んだ．

　5.2.2 項で述べたように，解読して得られた遺伝子の塩基配列から微生物の進化系統や生理生態機能を推定する際には参照するためのデータベースが必要となるが，そのデータベースは主に分離・培養された微生物の進化系統や生理生態機能に関する遺伝子情報（あるいはゲノム情報）を利用して拡充が行われてきた．たとえば，メタゲノム解析により微生物群集から遺伝子の塩基配列をたくさん得たとしても，系統や機能の情報と塩基配列の組み合わせに関する情報が十分に備わっていなければ推定することはできない（未知の系統あるいは未知の機能となる）．また，メタゲノム解析では多数の遺伝子の塩基配列を得ることができるが，群集に存在しているさまざまな遺伝子の塩基配列をランダムに解読するため，遺伝子同士のつながり（検出されたどの遺伝子群が同一の微生物に由来しているのか）は多くの場合わからない．しかし，培養された微生物からは単一の微生物が有するゲノムの情報を得られるので，それを利用して遺伝子同士のつながりを含めたデータベースを構築することができる．

　また，近年はシングルセルゲノミクスによってさらにこのようなデータベースの拡充が図られている．シングルセルゲノミクスとは微生物の群集の中から 1 細胞を分取し，培養を経ずにそのゲノムを解読する方法である（Gawad, *et al.*, 2016）．さらに，メタゲノム解析で得られる塩基配列の情報量の増加に伴って，ランダムに得られた群集由来の塩基配列情報から個々の微生物のゲノムを再構築することが限られた範囲ではあるが可能になっており，それによってもデータベースの拡充が図られている（Hug *et al.*, 2016；Anantharaman *et al.*, 2016）．

## 5.3 微生物の生息環境と構成および地理分布

　森林生態系の中で微生物はどのようなところに存在しているのだろうか．どの森林土壌においても同じような微生物が存在しているのだろうか．それとも，たとえば日本の森林土壌にいる微生物群集の組成は，熱帯地域や寒帯地域の森林土壌にいる微生物群集の組成とは異なっているのだろうか．ここでは微生物の生息環境と地理分布について述べる．

### 5.3.1 微生物の生息環境

　微生物は森林生態系の大気，樹木，リター，土壌，水系あるいは動物や昆虫の体内や表面に至るまであらゆるところに生息している．たとえば栄養寒天培地の上に葉，枝，土壌や川床から採取した石を置いてみると，バクテリアのつるりとしたコロニーやカビの菌糸が姿を現わすであろう（図 5.12）．微生物はそれぞれの場所で環境条件に応じた群集を形成し，特徴的な機能を発現している．ここでは森林生態系内の代表的な生息環境における微生物の存在について，最近の研究事例を参照しながら概観する．

#### A. 樹　木

　樹幹から根や葉の組織内部および表面に至るまで，さまざまな部位に微生物は生息している．陸上植物の約 8 割は，根において微生物と共生関係を形成しているといわれている．森林生態系においてはアーバスキュラー菌根と外生菌根菌と呼ばれる菌類が広く観察され，植物の定着や成長において重要な役割を果たしている．アーバスキュラー菌根菌は，菌糸を根の細胞内にまで侵入し共生する一方，外生菌根菌の菌糸は根の細胞内には侵入しない．これらの菌根菌はともに宿主植物と相利共生関係にあり，数十 $\mu m$ の菌糸を土壌に伸ばし，宿主植物に水や窒素，リン，カリウム，鉄などの養分を供給するだけでなく，乾燥，高塩分，病原菌などのストレスに対する耐性を向上させる．植物は光合成由来の糖類を根に転流し，菌根菌の菌糸へと供給する．アーバスキュラー菌根菌は陸上生態系で最もよく観察される菌根菌であり，日本の人工林面積の 70% を占めるマツやヒノキとも共生している．一方で，外生菌根菌の宿主植

## 5.3 微生物の生息環境と構成および地理分布

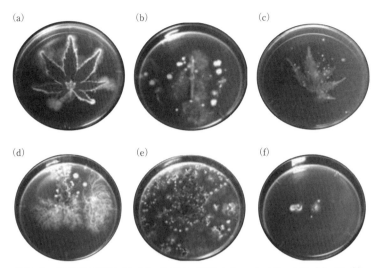

図 5.12 栄養寒天培地に葉 (a),枝 (b),落葉 (c),コケ (d),土壌 (e),蚊 (f) を置いて出現するバクテリアやカビ

物は種子植物種の 3% にすぎないが,ブナ科,マツ科,フトモモ科,フタバガキ科,カバノキ科,ヤナギ科,一部のマメ科などの森林生態系で優占する樹種と共生している(谷口,2011).

微生物は,葉圏(植物の葉の表面や組織内部)にも生息している(Baldrian, 2016).全球規模では葉圏は $10^8$ km$^2$ 以上に及ぶため,生息環境としては広大である.葉圏の微生物もまた植物の成長を促進する養分やホルモンを生産するとともに,病原菌の感染の防御を担っていると考えられている.マツの葉内では生息するバクテリアが窒素固定も行い,$7 \sim 14 \, \mu g \, N \, m^{-2} \, d^{-1}$ もの窒素をマツに供給しているとの報告もある(Moyes et al., 2016).また,葉圏に生息する微生物の組成は樹木の種や形質によって異なり,その組成は大気や土壌で見られる微生物の組成とも異なることから,ただ大気中に浮遊している微生物が物理的に葉に沈着した,あるいは土壌とともに巻き上げられて沈着しただけではなく,葉から分泌される糖類や有機酸を分解して生育するなど,葉圏において特異的に生育している場合があると考えられている(Redford et al., 2010; Kembel et al., 2014).

1つの樹木の地上部について見てみると,部位あるいは組織によって生息す

る微生物の組成が異なることが報告されている．イチョウの木を調べた研究例では，微生物の組成は葉，成長している枝，古くからある枝，樹幹によって異なっていることが報告されている（Leff *et al.*, 2015）．また内側（古くからある枝，樹幹）から外側（葉，成長している枝）にかけて種数が減少することから，若い組織の段階に定着した微生物組成は年月とともに多様化していることが示唆されている．葉面のバクテリアやカビも，年月とともにその組成が変化することが示されている（Laforest-Lapointe *et al.*, 2016）．

## B. リター

落葉したリターが次第に分解されていく様は視覚的に確認できるため，そこに微生物の役割を想像することができる．植物とりわけ樹木のリターは土壌表層における主要な有機物である．植物リターは炭素と窒素の比（C/N 比）が微生物細胞のそれに比べて大きいが，分解が進むにつれて炭素は二酸化炭素として大気へ拡散するために C/N 比は小さくなる．一般的にリター分解の初期には可溶性の低分子化合物の分解が支配的であり，その後ヘミセルロース，セルロース，リグニンの分解が支配的になる．一部の菌類やバクテリアは加水分解酵素を細胞外あるいは細胞表面に分泌し，ヘミセルロース，セルロース，リグニンを分解できる．ヘミセルロース，セルロース，リグニンの分解初期においては菌類のバイオマスがバクテリアのバイオマスに比べて大きく，菌類が分解の大部分を担っていると考えられている（Voříšková & Baldrian, 2013）．

オウシュウトウヒ林のリター層において微生物のメッセンジャー RNA を調べた研究では，メッセンジャー RNA の 60% 以上は菌類に由来し，特に分解酵素に関連するメッセンジャー RNA の大部分は菌類に由来していることが報告されている（Žifčáková *et al.*, 2016）．分解の過程でリターは質的に変化していく（低分子化・易分解性化され，C/N 比は小さくなる）．そのような変化に伴って微生物群集組成は変化し，バクテリアの関与が次第に大きくなることが指摘されている．分解初期に伸びた菌類の菌糸もまた分解されるため，菌糸がバクテリアにとっての分解基質となる可能性も指摘されている（Baldrian, 2016）．

## C. 土　壌

土壌は膨大な表面積を有する多孔質構造をなし，物理化学的な条件が微細

なスケールで変化するとともに，有機物や養分，水，化学物質などさまざまな供給がある．そのため微生物が密に存在しており，1gの土壌の中に実に何千万～何億個体，何万種ものバクテリアが存在していると推定されている（Roesch et al., 2007）．バクテリアやアーキア，菌類のほかにさまざまな土壌動物や昆虫も存在している．土壌は植物の生育の場でもあり，植物によって固定された大気中の炭素が有機物となって供給され，微生物によって分解される．その過程で炭素の一部は大気へと拡散するが，大部分は微生物バイオマスとして土壌に蓄積することとなる．植物は，微生物による分解・無機化によって生成した窒素やリンを土壌から再吸収する．微生物が死滅すると，細胞を構成していた成分が土壌中に溶出する．水文過程に従って系外へと流出することもあるが，それがまた違う微生物，あるいは最終的に植物によって吸収されることになる．

　このようにして，土壌は物質循環の主要な場となっている．リター層では菌類の役割が大きかったが，土壌ではリター層に比べてバクテリアの寄与が大きい．上述のオウシュウトウヒ林の土壌において微生物のメッセンジャーRNAを調べると，バクテリアに由来するものが大部分を占めていることが報告されている（Žifčáková et al., 2016）．深度方向に見ると表層と深層ではバクテリアの群集組成は異なっており，表層においてはリター分解に伴う有機物の供給があるため栄養要求性の大きい微生物が，深層では有機物の供給が表層ほどにないために栄養要求性の小さい微生物がより優占的になることが示唆されている（磯部ほか，未発表）．

## D. 水　系

　河床にある石を拾えば，バイオフィルムと呼ばれる微生物と微生物の代謝産物からなる塊を目にすることができるだろう．特に養分の流入が多く，流れが穏やかな渓流や河川では，酸素発生型光合成のCyanobacteria門に含まれるバクテリアの付着や浮遊を確認できる．水中にも微生物は浮遊し，水の流れに沿って移動している．バイオフィルムを構成する微生物群集と水中を浮遊している微生物群集では組成が異なっている．また下流にいくに従って，生活排水の流れ込みなど環境条件も大きく異なるため，バイオフィルムを構成する微生物の組成が変化する（Zeglin, 2015）．降雨や降雪，樹幹流や土壌水，地下水から

も微生物が検出され,水文過程に従った微生物の組成の変遷や微生物自体の移動も考えられる.

### E. 大　気

　大気は微生物が風雨に乗って拡散する場と考えられる.1933年に微生物学者のFred Meierと大西洋無着陸横断飛行を初めて成し遂げたCharles Lindberghは,グリーンランド上空910 mにおいてカビを捉え,培養に成功している.その後,成層圏からもカビやバクテリアが検出されている.それらは胞子を形成するものであり,乾燥や紫外線への耐性が強いものが選択されているのかもしれない.コロラド州の森林では,地面から2.5 mのところで1 m³あたり$10^5$～$10^6$もの微生物が検出されている(Bowers et al., 2011).大気中に存在している微生物の組成は,土壌などの供給源における微生物の組成とともに大気の流れ,気象条件,微生物のストレス耐性に影響されると考えられ,疫学的な見地からも検証が行われている.

## 5.3.2　微生物の構成および地理分布

　日本や世界の森林において,微生物はどのように分布しているのだろうか.生物地理(biogeography)は種から群集を対象として生物の時空間的な分布を扱う学問体系であり,多くの生態学者が植物や動物の生物地理(時空間的な分布)パターンを明らかにしてきた.近年では微生物の組成について多くのデータが容易に得られるようになり,国際的な大規模プロジェクト(たとえばEarth microbiome project, http://www.earthmicrobiome.org/)も立ち上がるなど,微生物の生物地理に関する研究が非常に盛んになっている.

　　　*Everything is everywhere,* but, *the environment selects.* (by Becking, L. B.)

　微生物学者のLourens Baas Beckingは,1934年の著作の中で現在も頻繁に参照される上述の言葉を残している(De Wit & Bouvier, 2006).生物の拡散速度は一般的に個体サイズが小さくなるにつれて大きくなる.バクテリアを培養していたBeckingは,微生物には拡散の制限がないために,地理的な条件の制約を受けずどの種も至るところに存在しており,その中でどの種が優占するかはその場の環境条件(温度・水分・酸性度など)によって決まっていると考え

た．それは時に微生物には固有性（endemism）はない，すなわち ある特定の地域や生態系にのみ存在するような固有種は存在しないと解釈されてきた．Charles Darwin がガラパゴス諸島で動物の固有種を観察して進化論を展開するに至ったように，拡散の制限を強く受ける動植物とは大きく異なる特徴である．5.3.1 項において微生物は大気も含めて至るところに存在していること，風や水文過程に従って（あるいは昆虫や動物の移動とともに）移動分散していることを述べた．実際に多くの微生物種が地球上に広く分布し，大陸や生態系を超えて検出されている．たとえば，米国ニューヨーク市にあるセントラルパークの土壌からは，ツンドラ土壌や砂漠，熱帯林土壌において検出された微生物種が検出されている（Ramirez et al., 2014）．またイギリスの海域の海水 2 L に含まれる微生物組成を希少種も含めて解析し，世界中の海域から得られた微生物組成と比較した研究の結果から，その海水 200 L に含まれる微生物種を解析すれば，世界中の海域の海水で見られるすべての微生物種がそこに見られるだろうと推定している（Gibbons et al., 2013）．ただし 'Everything' を捉えるには微生物はあまりに多様すぎるため，'Everything is everywhere' を証明することは現時点では困難である．また 5.3.1 項で述べたように，微生物の'種'の定義について現在では便宜上規定しているにすぎない．たとえばセントラルパークの土壌とイギリスの海域の海水の例では，バクテリアの 16S リボソーム DNA の塩基配列（の一部）が 97% 以上一致しているものを 1 つの'種'と定義している．それを動植物における種と同一視できないことについては多くの指摘がなされている（Martiny, 2016）．また 97% 以上一致している中をより精密に分けていくと，拡散の制約が認められる研究例も示されている．たとえば，北米の広い範囲の環境条件が類似している草地土壌から *Streptomyces* と呼ばれる胞子を形成するバクテリアを分離し，その組成を調べた結果から，*Streptomyces* の分布は地理的な条件の制約を受け，地域的な固有性が見られることが示唆されている（Andam et al., 2016）．米国カリフォルニア州の亜高山帯森林における外生菌根菌群集の組成を調べた結果からも同様に，拡散制限が認められている（Glassman et al., 2017）．特に陸域環境においては微生物は拡散の制限を受けており，それぞれの場所における微生物群集の組成はその場所での進化的多様化の影響を強く受けて形成されているのもかもしれない．

第 5 章　森林土壌微生物の構成と養分動態へのかかわり

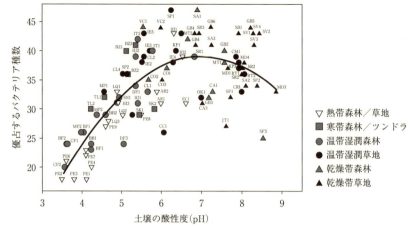

図 5.13　アメリカ大陸で見られた異なる気候帯における土壌中の優占するバクテリア種数と土壌の酸性度との関係
Fierer & Jackson（2006）を改変．

'Everything is everywhere' や微生物の拡散は十分に明らかではないが，多くの研究において微生物群集の生物地理パターンが認められ，'the environment selects' に関するさまざまな研究事例が報告されている．2000 年代前半より，微生物群集の解析法の発展（5.2 節参照）に伴い微生物群集の空間分布に関する多くの研究が続いている．たとえば図 5.6 で述べたように陸域の中でも生態系によって微生物の群集組成は異なっている．また，土壌が酸性になるにつれて，Actinobacteria 門のバクテリアの優占度合いは小さくなり，代わりに Acidobacteria 門のバクテリアの優占度合いが大きくなる（Lauber et al., 2009）．森林土壌においてはどうだろうか．たとえばアメリカ大陸のさまざまな森林土壌や草地土壌のバクテリア群集を解析した研究では，熱帯地域においてその多様さが小さくなることが示されている（図 5.13）（Fierer & Jackson, 2006）．同一の地域あるいは 1 つの森林内であっても，微生物群集の組成にパターンが見い出されている．日本の森林の多くは山間部にあるため森林内には多くの斜面が存在しているが，斜面の上方から下方にかけてバクテリアの群集組成は段階的に変化していることが確認されている（磯部ら，未発表）．また富士山やアルプスなどの高山においても，土壌中のバクテリアあるいはアーキア群集の組成は標高に応じて変化していることが示されている（King et al., 2010;

Singh et al., 2012).森林土壌の深度ごとにも変化していく.日本には火山性土壌が広く広がっており,過去に表層に存在した有機物層が埋没していることがあるが,その埋没層におけるバクテリアあるいはアーキア群集の組成は現在の表層の有機物層あるいは鉱物層における組成とは異なっている(磯部ほか,未発表).

それでは,このような微生物群集の生物地理パターンは何によって規定されているだろうか.'the environment selects' の通り,土壌微生物の群集組成や多様度(種数あるいはOTU数)は,温度・水分量・酸性度など土壌の物理化学的性質に強く影響されていることが多くの研究において示されている.先に述べたアメリカ大陸の森林土壌のバクテリア群集組成の例では,バクテリアの多様さと土壌の酸性度の間に相関が認められ,熱帯林土壌はより酸性であるために,バクテリア群集の多様さが小さいことが示唆されている(図5.13).同時に植物群集と微生物群集では,生物地理パターンやその規定要因が異なっていることも示唆している(Fierer & Jackson, 2006).一方,全球規模で菌類の群集組成を見てみると,土壌の酸性度やカルシウム濃度とともに降水量が大きな規定要因となっているようである(Tedersoo et al., 2014).極域から熱帯にかけて,植物ほど顕著ではないが土壌のカビ群集はより熱帯にいくほど多様になることが示されている.ただし菌類の中でも,系統および機能群ごとに生物地理パターンとその制御要因は異なっている.たとえば菌根菌の種数は,共生する植物の種数とともに土壌の酸性度の影響を受けており,冷温帯から温帯にかけて大きくなることが示されている.土壌の酸性度と微生物群集の組成や種数の関係(酸性度の変化とともに組成が変化し,酸性になるにつれて種数は小さくなる)は,日本各地,中国各地,ドイツ各地の森林土壌において検証した例からも見られる(Xia et al., 2016; Kaiser et al., 2016;磯部ほか,未発表).現在,土壌の酸性度が微生物群集に直接的に影響しているのか,間接的に影響しているのかについて議論がなされている.

このような土壌微生物の生物地理パターンの規定要因に関する解析では,環境(気候条件,生態系,土壌の形質など)傾度に沿って微生物の群集組成を解析し,そこで見い出されるパターンを説明しうる環境要因を統計的に探索するといったアプローチが主にとられている.しかし,統計的アプローチにおいて

第5章 森林土壌微生物の構成と養分動態へのかかわり

は着目する環境傾度によって異なる結果が得られることがあるため，結果を解釈する際には注意が必要である．たとえば酸性度が類似している土壌において，その他の環境要因の傾度が大きい土壌を対象とすると，傾度が大きい要因の影響が強く見られることも多い．そのため統計的アプローチのみに依存することなく，群集を構成する微生物の生理生態特性（5.1.3項参照）に基づいて，微生物群集の生物地理パターンに対する理解が進むことが期待されている．

## 5.4 土壌微生物の窒素動態へのかかわり

　土壌微生物の物質代謝反応は，そのまま森林土壌における物質動態に反映されている．ここでは土壌微生物の生態系機能として窒素代謝を例にとり，土壌微生物の窒素代謝と森林土壌の窒素動態の関係について述べる．

　森林生態系における窒素循環を概観すると，植物は落葉落枝や根からの滲出を通して，土壌に有機物を供給する．有機物に含まれる窒素は脱重合，アンモニア化成のプロセスを経てアンモニウムへと無機化される．アンモニウムは亜硝酸イオン，硝酸イオンへと好気的に酸化され（硝化），亜硝酸イオン，硝酸イオンは嫌気的に窒素ガスへと還元される（脱窒）．大気中の窒素が直接アンモニウムへと還元されることもある（窒素固定）．アンモニウムや硝酸，アミノ酸などの低分子有機態窒素は植物や微生物によって吸収され，細胞構成成分として再び有機化される（同化）．微生物の細胞に含まれる炭素と窒素は森林土壌中の窒素の多くを占めるため，微生物の増殖は窒素を貯蔵する機能を果たし，死滅すると微生物の窒素は土壌へと放出され，また無機化される．硝化，脱窒，アンモニウム生成は微生物による異化的な代謝反応であり，無機態窒素の有機化は微生物や植物による同化的な代謝反応である（図5.3，図5.14）．このような微生物と植物の代謝反応に，たとえばリターの光分解や水文過程に従った窒素化合物の移動や拡散などの物理化学的反応が相まって窒素の循環が形成されている．

### 5.4.1　微生物の窒素代謝に関する発見

　生態系における微生物の異化的な窒素代謝反応は酸化還元反応であるため，

5.4 土壌微生物の窒素動態へのかかわり

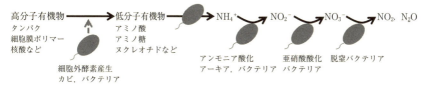

図 5.14 森林土壌における主な窒素変換と微生物のかかわり
高分子有機物からの脱重合による低分子有機物の生成は細胞外で，低分子有機物からの脱アミノ化によるアンモニア生成は細胞内で，以降の異化反応は細胞膜周辺で行われる（Schimel & Bennett, 2004 を改変）．

酸化数に応じて記述すると体系的に理解しやすい（図 5.15）．5.2 節で述べた手法的な発展に伴って，より多様な微生物が関与していることが明らかになっている．さらに新たな窒素代謝反応（嫌気的アンモニア酸化，完全硝化など）や新規な生理機構を有する窒素代謝微生物（たとえばアンモニア酸化アーキア，非脱窒性 $N_2O$ 還元バクテリアなど）に関する発見が相次いでいる（表 5.1）(Isobe & Ohte, 2015)．

　森林土壌における窒素動態を理解する上で，近年の発見の中でもアンモニア酸化アーキアの発見は大きなインパクトがあった．硝化はアンモニア酸化（アンモニアから亜硝酸イオンへの酸化反応）と亜硝酸酸化（亜硝酸イオンから硝酸イオンへの酸化反応）からなり，微生物学の礎を築いた一人である Sergei Winogradskyi が 1890 年代にアンモニア酸化バクテリアを発見して以来，アンモニア酸化は独立栄養性のバクテリア（アンモニア酸化バクテリア）によって行われる反応であると考えられてきた（De Boer & Kowalchuk, 2001）．ただし，培養されるアンモニア酸化バクテリアのほとんどは pH が 6.5 以下の培地では生育しないことから，アンモニア酸化バクテリアの細胞は酸耐性機構を有していない，あるいは酸性条件下では基質となるアンモニア（$NH_3$）のほとんどはアンモニウム（$NH_4^+$）としてイオン化するため基質が足りなくなると考えられていた．しかし，世界の森林土壌の多くは酸性であるにもかかわらず，アンモニア酸化が検出されている．特に，窒素飽和をした森林では土壌の酸性化とともにアンモニア酸化速度の増大が確認されている（Aber *et al.*, 1998）．このギャップを埋めるためのいくつかの仮説（たとえば，酸性土壌にも中性部位が存在する，尿素を基質としてアンモニア酸化を行う）が提示されてきたが，証明は不十分であった．しかし，2005 年に米国シアトル市の水族館においてア

第 5 章　森林土壌微生物の構成と養分動態へのかかわり

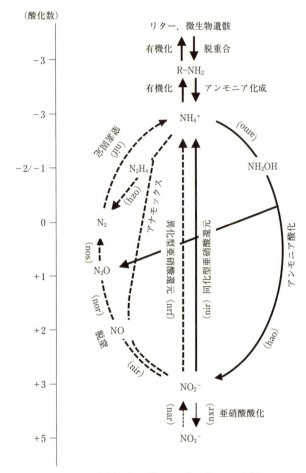

図 5.15　窒素循環に反映される微生物の窒素代謝
括弧内は反応に必要とされる主な遺伝子を示す（Isobe & Ohte, 2015 を改変）．

ンモニア酸化によってエネルギーを得る独立栄養性のアーキア（アンモニア酸化アーキア）が発見され（Könneke *et al.*, 2005），多くの森林土壌ではアンモニア酸化アーキアがアンモニア酸化バクテリアに比べて優占的に存在していることが示されるようになった（Leininger *et al.*, 2006）．2011 年には酸性土壌からアンモニア酸化アーキアが分離・培養され，pH が 4〜5 で最も活発に生育することが認められた（Lehtovirta-Morley *et al.*, 2011）．ゲノム解析および

## 5.4 土壌微生物の窒素動態へのかかわり

表 5.1 近年発見された主な窒素代謝反応とそれを行う微生物

| 反応 | 反応・半反応式 | 反応が確認されている環境 | 反応を行う代表的な微生物 |
|---|---|---|---|
| アーキアによる好気的アンモニア酸化 | $NH_3 + 1.5O_2 \rightarrow NO_2^- + H^+ + H_2O$ | 土壌・海洋・湖・堆積物・温泉・排水処理槽 | *Candidatus* Nitrosopumilus, *Ca.* Nitrososphaera, *Ca.* Nitrosocaldus, *Ca.* Nitrosotalea 属アーキア (*Thaumarchaeaota* 門) |
| 嫌気的アンモニア酸化 | $NO_2^- + NH_4^+ \rightarrow N_2 + H_2O$<br>$NO_2^- + 2H^+ + e^- \rightarrow NO + H_2O$<br>$NO + NH_4^+ + 2H^+ + 3e^- \rightarrow N_2H_4 + H_2O$<br>$N_2H_4 \rightarrow N_2 + 4H^+ + 4e^-$ | 土壌・海洋・湖・堆積物・排水処理槽 | *Ca.* Brocadia, *Ca.* Kuenenia, *Ca.* Jettenia, *Ca.* Anammoxoglobus, *Ca.* Scalindua 属バクテリア (*Planctomycetes* 門) |
| 完全硝化 | $NH_3 + 2O_2 \rightarrow NO_3^- + 2H^+ + H_2O$ | 排水処理槽 | *Ca.* Nitrospira inopinata, *Ca.* N. nitrosa, *Ca.* N. nitrificans (*Nitrospirae* 門) |
| 非脱窒型 $N_2O$ 還元 | $N_2O + 2H^+ + 2e^- \rightarrow N_2 + H_2O$ | 土壌 | *Anaeromyxobacter* 属バクテリア (*Deltaproteobacteria* 綱) |

　遺伝子発現解析の結果から，このアンモニア酸化アーキアは土壌中の $NH_4^+$ をトランスポーターを介して細胞内に取り込み，細胞内で $NH_3$ に変換し，アンモニア酸化の基質として利用していることが示唆されている (Lehtovirta-Morley *et al.*, 2016)．また，アンモニア酸化アーキアは細胞のサイズがアンモニア酸化バクテリアに比べて小さく，アンモニアに対する要求性が小さいため，低濃度のアンモニアを利用して生育できる (Martens-Habbena *et al.*, 2009)．これらが，長きにわたり存在していたギャップを埋める回答となった．実際に，窒素飽和をした森林の酸性化した土壌においてアンモニア酸化アーキアが豊富に存在し，多量の硝酸を生成しており，生成した硝酸が水系へと溶脱していることが示されている (Isobe *et al.*, 2012)．
　アンモニア酸化アーキア以外にも，無機態窒素（アンモニウム，亜硝酸，硝酸）を利用する微生物の窒素代謝について多くの発見がなされている．たとえ

ば，嫌気的アンモニア酸化（アナモックス）は嫌気条件においてアンモニア酸化と亜硝酸還元によって窒素ガスが生成する代謝反応である．一部の海洋や湖沼においてはアナモックスによって窒素が散失していることが示されている．1990年代に排水処理プラントにおいてアナモックスバクテリアが集積され（Strous *et al.*, 1999），その後の生理学的・遺伝学的な解析から，アナモックスバクテリアはアンモニア酸化と亜硝酸還元によりエネルギーを獲得する独立栄養性のバクテリアであることが確認された（Strous *et al.*, 2006）．海洋や湖沼のほか，農耕地土壌においてもアナモックスバクテリアの活性が確認されている．森林土壌においてもアナモックスバクテリアが検出されるとの研究例があり（Xi *et al.*, 2016），森林内の湿地や地下圏など嫌気環境において，脱窒とともに窒素の散失プロセスとなっている可能性がある．

また，好気条件においてアンモニアを亜硝酸に酸化し，続いて硝酸にまで酸化する完全硝化バクテリアが排水処理系から発見されている（Daims *et al.*, 2015; van Kessel *et al.*, 2015）．ただし，森林土壌での完全硝化反応の重要性については不明である．

完全硝化のように異なる微生物の窒素代謝反応からなると思われていたものが1つの微生物によって成し遂げられることを示す発見もあれば，その逆に相当するようなケースの発見もなされている．脱窒は亜硝酸イオンや硝酸イオンを嫌気的に窒素ガスへと還元する代謝であり，その過程において一酸化二窒素ガス（$N_2O$）が生成する．$N_2O$ は高い温室効果を有するため，その生成と消費について多くの研究がなされているガスである．$N_2O$ は $N_2O$ 還元酵素により分子状窒素（$N_2$）へと還元されるが，脱窒を行うバクテリアのうち3分の1程度は $N_2O$ 還元酵素遺伝子を保有していない（Jones *et al.*, 2008）．その一方で，脱窒を行わない（亜硝酸・硝酸イオンを窒素ガスへと還元しない）が $N_2O$ を $N_2$ へと還元するバクテリアが発見され，特に農耕地土壌において優占していることが示されている（Sanford *et al.*, 2012）．このことから，環境中では異なる微生物による窒素代謝反応が連なって脱窒という一連の反応が生じている可能性が指摘されている．

このように，微生物の窒素代謝について次々と新たな発見がなされている．森林土壌の窒素動態は，窒素代謝を優占的に行っている微生物の生理生態特性

に強く影響されている（5.4.2項参照）ため，新たな窒素代謝反応や新規な生理機構の発見を通して森林土壌の窒素動態についての理解が進んでいる．

### 5.4.2 微生物の窒素代謝と土壌の窒素動態

ここでは，土壌微生物の窒素動態へのかかわりを明らかにする試みについて述べる．さまざまな環境条件（土壌の理化学性，降水量，植生，施肥，火災の有無など）の変化や傾度に対して，土壌微生物群集はどのように応答するだろうか（図5.16a）．その応答は土壌の窒素動態にどう反映されるだろうか（図5.16b）．同時に微生物反応以外の要素（窒素化合物の物理的な移動や拡散，水文現象など）は土壌の窒素動態にどう影響しているだろうか（図5.16c）．

多くの研究は，土壌の窒素動態（特に硝化，脱窒，窒素固定）は特定の微生物によって行われており（図5.14），その微生物の増減や群集組成の変化は対象とする窒素動態に反映される．ただし，増減や群集組成の変化はそれら微生物の栄養要求性やストレス耐性などの生理特性によって制御される，というコンセプトのもと行われている．簡単な例を挙げると，土壌にアンモニア肥料を投入すると，アンモニアを酸化して増殖するアンモニア酸化バクテリアの数が増大するとともに，アンモニア酸化速度が大きくなる．一方で，アンモニア酸化バクテリアの増殖がある要因（水分量や土壌の酸性度）によって阻害され，

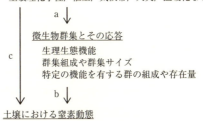

図5.16　森林の土壌微生物の窒素動態へのかかわりに関する研究のスキーム　土壌の窒素動態（変換プロセスや速度）は環境条件の影響（c）に加え，窒素代謝を活発に行う微生物群集の動態（b）の影響を直接的に受ける．環境条件は直接的な影響（c）だけでなく，微生物群集の動態に影響（a）を与えることで間接的な影響を与える（磯部・大手，2015を改変）．

## 第5章 森林土壌微生物の構成と養分動態へのかかわり

その数が増大しない場合にはアンモニア酸化速度も大きくならないというものである．このコンセプトは対象とする窒素代謝反応が生化学的に限定的（限られた基質から限られた代謝産物が生成される）であり，それを担う微生物が進化系統的にも生理的にも限定的であるほどに成り立つようである．アンモニア酸化を例にとると，アンモニア酸化はアンモニアから亜硝酸が生成する生化学的に明らかな反応であり，この反応を行う微生物群はバクテリアであれば *Nitrosospira, Nitrosomonas, Nitrosococcus* 属のバクテリア，アーキアであれば *Thaumarchaeota* 門のアーキアというように多様でなく（系統的に保存されている），これらはアンモニアを酸化することによってのみエネルギーを得て増殖するというように生理的にも限定的である（Isobe *et al.*, 2011）．そのため多くの土壌環境において，アンモニア酸化バクテリアまたはアーキアの数とアンモニア酸化速度は相関する．たとえば，米国カリフォルニア州の草地土壌において外来植物の移入によってアンモニア酸化バクテリアの数が変化することで，アンモニア酸化速度が変化したことが示されている（Hawkes *et al.*, 2005）．また日本のいくつかの森林において，斜面の下部では上部に比べてアンモニア酸化を優占的に担っているアンモニア酸化アーキアの数が多く，結果として上部ではアンモニウムが，下部では硝酸が土壌に蓄積するとともに，植物もまた上部と下部でその違いに適応した窒素吸収を行っていることが示唆されている（Isobe *et al.*, 2015；磯部ほか，未発表）．このコンセプトは窒素固定，亜硝酸酸化，脱窒，アナモックスなどに対しても同様に適用されている．チェコ共和国の牧草地土壌の例では，放牧されている牛の密度に応じて脱窒により $N_2O$ と $N_2$ が異なる比で生成されており，これは脱窒の代謝産物として $N_2O$ を生成する微生物と $N_2$ を生成する微生物の量比と対応していることが示されている（Philippot *et al.*, 2009）．土壌において脱窒の生成物を測定するためには高度な技術が必要とされるが，この研究は反応を担う微生物の空間分布からそれを推定できることを示唆している．現在ではこのコンセプトを個々の窒素代謝反応のみならず，複数の反応に同時に適用する研究も進められている．さらには窒素循環の数理モデルにこれらの反応を担う微生物グループの時空間分布情報を組み込むような取り組みも始まっている．

ただし，このコンセプトは複数の反応からなる窒素代謝反応に適用すること

はより困難となる．たとえば有機物分解やアンモニア生成という反応を考えると（図5.14），そこに含まれる代謝反応にはさまざまな基質が存在している．それゆえに多様な微生物が関与しているため，それら微生物の生理生態特性もまた多様であり，群集組成の変化についても考慮する必要がある．脱窒を行う微生物についても，その多くは脱窒以外にもエネルギーを生成する経路を複数有しているため，脱窒を行う微生物の増減は必ずしも脱窒速度と一致しない．そのため，このような場合には脱窒に必要な遺伝子のメッセンジャーRNAを含めて解析することで，このコンセプトをより精度高く適用できる．

土壌微生物の窒素動態へのかかわりの理解を通して，土壌中の窒素動態に対する理解が一層進むことが期待される．

### 5.4.3 微生物の窒素代謝の制御要因および他元素とのかかわり

森林土壌に存在する微生物の多くは，エネルギー源として化学エネルギーに依存する化学合成微生物である．それらは物質の酸化還元反応を介してエネルギーを獲得している（5.1.2項参照）．土壌微生物の窒素代謝反応（酸化還元反応）はそのまま森林土壌における窒素動態に反映されているため，土壌においてどのような窒素動態が生じうるのかは，微生物群集の窒素代謝の多様さとそこで得られるエネルギーの効率に大きく依存する．また，どのような電子受容体・供与体が供給されるかにも大きく依存し，そこに窒素動態と他の元素の動態のかかわりが生じている．

土壌の嫌気的な硝酸還元反応を例にとると，多くの場合，電子供与体としての有機態炭素の酸化反応との組み合わせにより，硝酸は窒素ガスへと還元されることが想定され，有機態炭素と酸素の供給が硝酸還元反応の主な制御要因と考えられる．森林土壌表層においては有機態炭素が豊富に存在しているため，特にそのように考えられている．硝酸還元反応には窒素ガスへと還元される反応（脱窒）とアンモニウムへと還元される反応が存在し，どちらに反応が進行するかは得られるエネルギーに左右されることが指摘されている．反応によって得られるエネルギーを最大化するように反応が進行する場合，硝酸は有機態窒素に比べて硝酸の供給が多ければ硝酸は脱窒反応による窒素ガスへの還元が，有機態窒素の供給が多ければアンモニウムへの還元が進行しやすくなると予想

第 5 章　森林土壌微生物の構成と養分動態へのかかわり

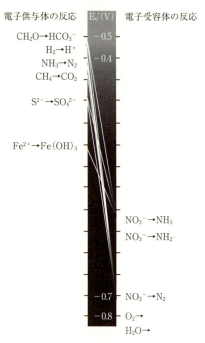

図 5.17　バクテリアの培養実験で確認されている分子上窒素（N2）またはアンモニア（NH4＋）への硝酸還元反応に利用される電気供与体
酸化還元電位に沿って有機態炭素（CH$_2$O）から二価鉄（Fe$^{2+}$）までの反応が知られている（Isobe & Ohte, 2015 を改変）．

される（Strohm *et al.*, 2007）．実際に有機態炭素が豊富な森林土壌においても硝酸からアンモニウムへの還元の重要性が指摘されており（Rütting *et al.*, 2008），微生物の培養実験や土壌を用いた操作実験においても上述のように反応が進行することが示されている（Kraft *et al.*, 2014；磯部ほか，未発表）．

　一方で，硝酸還元反応を行うバクテリアの中には，炭素以外のさまざまな元素あるいは化合物を電子供与体として選択的に利用するバクテリアも存在している（図 5.17）．酸化還元電位に従って有機態炭素から水素，メタン，還元態硫黄，還元態鉄までが電子供与体となることが確認されている．森林土壌表層では，供給量やエネルギーの観点からも有機態炭素の酸化反応との組み合わせによって硝酸還元反応が生じていると考えられるが，地下圏など有機態炭素の供給が少ない条件では，どのような物質が電子供与体となっているのだろうか．

森林においては十分に検証されていないが，他の生態系では硝酸還元反応が供給される電子供与体の種類によって制御されていることが示されている．たとえば，海洋の嫌気層において有機態炭素の供給が豊富な海域では，硝酸は有機態炭素の酸化との組み合わせにより窒素ガスへと還元され（脱窒）放出されるが，有機態炭素の供給が少ない海域ではアンモニアの酸化との組み合わせにより窒素ガスへと還元され（アナモックス）放出されることが示されている（Lam *et al.*, 2009；Ward *et al.*, 2009, Dalsgaard *et al.*, 2012）．また，日本の八幡平において硫黄が豊富な堆積物表層では，還元態硫黄の硫酸イオンへの酸化との組み合わせにより窒素ガスへと還元されていることが指摘されている（Hayakawa *et al.*, 2013）．

このように微生物が有する物質代謝の多様さは，窒素を含めたさまざまな元素の動態を可能にしている．どのような物質動態が生じているのかを理解するためには，どのような電子受容体・供与体が供給され，どの反応のエネルギー効率がよいのかを理解することが重要であろう．その一方で，異なる代謝反応は異なる微生物群によって行われていることが多い．たとえば，硝酸を窒素ガスへと還元する微生物群とアンモニウムへと還元する微生物群は必ずしも一致していない（Kraft *et al.*, 2014；磯部ほか，未発表）．そのため，どのような微生物群が高い活性を維持しているか，あるいはどのような反応に対応する遺伝子群が強く発現しているかを解析することから，どのような電子供与体・受容体が供給され，窒素動態が駆動しているかを予測する取り組みもなされている．

## 5.5　森林における土壌微生物群集の生態系機能

ここでは土壌微生物の森林の形成や生産性の維持へのかかわりについて，最近の研究事例を紹介する．

### 5.5.1　森林の形成と土壌微生物群集

森林は自然災害や人災によって大きなダメージを受け，消失することもある．多くの森林は緩やかに回復するが，その過程で微生物はどのような役割を果たすのだろうか．三宅島では2000年7月に起きた噴火により，森林の約6割の

## 第5章　森林土壌微生物の構成と養分動態へのかかわり

植生が消失している．土壌には火山灰などの火山噴出物が降り注ぎ，土壌は噴出物の下へと埋没した．日本には火山噴出物を起源とする土壌が広く分布している．そこに最初に定着する生物は微生物である．微生物の高いストレス耐性と多様な代謝がそれを可能にしており，有機物の乏しい火山噴出物では特に，大気中の二酸化炭素や $N_2$ を固定し，有機物を合成できる微生物（独立栄養性微生物や窒素固定微生物）が有利に生息できる．加えて，有機物に依存せずにエネルギー生産が可能な微生物が有利に生息できる．三宅島では噴火から約4年後に堆積している火山噴出物において，火山灰中の二価鉄を酸素を用いて酸化することでエネルギーを獲得し，そのエネルギーを利用して二酸化炭素を炭素源，$N_2$ を窒素源として吸収し，増殖するバクテリアが群集の約半数を占めていたことが示されている（Guo et al., 2014; Fujimura et al., 2016）．この鉄酸化バクテリアは，三宅島内において噴火被害をほとんど受けなかった森林の土壌からは検出されていない．三宅島の噴火では多量の亜硫酸ガスが放出し，水と反応して硫酸となることで火山灰が酸性化し，二価鉄が溶出される．この鉄酸化バクテリアは高い酸耐性を有し，溶出された二価鉄をエネルギー源にしていたと考えられている．実際に亜硫酸ガスの放出量の減少と火山灰の酸性度の緩和に伴い，火山灰中の二価鉄濃度は低下し，噴火から約10年後の火山堆積物中には鉄酸化バクテリアが占める割合は1割程度まで低下している．このように，植物からの有機物の供給に依存せずに増殖できるバクテリアが，三宅島での初生土壌における炭素や窒素の蓄積に重要な役割を果たしている．

現在の三宅島では植生の回復が始まっており，パイオニア植物の根には $N_2$ を固定するバクテリアの共生が確認されている．このバクテリアは大気中の $N_2$ を固定し，植物に窒素養分を供給することで植生の回復に資していると考えられる．微生物群集は森林の火災からの回復過程においても素早く回復していること，また一部の微生物群は火災に耐えて，その後の植生回復を支えていることが示されている．冷温帯林において火災からの植生の回復には20～100年かかることが予想されているが，微生物の優占種は植生回復よりも早い約10年後には回復することが示されている（Xiang et al., 2014）．このような微生物の素早い回復は，植生の回復にさらに時間がかかると予想される熱帯林においても確認されている（Otsuka et al., 2008; Isobe et al., 2009）．

また，特に胞子を形成する微生物は森林火災に対して高い耐性を示す．米国カリフォルニア州では2013年にRim Fireと呼ばれる大規模森林火災が起きている．火災の前後にマツ林において外生菌根菌を調査した研究から，火災前に見られた優占種の埋土胞子（外生菌根種であるが菌根を形成せず，土壌において胞子として存在しているカビ）の多くが火災後にも死滅することなく存在し，火災後にそれらがマツに着生することでマツの回復を支えていることが指摘されている（Glassman et al., 2016）．

このように土壌微生物群集は多様な代謝と高いストレス耐性を有し，森林土壌の生成から植生の回復まで，欠かすことのできない役割を果たしている．

### 5.5.2 植物と土壌微生物群集の相互作用

植物と土壌微生物群集は土壌から窒素を吸収する必要があるが，植物と土壌微生物群集の間には窒素に対する要求性の違いがある．微生物の中でも栄養要求性が異なることを述べたが，土壌微生物の窒素に対する要求性は植物のそれよりも大きいことが，これまでの個々の研究事例をまとめた結果から提示されている（図5.18）（Kuzyakov & Xu, 2013）．それでは，植物は窒素を"欲している"土壌微生物群集の中でどのように窒素を吸収しているのだろうか．

まず，菌根菌との共生を介した窒素吸収が考えられる．マツやヒノキはアーバスキュラー菌根菌と，ブナ科，マツ科，フトモモ科，フタバガキ科，カバノキ科，ヤナギ科，一部のマメ科などの樹種は外生菌根菌と共生しており，菌根菌を介して窒素を吸収している（5.3.1項参照）．

次に，植物と土壌微生物群集の間では吸収する窒素種が異なっている可能性が考えられる．アンモニウムや硝酸イオンといった無機態窒素については最大吸収速度が微生物＞植物であるのに対し，アミノ酸では逆に植物＞微生物であるため（図5.18），植物は微生物に比べてアミノ酸などの低分子の有機態窒素の利用効率が大きいのかもしれない．実際に微生物による無機態窒素の生成が少ない森林では，植物による低分子の有機態窒素の吸収が卓越していることが指摘されている（Neff et al., 2003）．植物による低分子の有機態窒素吸収の必要性は，微生物のアンモニウム生成のメカニズムと密接な関係がある．微生物による有機物からのアンモニウム生成は，細胞外で起こる有機物の脱重合反応

第 5 章　森林土壌微生物の構成と養分動態へのかかわり

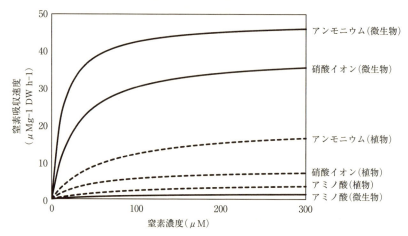

図 5.18　微生物と植物の窒素（アンモニウム，硝酸イオン，アミノ酸）吸収速度と窒素濃度の関係（ミカエリス・メンテン式）
微生物については 42 の研究例（$K_m$ と $V_{max}$ は 249 のデータポイント）を，植物については 35 の研究例（$K_m$ と $V_{max}$ は 436 データポイント）をまとめたもの．$V_{max}$ は最大速度，$K_m$ は最大速度の半分を与える基質（窒素）濃度を示す．縦軸の DW は微生物細胞または植物根の乾重量（Kuzyakov & Xu, 2013 を改変）．

と細胞内で起こるアンモニア化成に大きく分けることができる（図 5.14）(Schimel & Bennett, 2004)．有機物は，微生物が産生する細胞外酵素による脱重合反応を受けて低分子化される．低分子化された有機物の一部は微生物によって細胞内に吸収され，脱アミノ化反応を受けてアンモニウムが生成する．生成されたアンモニウムの一部は細胞外（土壌）へと排出されるかもしれないし，そのまま同化されるかもしれない．このように，土壌におけるアンモニウムの生成は微生物の生理状態に強く影響されるので，一部の森林では微生物の細胞外（土壌）において生成される低分子化の有機態窒素の利用性が高くなるのかもしれない．

最後に，植物と土壌微生物群集とでは，窒素の吸収時期が異なっている可能性が考えられる．森林の土壌微生物群集は植物の休眠期である冬期において代謝活性を高く維持し，増殖していることが示されている．落葉樹は秋になると落葉をするため，リターが土壌へと大量に供給される．土壌微生物群集は，冬期の摂氏 0°C 程度になるような土壌においてもリターを分解し，生成した窒素を吸収して増殖できるようである．たとえば北海道東部のミズナラ林では，

積雪下の土壌において高濃度のアンモニウムや硝酸が生成され，バクテリアとカビがともに増殖していること，増殖した微生物の多くは春の融雪期において死滅していることが確認されている（磯部ほか，未発表）．チェコ共和国のブナラ林においても，リター分解に必要な酵素の活性が冬期において最大になることが示されている（Voříšková et al., 2014）．米国コロラド州の高山ツンドラにおいても，土壌微生物数は積雪期において最大となって，融雪期から少なくなり，夏期においては積雪期の半分程度になることが示されている（Schadt et al., 2003）．このように，微生物は植物の休眠期において活発に窒素を吸収し増殖していることが示されており，また植物の休眠期において増殖した微生物はのちに死滅するため，微生物のバイオマス窒素が植物の成長期において吸収される窒素のソースとなっている可能性が指摘されている（Schmidt et al., 2007）．

このように，森林において植物と土壌微生物群集の間には強い相利共生から間接的に影響し合う緩やかな共生がある．どのレベルの共生が植物の窒素吸収に最も関与しているのかは森林によって異なるが，このような共生の結果として森林が成り立っている．

## おわりに

　本章では森林における土壌微生物の構成と窒素動態へのかかわりについて，研究の歴史的な経緯から現在の研究状況，そこから見い出されている知見を中心に紹介した．土壌微生物がいかに進化系統的，代謝的に多様であり，森林の成り立ちにおいて重要であるかを中心に述べた．本章で紹介したように，手法的な進展により土壌微生物に対する理解は大きく広がっており，従来の知見を覆すような発見も相次いでいる．窒素動態へのかかわりについても，窒素の動態を濃度や同位体情報を用いて解析する物質循環研究との融合が進んでいる．森林土壌において窒素循環過程の複数の反応の速度を同時に測定し，個々の反応間の相互作用も含めて検証することは技術的にハードルが高い（木庭，2012）が，微生物情報を活用することで窒素循環の制御や環境応答をより実証的に説明あるいは予測できる可能性がある．今後の森林の土壌微生物研究の

第 5 章　森林土壌微生物の構成と養分動態へのかかわり

進展とそこで明らかにされる多様な微生物の姿を通して，森林の成り立ちや森林土壌の機能の理解が促進することが期待される．

## 引用文献

Aber, J., McDowell, W. *et al.* (1998) Nitrogen saturation in temperate forest ecosystems - hypotheses revisited. *Bioscience*, **48**, 921-934.

Amend, A. S., Martiny, A. C. *et al.* (2016) Microbial response to simulated global change is phylogenetically conserved and linked with functional potential. *ISME J*, **10**, 109-118.

Anantharaman, K., Brown, C. T. *et al.* (2016) Thousands of microbial genomes shed light on interconnected biogeochemical processes in an aquifer system. *Nat Commun*, **7**, 13219.

Andam, C., Doroghazi, J. *et al.* (2016) A latitudinal diversity gradient in terrestrial bacteria of the Genus Streptomyces. *MBio*, **7**, 1-9.

Baldrian, P. (2016) Forest microbiome: diversity, complexity and dynamics. *FEMS Microbiol Rev*, **040**.

Bowers, R. M., McLetchie, S. *et al.* (2011) Spatial variability in airborne bacterial communities across land-use types and their relationship to the bacterial communities of potential source environments. *ISME J*, **5**, 601-612.

Bradford, M. A., Crowther, T. W. (2013) Carbon use efficiency and storage in terrestrial ecosystems. *New Phytol*, **199**, 7-9.

Cole, J. R., Wang, Q. *et al.* (2014) Ribosomal Database Project: Data and tools for high throughput rRNA analysis. *Nucleic Acids Res*, **42**, 633-642.

Daims, H., Lebedeva, E. V. *et al.* (2015) Complete nitrification by Nitrospira bacteria. *Nature*, **528**, 504-509.

Dalsgaard, T., Thamdrup, B. *et al.* (2012) Anammox and denitrification in the oxygen minimum zone of the eastern South Pacific. *Limnol Oceanogr*, **57**, 1331-1346.

De Boer, W., Kowalchuk, G. A. (2001) Nitrification in acid soils: Micro-organisms and mechanisms. *Soil Biol Biochem*, **33**, 853-866.

De Wit, R., Bouvier, T. (2006) "Everything is everywhere, but, the environment selects"; what did Baas Becking and Beijerinck really say? *Environ Microbiol*, **8**, 755-758.

Evans, S. E., Wallenstein, M. D. (2014) Climate change alters ecological strategies of soil bacteria. *Ecol Lett*, **17**, 155-164.

Fierer, N., Bradford, M. A. *et al.* (2007) Toward an ecological classification of soil bacteria. *Ecology*, **88**, 1354-1364.

Fierer, N., Jackson, R. (2006) The diversity and biogeography of soil bacterial communities. *Proc Natl Acad Sci USA*, **103**, 626-631.

Fleischmann, R. D., Adams, M. D. *et al.* (1995) Whole-genome random sequencing and assembly of Haemophilus-influenzae Rd. *Science*, **269**, 496-512.

Frans J. de Bruijn (2011) *Handbook of Molecular Microbial Ecology I: Metagenomics and Complementary Approaches*. Willy.

# 引用文献

Fujimura, R., Kim, S.-W. *et al.* (2016) Unique pioneer microbial communities exposed to volcanic sulfur dioxide. *Sci Rep*, **6**, 19687.

Gawad, C., Koh, W. *et al.* (2016) Single-cell genome sequencing: Current state of the science. *Nat Rev Genet*, **17**, 175–188.

Gibbons, S. M., Caporaso, J. G. *et al.* (2013) Evidence for a persistent microbial seed bank throughout the global ocean. *Proc Natl Acad Sci USA*, **110**, 4651–4655.

Glassman, S. I., Levine, C. R. *et al.* (2015) Ectomycorrhizal fungal spore bank recovery after a severe forest fire: some like it hot. *ISME J*, **10**, 1–12.

Glassman, S. I., Lubetkin, K. C. *et al.* (2017) The theory of island biogeography applies to ectomycorrhizal fungi in subalpine tree "islands" at a fine scale. *Ecosphere*, **8**, e01677.

Guo, Y., Fujimura, R. *et al.* (2014) Characterization of early microbial communities on volcanic deposits along a vegetation gradient on the island of Miyake, Japan. *Microbes Environ*, **29**, 38–49.

Hawkes, C. V., Wren, I. F. *et al.* (2005) Plant invasion alters nitrogen cycling by modifying the soil nitrifying community. *Ecol Lett*, **8**, 976–985.

Hayakawa, A., Hatakeyama, M. *et al.* (2013) Nitrate reduction coupled with pyrite oxidation in the surface sediments of a sulfide-rich ecosystem. *J Geophys Res Biogeosci*, **118**, 639–649.

Huang, Y. T., Lowe, D. J. *et al.* (2016) A new method to extract and purify DNA from allophanic soils and paleosols, and potential for paleoenvironmental reconstruction and other applications. *Geoderma*, **274**, 114–125.

Hug, L. A., Baker, B. J. *et al.* (2016) A new view of the tree and life's diversity. *Nat Microbiol*, **1**, 16048.

Ishii, T., Kawaichi, S. *et al.* (2015) From chemolithoautotrophs to electrolithoautotrophs: $CO_2$ fixation by Fe (II)-oxidizing bacteria coupled with direct uptake of electrons from solid electron sources. *Front in Microbiol*, **25**, 1–6.

Isobe, K., Koba, K. *et al.* (2011) Nitrification and nitrifying microbial communities in forest soils. *J For Res*, **16**, 351–362.

Isobe, K., Koba, K. *et al.* (2012) High abundance of ammonia-oxidizing archaea in acidified subtropical forest soils in southern China after long-term N deposition. *FEMS Microbiol Ecol*, **80**, 193–203.

Isobe, K., Ohte, N. (2014) Ecological perspectives on microbes involved in N-cycling. *Microbes Environ*, **29**, 4–16.

磯部一夫・大手信人（2015）森林の窒素循環研究に対する微生物生態学的アプローチ．森林立地, **56**, 89–95.

Isobe, K., Ohte, N. *et al.* (2015) Microbial regulation of nitrogen dynamics along the hillslope of a natural forest. *Front Environ Sci*, **2**, 1–8.

Isobe, K., Otsuka, S. *et al.* (2009) Community composition of soil bacteria nearly a decade after a fire in a tropical rainforest in East Kalimantan, Indonesia. *J Gen Appl Microbiol*, **55**, 329–337.

Jones, C. M., Stres, B. *et al.* (2008) Phylogenetic analysis of nitrite, nitric oxide, and nitrous oxide respiratory enzymes reveal a complex evolutionary history for denitrification. *Mol Biol Evol*, **25**, 1955–1966.

## 第 5 章　森林土壌微生物の構成と養分動態へのかかわり

Kaiser, K., Wemheuer, B. *et al.* (2016) Driving forces of soil bacterial community structure, diversity, and function in temperate grasslands and forests. *Sci Rep*, **6**, 33696.

Kembel, S. W., O'Connor, T. K. *et al.* (2014) Relationships between phyllosphere bacterial communities and plant functional traits in a neotropical forest. *Proc Natl Acad Sci USA*, **111**, 13715–13720.

King, A. J., Freeman, K. R. *et al.* (2010) Biogeography and habitat modelling of high-alpine bacteria. *Nat Communi*, **1**, 53.

Klappenbach, J. A., Dunbar, J. M. *et al.* (2000) rRNA operon copy number reflects ecological strategies of bacteria. *Appl Environ Microbiol*, **66**, 1328–1333.

木庭啓介（2012）広域評価を目指した室内実験および圃場観測：硝化を例とした実験室とモニタリングのつながりについての小考察．土壌の物理性，**122**, 35–39.

Könneke, M., Bernhard, A. E. *et al.* (2005) Isolation of an autotrophic ammonia-oxidizing marine archaeon. *Nature*, **437**, 543–546.

Kraft, B., Tegetmeyer, H. E. *et al.* (2014) The environmental controls that govern the end product of bacterial nitrate respiration. *Science*, **345**, 676–679.

Kuzyakov, Y., Xu, X. (2013) Competition between roots and microorganisms for nitrogen: Mechanisms and ecological relevance. *New Phytol*, **198**, 656–669.

Laforest-Lapointe, I., Messier, C. *et al.* (2016) Host species identity, site and time drive temperate tree phyllosphere bacterial community structure. *Microbiome*, **4**, 27.

Lam, P., Lavik, G. *et al.* (2009) Revising the nitrogen cycle in the Peruvian oxygen minimum zone. *Proc Natl Acad Sci USA*, **106**, 4752–4757.

Lauber, C. L., Hamady, M. *et al.* (2009) Pyrosequencing-based assessment of soil pH as a predictor of soil bacterial community structure at the continental scale. *Appl Environ Microbiol*, **75**, 5111–5120.

Leff, J. W., Del Tredici, P. *et al.* (2015) Spatial structuring of bacterial communities within individual Ginkgo biloba trees. *Environ Microbiol*, **17**, 2352–2361.

Lehtovirta-Morley, L. E., Sayavedra-Soto, L. A. *et al.* (2016) Identifying potential mechanisms enabling acidophily in the ammonia-oxidising archaeon "Candidatus *Nitrosotalea devanaterra*." *Applied and Environ Microbiol*, **82**, 04031–15.

Lehtovirta-Morley, L. E., Stoecker, K. *et al.* (2011) Cultivation of an obligate acidophilic ammonia oxidizer from a nitrifying acid soil. *Proc Natl Acad Sci USA*, **108**, 15892–15897.

Leininger, S., Urich, T. *et al.* (2006) Archaea predominate among ammonia-oxidizing prokaryotes in soils. *Nature*, **442**, 806–809.

Martens-Habbena, W., Berube, P. M. *et al.* (2009) Ammonia oxidation kinetics determine niche separation of nitrifying Archaea and Bacteria. *Nature*, **461**, 976–979.

Martiny, A. C., Treseder, K. *et al.* (2013) Phylogenetic conservatism of functional traits in microorganisms. *ISME J*, **7**, 830–883.

Martiny, J. B. H. (2016) History leaves its mark on soil bacterial diversity. *MBio*, **7**, e00784–16.

Martiny, J. B. H., Jones, S. E. *et al.* (2015) Microbiomes in light of traits: A phylogenetic perspective. *Science*, **350**, aac9323.

Moyes, A. B., Kueppers, L. M. *et al.* (2016) Evidence for foliar endophytic nitrogen fixation in a widely distributed subalpine conifer. *New Phytol*, **210**, 657–668.

Neff, J. C., Chapin, F. S. *et al.* (2003) Breaks in the cycle : Dissolved organic nitrogen in terrestrial ecosystems. *Front Ecol Environ*, **1**, 205–211.

Nemergut, D. R., Knelman, J. E. *et al.* (2015) Decreases in average bacterial community rRNA operon copy number during succession. *ISME J*, **10**, 1–10.

Orgiazzi, A., Bardgett, R. D. *et al.* (2016) *Global soil biodiversity atlas*. (eds. Orgiazzi, D. H. *et al.*) (European C). Office of the European Union.

Otsuka, S., Sudiana, I. *et al.* (2008) Community structure of soil bacteria in a tropical rainforest several years after fire. *Microbes Environ*, **23**, 49–56.

Philippot, L., Čuhel, J. *et al.* (2009) Mapping field-scale spatial patterns of size and activity of the denitrifier community. *Environ Microbiol*, **11**, 1518–1526.

Polz, M. F., Cordero, O. X. (2016) Bacterial evolution : Genomics of metabolic trade-offs. *Nat Microbiol*, **1**, 16181.

Portillo, M. C., Leff, J. W. *et al.* (2013) Cell size distributions of soil bacterial and archaeal taxa. *Appl Environ Microbiol*, **79**, 7610–7617.

Pruitt, K. D., Tatusova, T., *et al.* (2007) NCBI reference sequences (RefSeq) : A curated non-redundant sequence database of genomes, transcripts and proteins. *Nucleic Acid Res*, **35**, 61–65.

Ramirez, K. S., Leff, J. W. *et al.* (2014) Biogeographic patterns in below-ground diversity in New York City's Central Park are similar to those observed globally Biogeographic patterns in below-ground diversity in New York City's Central Park are similar to those observed globally. *Proc Biol Sci*, **281**, 20141988.

Redford, A. J., Bowers, R. M. *et al.* (2010) The ecology of the phyllosphere : Geographic and phylogenetic variability in the distribution of bacteria on tree leaves. *Environ Microbiol*, **12**, 2885–2893.

Roesch, L., Fulthorpe, R. *et al.* (2007) Pyrosequencing enumerates and contrasts soil microbial diversity. *ISME J*, **1**, 283–290.

Roller, B. R. K., Stoddard, S. F. *et al.* (2016) Exploiting rRNA operon copy number to investigate bacterial reproductive strategies. *Nat Microbiol*, **1**, 16160.

Ruggiero, M.A., Gordon, D. P. *et al.* (2015) A Higher Level Classification of All Living Organisms. *PLoS One*, **10**, e0119248.

Rütting, T., Huygens, D. *et al.* (2008) Functional role of DNRA and nitrite reduction in a pristine south Chilean Nothofagus forest. *Biogeochemistry*, **90**, 243–258.

Sanford, R. A., Wagner, D. D. *et al.* (2012) Unexpected nondenitrifier nitrous oxide reductase gene diversity and abundance in soils. *Proc Natl Acad Sci USA*, **109**, 19709–19714.

Schadt, C. W., Martin, A. P. *et al.* (2003) Seasonal dynamics of previously unknown fungal lineages in tundra soils. *Science*, **301**, 1359–1361.

Schimel, J. P., Bennett, J. B. (2004) Nitrogen mineralization : Challenges of a changing paradigm. *Ecology*, **85**, 591–602.

Schmidt, S. K., Costello, E. K. *et al.* (2007) Biogeochemical consequences of rapid microbial turnover and seasonal succession in soil. *Ecology*, **88**, 1379–1385.

## 第 5 章　森林土壌微生物の構成と養分動態へのかかわり

Singh, D., Takahashi, K. *et al.* (2012) Elevational patterns in archaeal diversity on Mt. Fuji. *PLoS One*, **7**, 1-11.

Stahl, D. A., de la Torre, J. R. (2012) Physiology and diversity of ammonia-oxidizing archaea. *Annu Rev Microbiol*, **66**, 83-101.

Strohm, T. O., Griffin, B. *et al.* (2007) Growth yields in bacterial denitrification and nitrate ammonification. *Appl Environ Microbiol*, **73**, 1420-1424.

Strous, M., Fuerst, J. *et al.* (1999) Missing lithotroph identified as new planctomycete. *Nature*, **400**, 446-449.

Strous, M., Pelletier, E. *et al.* (2006) Deciphering the evolution and metabolism of an anammox bacterium from a community genome. *Nature*, **440**, 790-794.

谷口武士（2011）菌根菌との相互作用が作り出す森林の種多様性．日本生態学会誌，**61**, 311-318.

Tedersoo, L., Bahram, M. *et al.* (2014) Global diversity and geography of soil fungi. *Science*, **346**, 6213.

東樹宏和（2016）DNA 情報で生態系を読み解く：環境 DNA・網羅的群集調査・生態ネットワーク．共立出版．

van Kessel, M. A. H. J., Speth, D. R. *et al.* (2015) Complete nitrification by a single microorganism. *Nature*, **528**, 555-559.

Veresoglou, S. D., Halley, J. M. *et al.* (2015) Extinction risk of soil biota. *Nat Communi*, **6**, 8862.

Vieira-Silva, S., Rocha, E. P. C. (2010) The systemic imprint of growth and its uses in ecological (meta) genomics. *PLoS Genet*, **6**, e:1000808

Voříšková, J., Baldrian, P. (2013) Fungal community on decomposing leaf litter undergoes rapid successional changes. *ISME J*, **7**, 477-486.

Voříšková, J., Brabcová, V. *et al.* (2014) Seasonal dynamics of fungal communities in a temperate oak forest soil. *New Phytol*, **201**, 269-278.

Ward, B. B., Devol, H. *et al.* (2009) Denitrification as the dominant nitrogen loss process in the Arabian Sea. *Nature*, **461**, 78-81.

Woese, C. R., Fox, G. E. (1977) Phylogenetic structure of the prokaryotic domain: The primary kingdoms. *Proc Natl Acad Sci USA*, **74**, 5088-5090.

Xi, D., Bai, R. *et al.* (2016) Contribution of anammox to nitrogen removal in two temperate forest soils. *Appl Environ Microbiol*, **82**, 4602-4612.

Xia, Z., Bai, E. *et al.* (2016) Biogeographic distribution patterns of bacteria in typical chinese forest soils. *Front Microbiol*, **7**, 1-17.

Xiang, X., Shi, Y. *et al.* (2014) Rapid recovery of soil bacterial communities after wildfire in a Chinese boreal forest. *Sci Rep*, **4**, 3829.

Xue, K., M. Yuan, M., J. *et al.* (2016) Tundra soil carbon is vulnerable to rapid microbial decomposition under climate warming. *Nat Clim Chang*, **6**, 595-600.

Zeglin, L. H. (2015) Stream microbial diversity in response to environmental changes: Review and synthesis of existing research. *Front Microbiol*, **6**, 1-15.

Zimmerman, A. E., Martiny, A. C., *et al.* (2013) Microdiversity of extracellular enzyme genes among sequenced prokaryotic genomes. *ISME J*, **7**, 1187-1199.

Žifčáková, L., Větrovský, T. *et al.* (2016) Microbial activity in forest soil reflects the changes in ecosystem properties between summer and winter. *Environ Microbiol*, **18**, 288-301.

# 第6章 土壌有機物の特性と機能

保原 達

## はじめに

"植物が繁茂する肥沃な土壌"というと，有機物に富んだ黒々とした土壌を思い浮かべる人が多いのではないだろうか．事実，人類は古くから土壌の色を食物生産にとってふさわしい土地であるかどうかの判断材料としており，黒さは生産性を象徴するものであった（Kononova, 1966）．それほどに，有機物に富んだ土の黒さは土壌がもつ機能の潜在性を語るかのようである．

黒土になりうる火山性土壌は国際的な土壌分類上 "Andosol"（または "Andisol"）と呼ばれるが，これは日本語の「暗土」に由来している．それほど，日本には象徴的な黒土を有する森林や農地が多く存在する（第2章および第3章を参照）．この黒い源となっている土壌中の有機物は実際どのようなもので，またどのような機能を発揮するのであろうか．

土壌中に存在する有機物は，総じて「土壌有機物（soil organic matter）」と呼ばれる．土壌有機物は土壌鉱物と並んで土壌の主要な構成要素であり，土壌が果たす多様な機能にかかわり，特に植物の成長を高める重要な役割を担っている．

土壌有機物はさまざまな有機物を含んでおり，その起源，組成，含有成分などが非常に多岐にわたる．それこそ，落葉したての新鮮なリター（落葉落枝）から，もとの生物体が特定不可能になってしまったような物質まで，実にさまざまな物質が含まれている．それゆえ，土壌有機物という語の意味する範囲は

非常に幅広い．かといって，これを分類・整理することも一筋縄ではなく，古くから科学者たちを悩ませてきた．たとえば，土壌有機物を「腐植」と呼ぶ場合があるが，あまり分解されていない植物リターなどは腐植とは見なされないことがある．では，どこまで分解されていれば「腐植」なのか？ 実際にはそうした境界を指定することは難しく，どうしても定義は曖昧になってしまう．

しかし，こうした多様さや複雑さが多い一方で，分解の進んだ土壌有機物には多くのものに共通する性質や特徴的な機能が多数存在する．土壌中で共存する鉱物，植物根，微生物などともさまざまな土壌に共通する特徴的な関係があり，土壌有機物が示す機能も土壌に共通することは多い．

本章では土壌有機物について述べていくが，まず初めに土壌有機物そのものの特徴について概説する．その後，土壌有機物の森林生態系における動態や機能・役割などについて解説する．そしてさらに，土壌有機物が森林外の環境に与える影響についても紹介する．これらを通じて，土壌有機物がどのようなもので，森林や地球全体においてどのような重要性をもっているのかを知ることを目的とする．

## 6.1 土壌有機物とは

### 6.1.1 森林土壌に蓄積する土壌有機物

森林土壌には土壌有機物はどのように存在しているのだろうか．まず，土壌の表面には木々や草花に由来するリターの有機物が堆積して存在しているだろう（図6.1）．そして，このリターを剝ぐと均質な黒っぽい土が顔をのぞかせる．ここには葉や枝の体をなした有機物はもはやなく，有機物は何らかの分解を経て，黒っぽい土壌の一部または全体として存在するようになる．黒い土をさらに掘り進めていくと，次第に黒い土の色は薄れ，褐色，赤色，黄色，灰色といった鉱物本来の特徴的な色へと変わっていく．これは，土壌有機物の含量が減少するに従い黒い色が抜け，代わりに大部分を占める鉱物の本来の色が現れてきたことにほかならない．このように，森林土壌では表層から深くなるにつれ土の様子が大きく変わり，土壌有機物も質・量ともに変化していく．

第 6 章　土壌有機物の特性と機能

図 6.1　ある落葉広葉樹林の林床土壌表面
もともと何の植物かわかるもの，わからないもの，褐色化または白色化したもの，などさまざまなリターが堆積している．　→口絵 12

　森林の土壌断面は大きく 2 つの土壌に分けることができる．1 つはほぼ落ち葉など有機物のみからなる表層の土壌で，もう 1 つはその下の土壌鉱物が含まれる土壌である．上の，主に落ち葉からなる土壌層は有機物層（または，O 層あるいは $A_0$ 層）と呼ばれ，またその下の土壌鉱物を含む土壌層は鉱質土壌層と呼ばれる（図 6.2）．このうち，有機物層はさらに有機物の分解の進み具合から Oi 層，Oe 層，Oa 層（または，それぞれ L 層，F 層，H 層）とに分けられ，鉱質土壌層は色や土壌構造などによって A 層，B 層，C 層などと分けられる（第 2 章を参照）．土壌有機物の様子は有機物層と鉱質土壌層とで異なり，有機物層では，有機物は主にリターやリターの分解破片などの粗い分解残渣などが多く残っている．一方で，鉱質土壌層では有機物はリターやもともとの由来などが判別できないほどに分解が進んだものがほとんどで，土壌鉱物と結び付いて存在しているものも多い．

　森林のリターの約 7 割は葉で，残りは幹や枝などの木質部である．こうした木質部は，葉に比べて分解されにくく，林齢とともにその林床への堆積量は増える傾向にある．また，鉱質土壌中で土壌鉱物に吸着して存在する土壌有機物も，林齢とともにその蓄積範囲は広がり蓄積量も増加する．

　森林生態系では，有機物は主に落葉によって継続的に土壌へ供給され，土壌表面を覆い続ける．これによって，土壌環境の急激な変化やそれに伴う土壌生物群集の極端な変動が緩和されている．また，風害などの撹乱は材リターの突

## 6.1 土壌有機物とは

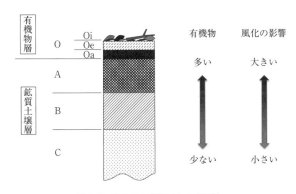

図6.2 森林の土壌断面と土壌層位

発的な増加をもたらすほか,土壌への一時的な有機物供給を増加させ,土壌生物に大きな変化を生じさせうる.

森林へもたらされるリターの量は,熱帯から寒帯にかけて,緯度が上がるほど減少する傾向にある.森林リターとして土壌にもたらされるものとしては細根も多分に寄与すると考えられるが,細根リターは地上部リターに比較するとあまり評価されてきていない.しかしながら,細根は高い回転率で生産されており,地球上では純一次生産のおよそ半数が地下部で生じているという推計もある.

このようにして土壌に蓄積している有機物は,生態系にどの程度存在し,その量は生態系のタイプ(生物群系)によってどれほど異なるのだろうか? 土壌有機物の多くは炭素を骨格として多く含んでいるため,土壌有機物の蓄積量の指標として土壌中の有機炭素量を用いることが可能である.どのような気候帯の森林における推計でも,土壌1m以内に保持されている有機炭素量は地上部植物体が保持する炭素量を上回る.表6.1には,陸上のさまざまな生物群系における土壌有機炭素の含量および蓄積量を示した.この表からわかるように,陸域生態系は表層1mまでの範囲の土壌に 1,502 Pg の炭素を蓄積しており($Pg = 10^{15}$ g),そのうち森林土壌がおよそ半分(818 Pg)を占めている(Jobbágy & Jackson, 2000).植物バイオマスは約 650 Pg の炭素を保持するとされている(Saugier *et al.*, 2001)ことと比較すると,土壌が有する炭素は植物が有する炭素の倍以上に相当することがわかる.表層1mまでの炭素蓄積

## 第6章 土壌有機物の特性と機能

表6.1 陸上のさまざまな生物群系における土壌有機炭素の含量および蓄積量
Jobbagy & Jackson, (2000) をもとに作成.

| 生物群系 | 面積 ($10^{12}$ m$^2$) | 土壌有機炭素含量 (kg 炭素/m$^2$) 0〜1 m | 土壌有機炭素蓄積量 (Pg 炭素) 0〜1 m | 1〜3 m |
|---|---|---|---|---|
| 熱帯落葉樹林 | 7.5 | 15.8 | 119 | 100 |
| 熱帯常緑樹林 | 17 | 18.6 | 316 | 158 |
| 温帯落葉樹林 | 7 | 17.4 | 122 | 38 |
| 温帯常緑樹林 | 5 | 14.5 | 73 | 30 |
| 硬葉樹林 | 8.5 | 8.9 | 76 | 48 |
| 北方林 | 12 | 9.3 | 112 | 39 |
| 熱帯草原／サバンナ | 15 | 13.2 | 198 | 146 |
| 砂漠 | 18 | 6.2 | 112 | 96 |
| 温帯草原 | 9 | 11.7 | 105 | 66 |
| ツンドラ | 8 | 14.2 | 114 | 30 |
| 耕作地 | 14 | 11.2 | 157 | 91 |
| 合計 | 121 | | 1502 | 842 |

量は生物群系によって 73〜316 Pg であるが，それより深い 1〜3 m の土壌にもさらに 30〜158 Pg ほど存在している．地球規模では，表層 1 m までの土壌の面積あたりの炭素蓄積量は生物群系によって 6.2〜18.6 kg/m$^2$ の範囲で開きがある．森林土壌では，特に表層 20 cm までに含まれる炭素の割合が高く，草原や低木地に比べて浅めの層に土壌有機物が多く蓄積している（Jobbágy & Jackson, 2000）．また，土壌中の有機炭素は，地球的規模で見ると降水量や粘土含量が多いほど多く蓄積し，温度が高くなると減少する傾向にある（Jobbágy & Jackson, 2000）．

### 6.1.2 土壌有機物の多様性と普遍性

土壌有機物にはさまざまな有機物が含まれる．では，その多様さはどれほどだろうか？

陸上の生物体は，死すると（または体物質の一部が外れると）土壌の最表層に舞い落ちることになる．地球上の果てしない高度差の中で，地表の表層のごく一部である土壌の最表層に，陸上のあらゆる有機物は集中的に溜まっていく．すなわち，多種多様に存在するとされる生物の，さらに多種多様な部位，組織，

## 6.1 土壌有機物とは

細胞などなどそうしたあらゆるものが，この土壌表層に蓄積するのである．及びもつかないほどの多様な有機物が集合しうることが容易に想像できよう．

それだけではない．地表に落ちた有機物は，やがて土壌中で分解を受け，あるいは変成や微生物体の影響などを受け，その姿を変えていく．そのため，たとえある1つの植物体からもたらされた葉であっても，さまざまな時間スケールを経て変化したものが存在するだろう．すなわち，土壌には多種多様な起源の有機物が，さまざまな時間スケールで姿を変えて存在しているだろう（図6.3）．土壌有機物がいかに多様なものの集合体であるか，おわかりいただけただろうか．

それだけ多様なものからなる土壌有機物であるから，数mしか離れていない土壌同士で土壌有機物が随分異なったものであったとしても大きな不思議はないかもしれない．また，逆の見方をすれば，こうした土壌有機物の多様性は，ある地域の同じ地質からなる土壌に多様性を与えることになるとも考えられる．

このように途方もないほど多様と考えられる土壌有機物だが，内包する普遍的な性質も少なくない．たとえば，ある程度分解を経た土壌有機物は概ね黒色を呈するようになる．また，黒っぽい土壌から抽出された溶存性の有機物は鉄

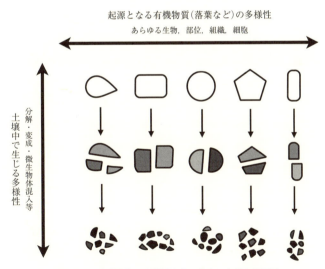

図6.3 土壌有機物の多様性を生み出すさまざまな要因

やアルミニウムと関係しながら挙動しやすく，総じてマイナスの電荷を有する．このように，含有しているものは多様であるが，その中にしばしば土壌有機物の普遍的な性質や機能が見い出される．さらには，土壌中の有機物は海洋堆積物中の有機物とも共通する特徴が多い（Hedges & Oades, 1997）．こうした普遍性は，さまざまな生物からもたらされる多様な有機物が分解を通じて収斂的な変化を遂げていくことを暗示する．

## 6.2 土壌有機物の組成

先述の通り，土壌有機物はさまざまな生物の分解物を主体とするが，分解段階もさまざまであり，それゆえに化学的特性は非常に複雑である．そのため土壌有機物は，特定の化合物のようなものというよりは，不定形物質の集合体という見方をされることも少なくない．土壌有機物の化学性が分解とともに徐々に変容していくことを考慮し，連続的な化学性をもったものの集合体として捉えることもできる（Lehmann & Kleber, 2015）．

土壌有機物は，その多様さや複雑さのために，研究者によってさまざまな画分や区分に分けられることがある．古くからなされてきた有機物分画法として有名なものは，酸およびアルカリ溶液への溶・不溶に基づいた手法である（Swift, 1996）．この手法では，土壌有機物は腐植酸，フルボ酸，ヒューミンといった画分に分けられる．ただし，これらはあくまで分離操作上つけられた名称であり，特定の化学的実体を指すものではない．そのほか，サイズ（粒径）や比重による分画も多く用いられている．比重による分画では，ある比重（たとえば，$1.6\,\mathrm{g\,cm^{-3}}$）を境にそれより重いものを重画分，軽いものを軽画分のように分画していく．重い画分ほどより土壌鉱物との結合態が多く，分解に耐性のある有機物が多い．一方，軽い画分ほど可動性が高く，分解を受けやすい有機物が多い傾向にある．

土壌有機物は，林床表層にあるものはほとんどが植物体に由来する有機化合物であるが，分解が進んでくるとそのようなもともとの物質の特徴は認められなくなっていく．植物体由来の物質に代わって，それらが分解されてできたものや微生物に由来する物質，これらの複合体，さらにはこれらのものが部分的

に変性したようなものまで,非常に多様な有機物が現れてくる.そのため,リターとして土壌へもたらされた時点ではある特定の構造をもつ生体分子であったとしても,鉱質土壌中ではそれがほとんど認められなかったり,あるいは部分的に変化した形態となって明瞭な名前をもたないものとなったりする.それゆえ,分解の進んだ土壌有機物の性質から起源となる有機物を推定することは,分解が進むほど難しくなる.

しかしながら,土壌有機物を加水分解処理することなどによって,土壌有機物内に残る生物代謝産物を得ることは可能となってきた.たとえば,ある生物に特有の物質に着目し,これをバイオマーカーとして用いることにより,土壌有機物の起源や生成プロセス,そして循環などを推定することができる(Amelung *et al.*, 2008).また,$^{13}$C などの同位体を用いることで土壌有機物がどのような植生に由来するかを推定することも可能である(Hiradate *et al.*, 2004).

## 6.2.1 元素および官能基

土壌有機物を構成する元素は,まず構造をなす部分には炭素(C:Carbon)および酸素(O:Oxygen)が特に多く,それらに準じて窒素(N:Nitrogen),リン(P:Phosphorus),硫黄(S:Sulfur)などの元素も比較的多く見られる.

土壌有機物の構造に関しては,官能基の解析が多く行われている.特に,カルボキシ基,ヒドロキシ基,フェノール基,アミド基,カルボニル基,アルキル基,芳香族基,脂肪族基などが土壌中によく認められる.こうした土壌有機物の構造は,土壌の固体 $^{13}$C 核磁器共鳴(NMR:nuclear magnetic resonance)(図 6.4 参照)などを用いた分析技術の発達によってより明らかになりつつある.この分析によれば,リターには酸素結合型のアルキル炭素(*O*-alkyl C)がもともと比較的多く含まれる(Kögel-Knabner *et al.*, 1988;Osono *et al.*, 2008)ほか,鉱質土壌では表層では脂肪族炭素(aliphatic C),*O*-alkyl C,カルボニル炭素(carbonyl C)が多く,下層では芳香族炭素(aromatic C)の割合が増えてくる(Hiradate *et al.*, 2006).官能基によってリター分解の初期に比較的残りやすいものと残りにくいものが見られるが,そのようなリター分解中の増減は樹種や土壌などによって異なる(Osono *et al.*, 2008;Ono *et al.*, 2013).

第 6 章　土壌有機物の特性と機能

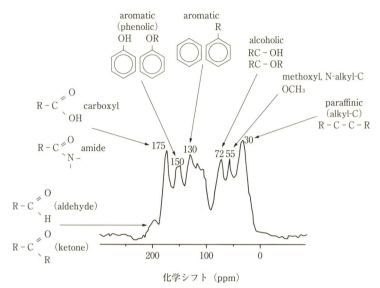

図 6.4　泥炭中のフミン酸の固体 $^{13}$C 核磁器共鳴（NMR）スペクトルにおけるシグナルの分類例（Kögel-Knabner, 2002）

## 6.2.2　生体分子

　土壌有機物中には，腐植性の複雑な巨大分子が多くを占めると古くから考えられてきたが，近年の研究ではむしろ小さく簡潔な分子構造のものや明確な生体分子が多いことが明らかとなってきた（Schmidt *et al.*, 2011）．土壌有機物中によく見られる生体分子としては，糖類，アミノ酸，脂質，有機酸，リグニンなどといった有機化合物が多い．こうした分子は，単体や遊離態で存在するか，あるいは結合態（加水分解等により遊離されうる）または化合物内の一部として存在する．特に土壌中では，糖類やアミノ酸は結合態として存在する割合が大きい．

　こうした生体分子は，植物，土壌動物，微生物などの生物体に直接由来したり，諸々の化学反応などの結果生じる．このうち，特に植物や微生物などにおいて限定的に生成されるものについては，土壌有機物の起源を知る重要な手が

かりともなりうる．

### A．セルロース

セルロース（cellulose）は $\beta$-グルコース（$\beta$-glucose）からなる不溶性の多糖（糖のポリマー）であり（図6.5），新鮮リター中に 10〜50% 程度含まれる（Berg & McClaugherty, 2003）．特に植物体の細胞壁に多く含まれ，植物の繊維質を構成する主成分である．セルロースは土壌中で多くの細菌類や菌類種が放出する細胞外酵素により主に分解されるが，このうち特に菌類の白色腐朽菌および褐色腐朽菌による分解についてはよく知られている．

### B．ヘミセルロース

ヘミセルロース（hemicellulose）は，キシロースやアラビノースなどのグルコース以外の糖からなる直鎖状ないしは分枝状の不溶性ポリマーである．セルロースと同様に植物体細胞壁中に多く含まれ，葉リターではおよそ 30〜40% を占める（Berg & McClaugherty, 2003）．葉リターのヘミセルロース／セルロース比は概ね 0.7〜1.2 であり，針葉樹で落葉樹より高い傾向にある（Berg & Ekbohm, 1991）．

### C．リグニン

リグニン（lignin）はフェノール性化合物からなる不溶性のポリマーで（図

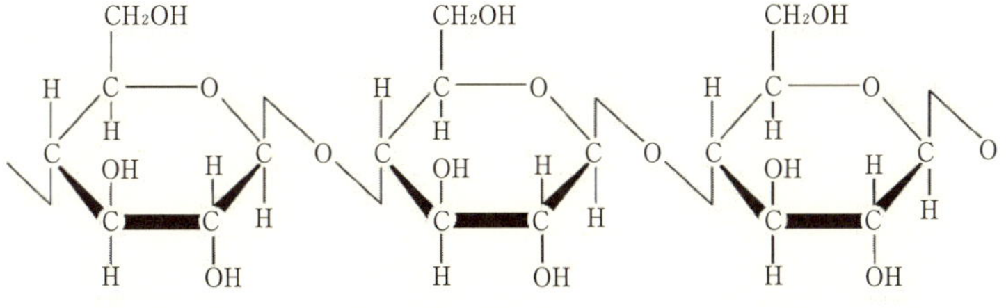

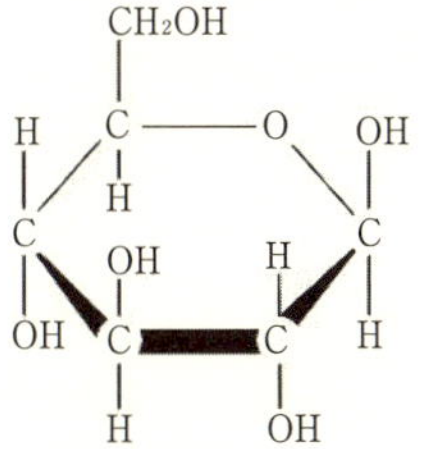

図6.5 セルロースの基本構造（上），およびその構造単位となっている $\beta$-グルコースの構造（下）

## 第6章 土壌有機物の特性と機能

6.6)，新鮮リター中に 15～40％ 程度含まれており（Berg & McClaugherty, 2003)，植物体の木化に関与している．土壌中の有機化合物の中では比較的難分解な物質とされている．一部の菌類，特に白色腐朽菌をはじめとする糸状菌類は，これを細胞外酵素により効果的に分解することが可能である．

　土壌有機物中のリグニンは，酸化銅（CuO）を用いた酸化によってより詳細に構成成分や構造を推定することが可能である（Hedges *et al.*, 1988)．たとえば，土壌有機物の CuO 酸化によりシリンギルフェノール（syringyl phenols）が生成された場合は，被子植物に見られるシリンギルフェニルプロパノイド（syringyl phenylpropanoid）がリグニンに含まれていることがわかる．

### D．キチン

　キチン（chitin）は *N*-アセチルグルコサミンのポリマーを主成分とし，タン

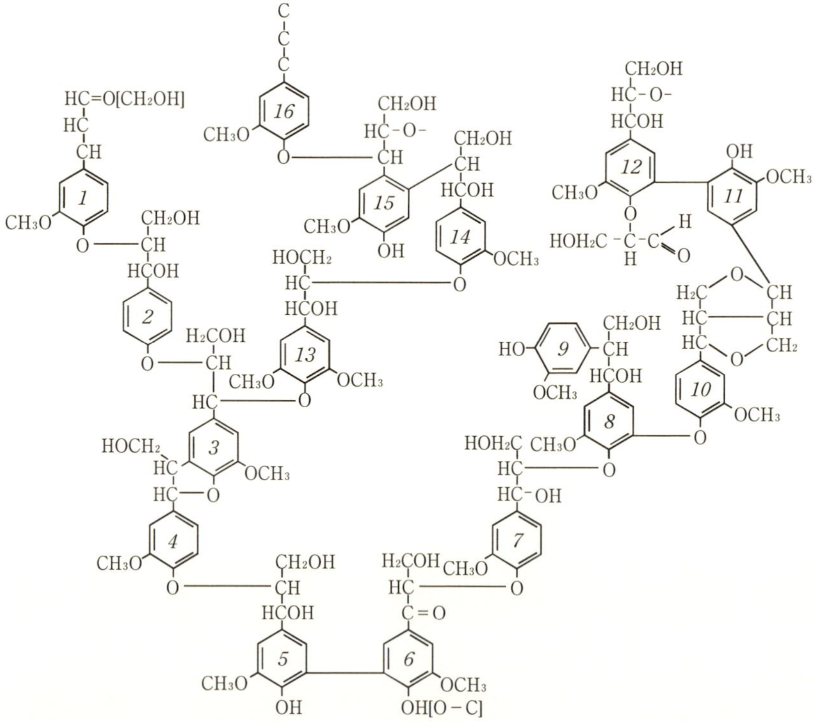

図 6.6　リグニンの一種であるトウヒリグニンの構造モデル（Kögel-Knabner, 2002）

パク質などとともに構成される糖タンパク質複合体である．キチンは，節足動物をはじめさまざまな動物の体表や菌類の細胞壁を構成する物質で，比較的分解されにくい．

E. 糖

単糖や二単糖などの糖類（sugar）は，エネルギー源として土壌微生物などに利用されやすいため，森林土壌中に遊離した状態ではあまり認められない．しかし，リターや土壌有機物を強酸で加水分解すると糖類が多量に確認され，多糖（前出のセルロース，ヘミセルロースを含む），糖タンパク質（前出のキチンを含む），糖アルコールなど，さまざまな結合態として糖が多量に含まれていることがわかる．リターや土壌有機物の加水分解により認められる中性糖（neutral sugar）としては，五炭糖のキシロース（xylose）（図6.7a）やアラビノース（arabinose），そして六単糖のグルコース（セルロースの構成糖），ガラクトース（galactose）（図6.7b），マンノース（mannnose）などがある（Glaser et al., 2000）．リターの加水分解によって，中性糖のほかにアミノ基を伴ったアミノ糖（amino sugar）も得られるが，アミノ糖は植物体においてほとんど合成されないため，新鮮リター中の濃度は中性糖ほど高くない．しかしアミノ糖には微生物の細胞壁の構成要素となっているものが多く，土壌微生物も多量に合成するため，リター中では分解に伴いアミノ糖の濃度が高まる．それゆえ，アミノ糖は土壌有機物中における微生物体の痕跡を示すバイオマーカーとしてもしばしば用いられる（詳細は後述の6.4.2項を参照のこと）．土壌有機物中の主要なアミノ糖としてはグルコサミン（glucosamine）（図6.7c），ガラクトサミン（galactosamine）があり，ほかにマンノサミン（mannosamine），ムラミン酸（muramic acid）などがある（Guggenberger et al., 1999; Amelung et al., 2008）．

F. アミノ酸・タンパク質

アミノ酸（amino acid）は，植物の必須元素である窒素を含み，土壌有機物中に多く認められる窒素化合物である．アミノ酸は，土壌中に遊離態でも認められるが，圧倒的に結合態として認められるものが多い．土壌溶液中においても遊離態のものが少なく，ある森林の研究例では，土壌溶液中に遊離態として認められるアミノ酸は，総アミノ酸の1割かそれ以下であり，ほとんどは結

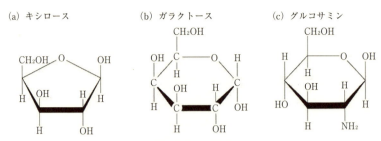

図 6.7　土壌中に見られるさまざまな単糖
(a) 五炭糖のキシロース，(b) 六炭糖のガラクトース，(c) アミノ糖のグルコサミン.

合態として存在していたとされる（Yu *et al.*, 2002）．一方，土壌有機物中に結合態として存在するアミノ酸化合物は，必ずしもアミノ酸同士のみで構成する純粋なタンパク質（protein）として存在するとは限らず，さまざまな有機化合物との複合体となっているものも少なくないと考えられる．

　森林の表層土壌では，全窒素のおよそ 6 割がアミノ酸態またはアミノ糖態の窒素であるが（Hobara *et al.*, 2014），土壌深部の $^{14}$C 年代の古い土壌有機物ではその割合は大きく減少し（Calderoni & Schnitzer, 1984；保原，未発表），時間とともにアミノ酸態，アミノ糖態以外の窒素化合物へと変化していくものと考えられる．アミノ酸態窒素は土壌中において無機態窒素の前駆体物質として知られているが，環境によっては窒素栄養源として直接植物によって吸収されうることも知られている（詳細は後述の 6.5.2 項を参照のこと）．そのため，アミノ酸態窒素は植物栄養的な観点からも注目されている．アミノ酸は，新鮮なリターよりも半年から数年分解を経たリターで数倍高い濃度を示し，土壌中の細菌体などではさらに数倍高い濃度を示すことがある（Hobara *et al.*, 2014）．

## G. 脂　質

　土壌有機物中には，生物の細胞膜などに由来するさまざまな脂質（lipid）が含まれ，脂質の種類によって分解のされやすさ，土壌有機物中での残りやすさが異なる．分解の進んだ土壌有機物中では，脂質の多くは微生物に由来すると考えられる．リン脂質脂肪酸（PLFA：phospholipid fatty acid）は生物の重要な膜構造であり，近年特定の微生物グループが有するリン脂質脂肪酸を利用して土壌有機物中の微生物群集構造を明らかにする PLFA 分析法が広まっている．これにより，土壌中の微生物群集の構成などを推定することが可能である．

## H. その他

上記以外にも，生物体において認められるさまざまな生体分子が土壌中において存在する．スベリン（suberin）は，植物が生成するコルクの主要構成成分の1つで，林木では根や樹皮などにも特に含まれる物質である．

植物根から滲出するさまざまな有機酸（organic acid）は，特に土壌有機物の低分子溶存性有機物において重要な成分となりうるほか，無機イオンとの相互作用などを通じて植物の養分吸収や有害元素の動態などに関与している（平舘，1999）．核酸（nucleic acid）も土壌有機物中に確認され，RNAよりもDNAの方が多く見受けられ，これらは土壌に吸着されやすい．土壌から抽出されたDNAは，土壌微生物の群集構造の解析などに用いることが可能である（詳細は第5章を参照されたい）．

植物炭化物も土壌有機物を構成する重要な要素である．森林火災の多い北方林や野火のある草原地帯などでは，土壌有機炭素の半分近くを炭化物が示す場合もある．炭化物は芳香族構造を主体としており，他の有機化合物に比べ分解は遅く，長い滞留時間を示す．

## 6.3 土壌有機物が土壌環境にもたらすもの

### 6.3.1 土壌物理的環境への影響

土壌有機物は土壌の物理的環境の形成に寄与している．たとえば，森林土壌ではリターが幾重にも土壌表層を覆い，こうしたリターは表面こそ乾燥しているが，その直下の土壌に適度な水分環境をもたらしている．これは，表面のリターが土壌中の水分の蒸発を防ぐ役割を担っているためである．これにより，リター直下では適度な水分環境が保たれ，土壌動物や土壌微生物によるリターの分解が効果的に進む条件を生み出しやすくなっている．さらに土壌表面を覆うリターは，裸地でよく見られる雨滴の衝撃による土壌表面の密閉や土壌クラスト（土壌皮殻，土膜）形成，それに地表流を減じる効果もある．

土壌有機物に含まれる細菌体生成物や糸状菌体（菌糸），そしてミミズをはじめとする土壌動物の糞や分泌物などは，土壌の孔隙や団粒構造の形成を促す．

第 6 章　土壌有機物の特性と機能

図 6.8　アラスカ北方林の表層の土壌断面
浅いところに永久凍土面が見える．表層に厚く堆積している有機物層（ミズゴケリターを多く含む）が熱を遮断する役割を果たしている（撮影：廣部宗氏）．→口絵 13

孔隙率の上昇に伴い乾性の土壌では通気性も高くなり，根や土壌生物の呼吸などのガス交換が効率化する．さらに，孔隙の増加は土壌中の水の浸透をよりスムーズにするとともに，土壌の保水性を向上させ，結果として土壌の貯水量や容水量の増加をもたらす．しかし，有機物が水分を多く含みすぎると逆に通気性が悪くなることがあり，そのような場合は結果的に根圏への酸素供給などが低下する．また土壌有機物の増加に伴う孔隙の増加と土壌団粒化は，土壌の硬度の低下（土壌の軟らかさ）にも寄与し，根の伸長を容易にする．

土壌有機物は，土壌の温度環境の形成にも影響している．たとえばリター層は高い断熱効果を示し，北方林などにおいては林床に厚く堆積した土壌有機物が熱を遮断し，永久凍土の過度な融解を防ぐ役割を果たしている（図 6.8）．

## 6.3.2　イオン成分動態への影響

土壌有機物は多種多様な官能基をもっているが，その中には周囲の土壌溶液の pH によって帯電するものがあり，その荷電によって土壌中の陽イオンや陰イオンが土壌有機物に吸着保持される．土壌有機物は複雑な立体構造の中にそうした荷電を多数もっているため，土壌中に土壌有機物が多いほど土壌のイオン吸着能が高くなる．土壌有機物はカルボキシ基やフェノール基を多く含み，マイナスに荷電した末端を多くもつため，全体としてマイナスの荷電を示し，

陽イオンを多く引き付ける．したがって，土壌中の有機物含量が大きいほど，土壌の陽イオン交換容量（CEC：cation exchange capacity）は増大する傾向にある．

### 6.3.3　土壌生物の活性への影響

　土壌有機物は，土壌中の従属栄養生物にとって重要なエネルギー源である．土壌有機物はさまざまな元素を含み，多様な土壌有機物は多様な土壌生物群集の幅広い栄養要求性を満たす可能性があり，土壌生物の活性と多様性維持に寄与していると考えられる（Tian *et al*., 2015）．

　また，土壌有機物はこうした土壌生物の活性を高める役割とは逆に，それらの活性を弱める可能性もある．たとえば，土壌有機物中のポリフェノール類には一部の微生物に対して活性を弱める効果を示すものがあり，土壌微生物による有機物の無機化などを減少させる働きが指摘されている（Northup *et al*., 1995）．

## 6.4　土壌有機物の生成：落葉分解と土壌有機物

### 6.4.1　リターの分解

　森林土壌中の有機物は，その多くが樹木のリターを給源としており，それらのさまざまな分解段階のものが存在している．そして，有機物の分解を通じて，植物が吸収可能な養分なども生成される．そのため，落葉の分解プロセスは土壌有機物の成り立ちや性質などを考える上で，そして森林生態系内の物質循環を知る上で，非常に重要である．

　リターは土壌動物や土壌微生物（菌類，細菌類など）の働きによって分解されていく（詳しくは第4章および第5章を参照）．菌類や細菌類は主に細胞外酵素の作用を通してリターを分解し，土壌有機物の無機化や形態変化に深くかかわっている．こうした菌類の細胞外酵素による分解は，土壌の酸性度などに大きく影響を受ける（Fujii *et al*., 2013）．このほか，リターの分解速度は，現地の気温や降水量，水分，気相酸素濃度などの環境条件や，リターに含まれる

有機および無機の成分，そしてリターの量などに大きく影響を受ける（Chapin et al., 2011）．

リターの分解は，一般にリグニンのような比較的反応性の低い化合物が少なく可溶性画分が多い土壌有機物ほど分解が早く進む．さらに，可溶性画分の中でもより分子量の小さいものほど微生物は直接吸収できるため利用されやすい．それゆえ，糖やアミノ酸はセルロースやタンパク質よりも早く代謝される（Chapin et al., 2011）．セルロースやヘミセルロースの多くはリグニンに比べ分解速度が速いため，リター中のリグニン濃度が分解初期に上昇することもある（Berg et al., 1997）．リグニンのような不規則な構造をもった化合物は，セルロースのように規則的な構造を繰り返しもつようなものより酵素の活性部位に適合しにくいことも，分解が遅くなる要因である（Chapin et al., 2011）．白色腐朽菌は木質リター中のリグニンを分解する能力をもちリターを白色化させる一方，褐色腐朽菌はリグニンをあまり減少させることなく，特にセルロースおよびヘミセルロースを分解し，リターを褐色に変色させる．

リター中の窒素は養分として土壌生物に利用されるが，その濃度が高いとしばしばリグニン分解が抑制されることが知られている（Berg & McClaugherty, 2003）．リター中に窒素が多く存在すると，菌類のリグニン分解酵素の形成が抑制され，リグニンが減少しにくくなる．他方，細菌類の働きは窒素濃度が高くてもそれほど影響を受けない（Henriksen & Breland, 1999）．リグニンはリターに含まれる有機化合物の中でも比較的難分解な物質とされる一方で，リグニン単体の平均滞留時間はリグニン比率の小さい土壌有機物総体よりもむしろ短い（Amelung et al., 2008）．土壌有機物の総体はその構成要素となっているリグニンを含むさまざまな有機分子よりも総じて比較的長い滞留時間を示すことから（図6.9）（Schmidt et al., 2011），土壌有機物の質だけではない，物理的な隔離や重金属との結合といった原因が有機物分解を大きく遅らせるのかもしれない．

## 6.4.2　微生物体の寄与

「分解」という語は「分け解す（わけほぐす）」と読めるが，実際の落葉分解は有機物が単に分け解されていく過程だけではない．このことは，落葉分解に

6.4 土壌有機物の生成

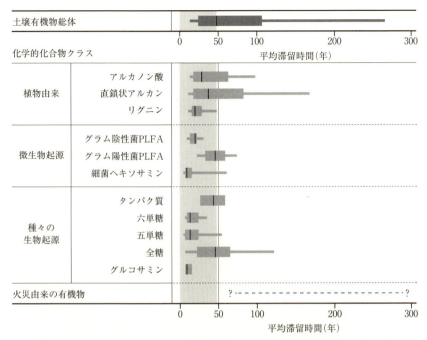

図 6.9 土壌有機物総体および土壌有機物を構成するさまざまな分子構造体に関する平均滞留時間の比較
土壌有機物総体はどの分子構造体よりも長い平均滞留時間を示し，有機物分子構造以外の要因が長期の土壌有機物保存に影響を与えていることを示唆する．(Schmidt et al., 2011 より作成).

おいて見られる「窒素の不動化」と呼ばれる現象を解析するとよくわかる．分解過程ではリター重量は時間とともに減少するが，リター内の窒素の重量は逆に純増する場合がある．これが窒素の不動化と呼ばれる現象である．この時，リター中の窒素の濃度もリターの重量減少とは逆に増加する (Berg et al., 1997)．これは分解の進むリター中において，微生物の働きで無機態窒素が新たに取り込まれていくことによると考えられる．この現象は，落葉分解において有機物が分け解されるのに匹敵する速度で新たな物質の合成が進んでいることを示唆している．そして，微生物体もさらに分解されるなどして，植物体分解物などとともに非生物的な土壌有機物の集合体に取り込まれるものと考えられる（図 6.10）(Miltner et al., 2012)．

リター中の微生物は有機物を無機化するばかりではなく，無機物（窒素であれば，気相中の窒素分子や土壌中に存在するアンモニウム態窒素および硝酸態

## 第6章 土壌有機物の特性と機能

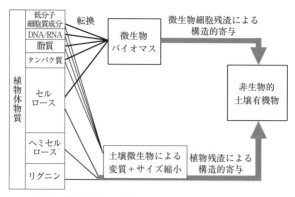

図6.10 土壌中の植物残渣の分解過程における有機炭素の流れに関する概念図
おおもとは植物体物質であっても，微生物により進められる分解過程で微生物体が土壌有機物の構造に寄与する（Miltner *et al.*, 2012 より作成）．

窒素など）を取り込んでさまざまな生体分子を合成することが可能である．リターの分解初期には，落葉中の窒素が増加するにつれ結合態（加水分解性）のアミノ酸およびアミノ糖も同調するように増加し，数年ほど全窒素の増減とこれらの増減は同調する（図6.11）（Hobara *et al.*, 2014）．一般に，図6.11で示しているようなリター中の物質量の場合，リターに生息する，または生息していた微生物体内の物質も一緒に分析され，数値に反映されていることに注意してほしい．微生物体のアミノ酸濃度は植物体よりも数倍高いため，これが分解過程におけるリター中のアミノ酸の推移（図6.11）に影響していると考えられる．

あらゆる生物の生体合成や代謝に重要な役割を果たすアミノ酸に対して，アミノ糖は特定の生物に特徴的に見られやすい生体分子である．植物はほとんどアミノ糖を生成しないため，落葉リター中にアミノ糖はアミノ酸に比べてかなり少ない．しかし，微生物はアミノ糖を細胞壁の主要な構成要素とし，植物に比べ数倍〜数十倍多くもち，リター分解初期のアミノ糖の増加率はアミノ酸のそれを上回る（図6.11）（Hobara *et al.*, 2014）．こうしたことは，窒素の不動化（有機態への取り込み）が微生物による体物質の合成などを通じて効果的に生じていることを示唆する．このようなリターへの窒素の不動化現象は，水域における有機物分解においても認められ（たとえば，Tremblay & Benner, 2006），陸域土壌に限らず微生物がかかわる有機物分解過程における普遍的な

6.4 土壌有機物の生成

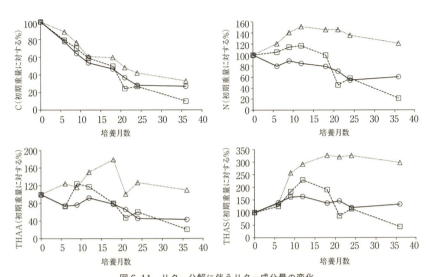

図 6.11 リター分解に伴うリター成分量の変化
ススキ（○），アカマツ（△），ミズナラ（□）のリター分解における炭素（C，左上），窒素（N，右上），加水分解性アミノ酸（THAA，左下），加水分解性アミノ糖（THAS，右下）の推移（Hobara et al., 2014をもとに作成）．それぞれ，初期重量に対する割合（％）で示してある．

特徴と考えられる．

　中性糖もアミノ糖ほどではないが，植物由来と微生物由来のものとで増減傾向が異なり，微生物由来のものが分解とともに多くなる（Möller et al., 2002; Sanaullah et al., 2010）．そのほか，アンモニアが有機物に不動化（固定）される過程として，フェノール基や炭水化物などがアンモニアと反応して結合するといったように有機物中に取り込まれる過程なども考えられている（Nömmik & Vahtras, 1982）．

　リターが落ちて間もない頃は分解とともに窒素濃度が増加するのに対し，炭素濃度は緩やかに低下する傾向にある．窒素は不動化するのに対し，炭素は重量減少に沿う形で多くが二酸化炭素として放出されていくためである．このような対照的な動態の結果として，土壌有機物の炭素と窒素の比，すなわちC/N比は，相対的に窒素の濃度が高まるためリター分解とともに減少していく．

### 6.4.3　葉リターと材リターの分解の違い

　リター分解に関する研究の多くは，葉リターの分解に関するものである．しかし，森林では葉リターばかりでなく，枝や幹などの材リターも多く存在する．材リターは，リターに占める割合は葉リターに比べ小さいものの，長期間にわたり外見を残したまま森林土壌の地表にとどまるなど，葉リターとは異なった特徴を有している．材リターは葉リターに比べると散発的に樹木から供給され，不均一に散在しやすく，分解はかなり遅い傾向にある．

　材リターは，一次細胞壁の内側に二次細胞壁を発達させるなど，組織構造において葉リターと大きく異なっている．含まれる化学成分量は，炭素やリグニン，セルロースについては葉リターとの違いは必ずしも大きくない．一方，窒素，リン，カリウムといった植物の養分となる元素や可溶性有機物の濃度は葉リターに比べ非常に低い（Berg & McClaugherty, 2003）．そのため，材リターのC/N比は葉リターに比べ非常に大きい値を示す．

## 6.5　植物栄養と土壌有機物

　植物の栄養や養分吸収には，土壌有機物が深くかかわっている．ここでは特に，無機養分，有機物の吸収，重金属，の3つの観点から植物栄養上重要な土壌有機物の役割について紹介する．

### 6.5.1　無機態養分の供給源としての土壌有機物

　微生物によって土壌有機物が分解・無機化されると，その産物として植物の成長に必要な無機態養分が供給されてくる．土壌有機物は，先述の通り，窒素，リン，硫黄などといった植物に肝要な元素を数多く含んでいる．そのため，土壌有機物は植物にとって必要な養分の供給源であり，その分解によって植物可給態の養分が生成されていく．

　たとえば，植物の主要な窒素吸収形態である無機態窒素（主にアンモニウム態窒素，硝酸態窒素）は，多くの自然生態系土壌では全窒素の数%を占めるにすぎず，窒素の大部分は有機態として存在する．この無機態窒素の量では，と

## 6.5 植物栄養と土壌有機物

てもその周囲の植物の日々の窒素吸収をまかない続けることはできない．実際には，有機態窒素が無機化されて無機態窒素が日々供給され続けることで，多くの植物は栄養補給を維持することができている．それゆえ，土壌有機物は植物にとって窒素の持続的な給源となっている．土壌の窒素無機化能（どれだけ無機態窒素を生成可能か）は，微生物活性に大きく依存するが，土壌有機物の多い土壌ほど大きくなる傾向がある．Matsumoto et al.（2000a）は，土壌からリン酸緩衝液により抽出される有機態窒素量が，土壌の窒素無機化能と正の相関を示すことを報告している．

このように，土壌では有機態窒素から分解（無機化）を通じて無機態窒素が供給されるが，この起源となる有機態窒素は必ずしも植物リターに直接由来しているとは限らない．6.4.2項でも述べた通り，土壌有機物は微生物体を経たものも多く含んでいる．それゆえ，むしろ微生物に不動化されるなどしてできた有機態窒素が再び無機化され，それが土壌の窒素の主要な給源となっていたという報告もある（Marumoto et al., 1982）．温帯の森林で行われたリターバッグ実験（野外でのリター分解試験）の結果では，新鮮リターの状態から1, 2年でリター中の窒素の半分以上をもともとリターに含まれていない窒素が占め，微生物体に多く含まれているアミノ酸態やアミノ糖態の窒素が増加した（Hobara et al., 2014）．ここでは初期のリターの状態よりも窒素が純増していることから，おそらくリター以外からも窒素が取り込まれたものと思われる．土壌有機物中で無機化に寄与しうる微生物体量（バイオマス）の評価には，土壌をクロロホルム燻蒸してそこから抽出される有機態窒素を測定する手法（Jenkinson & Powlson, 1976）がしばしば用いられる．

### 6.5.2 有機態窒素の吸収

古くから植物の栄養は無機養分に依存すると考えられてきたが，近年になって土壌有機物の植物栄養上の直接的な重要性が示唆されてきている．すなわち，土壌有機物中の養分を植物がそのまま利用できる可能性が示されている．たとえば，森林やツンドラの生態系における植物の中には，菌根共生がない条件でもアミノ酸を主要な窒素養分として吸収できるものがあることが報告されている（Chapin et al., 1993；Näsholm et al., 1998；Kielland et al., 2006）．また，土

壌中のアミノ酸が微生物により代謝変換され，その代謝断片の有機物が植物に吸収されている可能性も示唆されている（Moran-Zuloaga et al., 2015）．さらに，アミノ酸のみならず，より大きなタンパク質も植物に窒素源として吸収されることも示唆されている（Paungfoo-Lonhienne et al., 2008；Rasmussen et al., 2015）．ただ，先述の通り実際の土壌中では特定の生体分子が単体として多く存在するというよりは，むしろ実体の定まらない多様な物質の集合体として土壌有機物が存在していると考えられる．では，このように幅広い形態を示す土壌有機物を，植物は本当に吸収できるのであろうか．これまでに，土壌抽出液中に存在する不定形の有機物群のうち，9,000 Da（ダルトン）ほどの有機物が直接植物により吸収されることを示す研究例も報告されている（Matsumoto et al., 2000b；Yoshida et al., 2012）．こうした研究結果は，特定の生物代謝物質に限らず，さまざまな土壌有機物が直接植物に吸収されている可能性を示唆する．

### 6.5.3 重金属とのキレート

　土壌有機物は，特に可溶性のものは重金属類とキレートを形成する能力が高い．そのため，土壌鉱物中に含まれる溶解度の低い微量な重金属類であっても，土壌有機物とキレート結合することによって鉱物表面などから可溶化され，一部は植物に吸収されやすくなる．重金属は，イオン態では植物の生育阻害を示す場合が多いが，有機物にキレートされることにより阻害作用が著しく低減されやすい．そのため，酸性土壌において植物に有害となりやすいアルミニウムも土壌中の有機物と結合することで，その有害性が緩和されうる（Hiradate & Yamaguchi, 2003）．

## 6.6　土壌有機物と鉱物の相互作用

　土壌有機物は土壌鉱物と強く結び付く性質があり，この性質は微生物による有機物分解に耐性を示すことを通じて土壌有機物の土壌への安定化と長期的な保存に大きく寄与している．この強い結び付きは，土壌有機物の土壌鉱物表面への吸着作用による部分が大きい．土壌有機物が吸着作用をよく示す土壌鉱物

## 6.6 土壌有機物と鉱物の相互作用

としては,アロフェン,イモゴライト,そして非晶質のアルミニウムおよび鉄の酸化物などがよく知られている.酸性土壌中でよく見られる有機物の吸着反応は,土壌有機物がもつカルボキシ基やフェノール基などの官能基と土壌鉱物表面のアルミニウムや鉄の酸化物との結合によるものである.特に分子量の大きい有機物では,土壌有機物と鉱物の結合箇所は1つに限られず,1つの巨大分子に結合箇所が複数存在する場合もある(Kaiser *et al.*, 1997).こうした土壌有機物の鉱物への吸着は,長期の風化によって酸性度が低くなった土壌において大きい傾向にある(Wagai & Mayer, 2007;Hobara *et al.*, 2016).火山灰または火山放出物は,地上の酸化的環境条件下で水と反応して活性な表面水酸基を容易に配置できるため,有機物の吸着能が非常に高い.有機物を多く蓄積した黒ボク土が,火山灰に由来しているのはそのためである(詳細は第3章を参照されたい).

土壌有機物の鉱物への吸着は,森林土壌中の鉛直的な有機物動態に大きく影響している.図6.12に,森林土壌における溶存態有機炭素(DOC:dissolved organic carbon)の鉛直動態を示す(Guggenberger & Kaiser, 2003).森林土壌では,表層の有機物層がDOCの大きな供給源となっており,その一部は微生物分解などを経て二酸化炭素として大気中に放出されるが,多くは有機物層から土壌溶液を通じて溶脱して下層の鉱質土層へともたらされる.有機物層から鉱質土層へもたらされるDOC量は全リターの10〜25%ほどの量に匹敵し,

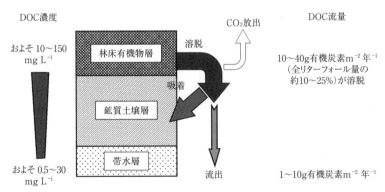

図6.12 森林土壌における溶存態有機炭素(DOC)動態の模式図
Guggenberger & Kaiser (2003) をもとに作成.

そのうちの一部がさらに深層の帯水層へともたらされるが，残りのDOCの大部分は鉱質土壌層で吸着などにより保持される（図6.12）．

土壌中のDOCの吸着作用には，土壌に応じてその限界量となる吸着容量（sorption capacity）がある．この吸着容量は，土壌層位としてはA層やC層よりも，B層で大きくなる場合が多い．これは，A層ではすでに有機物が多量に吸着しているためであり，C層では吸着を示すサイトが未発達なためである（Kaiser *et al.*, 1996）．DOCの吸着のような現象は，鉱物粒子の少ない有機物層（O層）でも生じている．北方の生態系で見られる厚い有機物層にはAlやFeが一定量含まれており，DOCの吸着と土壌炭素の保持および蓄積に密接にかかわっている（Hobara *et al.*, 2013）．

土壌鉱物と結び付いた土壌有機物ほど比重の大きい土壌となりやすい．土壌鉱物と結び付きやすい有機物は比較的分解の進んだものが多く，比重の大きい土壌の有機物ほど微生物由来の有機物を多く含むと考えられる（Wagai *et al.*, 2008）．また，粘土含量が高い土壌で団粒が形成されると，そこに含まれる有機物が物理的に隔離され，結果として分解酵素や分解者を有機物から遠ざけてしまうことも生じる．こうした物理的な隔絶は，有機物の分解や無機化に対する耐性，そして土壌有機物の長期的蓄積に影響すると考えられる（Schmidt *et al.*, 2011）．

## 6.7　森林の外とつながる土壌有機物

これまで紹介したように，土壌有機物は森林生態系内のさまざまな物質循環プロセスにおいて重要な役割を担っているが，系外においてもさまざまな役割を果たす．それは，周辺の下流域におけるものから地球規模のものまで非常に幅広い．ここでは，そうした森林にとどまらない土壌有機物の重要性について紹介する．

### 6.7.1　地球規模の炭素循環と土壌有機物

地球表層上の炭素は，陸域，大気，海洋のコンパートメントを行き来して循環している．陸域生態系は主に植物と土壌からなるが，先述の通り，地球規模

6.7 森林の外とつながる土壌有機物

で見ると，土壌は，植物体や大気以上に多くの炭素を主に土壌有機物という形で蓄積させている（表6.1）．そのため，土壌有機物の蓄積や動態は地球規模の炭素循環や二酸化炭素の隔離（sequestration）に大きな影響を与える可能性がある．それゆえ，土壌有機物の現状を把握するのみならず，今後の挙動を予測していくことが重要である．

### A. 炭素蓄積速度とそれを変える要因と予測

　土壌炭素の蓄積は，陸域生態系内のさまざまな炭素プロセスの結果である．そのため，土壌有機物の蓄積に関する研究は進んできているものの，未だに不明な点は多く残る．たとえば，土壌有機物は土壌深層では数千年レベルの$^{14}$C年代を示すが（表6.2），なぜこれほど長期間残っていられるのかといったことなどもまだ明確になっていない．

　土壌有機物を通じた土壌への正味の炭素蓄積速度は，土壌へ炭素が流入する速度と，土壌から炭素が放出される速度の差により決まる．このうち，主な炭素流入は土壌へのリター供給であり，主な炭素放出は土壌有機物の分解に伴う二酸化炭素放出である．土壌への炭素流入量は植物の一次生産に大きく影響を受け，一方で土壌からの炭素放出量は有機物を含む土壌環境とそれに適応した微生物の活性に大きく依存する．双方がさまざまな要因に応じて変動しうるため，それらの要因やプロセスを検討し，炭素循環のモデル化やその検証を繰り

表6.2　ヨーロッパ，オーストラリア，イスラエル，チュニジア，スーダン，アルゼンチンで採取したさまざまな土壌目および土壌深度の土壌有機物における放射性炭素年代（BP年*）の平均

*BP年とは，年代測定における年代の表記単位で，放射性炭素（$^{14}$C）年代の場合は1950年を基点としてその何年前であるかを指す．Scharpenseel *et al.*, (1989) のデータをもとに作成．

| 土壌目 | 数 | 20 cm | 50 cm | 100 cm |
|---|---|---|---|---|
| | | | BP年（平均） | |
| Alfisol | 13 | 960 | 2,400 | 4,800 |
| Inceptisol | 16 | 920 | 1,000 | 1,160 |
| Mollisol | 47 | 1,240 | 2,700 | 5,150 |
| Spodosol | 9 | 1,430 | 1,680 | 2,100 |
| Vertisol | 44 | 410 | 1,620 | 3,650 |

## 第6章　土壌有機物の特性と機能

返すことにより，将来的な土壌炭素蓄積の見通しを立てることが可能となる．

### B. 現在予想されていること

　環境変動が土壌有機物に及ぼす影響については，不確実性が大きいもののさまざまなことが予想されてきている．たとえば陸域生態系では，大気二酸化炭素濃度の上昇によりまず植物による二酸化炭素吸収が促進される．そのため，陸域生態系の炭素固定（光合成）および一次生産が増加し，結果としてリターの増加と土壌への炭素流入増加が見込まれる（IPCC, 2013）．一方で土壌からの放出については，森林などのフィールドでの温暖化操作実験の結果から，温度上昇は土壌有機物の分解（無機化）を促進し，土壌有機物からの養分の放出，さらには一次生産のさらなる増加をも導くとされる（Melillo *et al.*, 2002; Conant *et al.*, 2011）．また，永久凍土地帯の土壌は土壌有機物を豊富に含んでいるが（Zimov *et al.*, 2006; Ping *et al.*, 2008），将来的に地球温暖化により永久凍土が融けてきた場合，凍土中に蓄積・隔離されていた土壌有機物が分解に曝される可能性がある．そのため，そうした永久凍土中の炭素の分解（および放出）は，気候変動により見込まれる陸上への（一次生産増加を通じた）炭素流入量の増加を相殺するかもしれない（IPCC, 2013）．このほか，環境変動と土壌有機物の関連について今後予想されることや未解明なことなどを，以下にキーワードに分けて紹介する．

*フィードバック*

　陸域は大気そして海洋と炭素循環を通じて連関している．それゆえ，気候変動による土壌の変化は再び気候変動要因である大気や海洋の変化へとつながり，再び土壌に影響を及ぼしうる．このように，ある原因によって生じた変化が再びその原因に影響し，この影響を受けた原因が再び変化をもたらすプロセスをフィードバック（feedback）と呼ぶ．フィードバックは，たとえ一度の変化が小さい場合でも，フィードバックを繰り返すたびに変化が増幅されうる．そのため，気候変動が土壌に与える影響がたとえ小さくとも，大気や海洋を通じてフィードバックし，その影響が増幅される可能性がある．こうしたフィードバック効果により，気候変動から生じた土壌の変化が簡単にもとに戻りにくくなるといった不可逆性が生じうる．

## 植生と土壌炭素

　土壌中の炭素の分布や蓄積量には植生間差があり，植生の変化による土壌炭素蓄積量の変化が予想されている（Jobbágy & Jackson, 2000）．樹木は比較的長い滞留時間をもつ炭素を土壌へ供給するため，他の生物圏（たとえば，草地やサバンナ）へ樹木が侵入すると土壌炭素が増加することが予想されるが，実際には草地への森林植物の侵入により土壌炭素は減少することが多い（Jackson *et al.*, 2002）．これは，森林植生の侵入により土壌が乾燥化し，それが結果として無機化と炭素放出を促進することが原因と見られるが，依然不明な点が多い．

## 土壌深部の有機物

　土壌の深層には，表層より少ないながらも土壌有機物が存在している．土壌深層に蓄積する有機物は，表層に比べ古い $^{14}$C 年代を示すことが多く，滞留時間が長いことが示唆されている（表6.2）（Scharpenseel *et al.*, 1989）．これには，深層土壌の土壌有機物ほど若い炭素が混入しにくいことや，鉱物との結び付きが強いことが関係していると考えられる．また，深層土壌は気相の酸素が欠乏しやすいなど，表層土壌とはさまざまな環境が異なるため，そこに生きる微生物群集も表層と大きく異なる可能性がある．さらに，表層土壌での主要な炭素供給源は落葉落枝であるのに対し，深層土壌では根リターである（Rasse *et al.*, 2005）など，深層土壌はこれまで多くの研究がなされてきた表層土壌とは異なった側面を多分に有している．しかしながら，深層における土壌有機物の挙動やその生態系に及ぼす機能はほとんど評価されていない．地下に埋没した土壌は，自然の地形変化や人為的な土地利用改変などにより今後地表へ曝される可能性がある．その影響を評価する上で，地下の埋没土壌の特性をより詳細に把握する必要がある．

　日本の森林土壌では，しばしば深部に黒ボク土が埋没して見られることがある（図6.13）．こうした黒ボク土は，たいてい後から降った火山灰によって覆われ，埋没したものである（第3章参照）．このような埋没黒ボク土に関しても，記載的な研究はなされてきたが，動態や機能に関することはあまりわかっていない．埋没黒ボク土には植物根も多く見られ，養分が循環している可能性が示唆される．また，たいてい埋没黒ボク土は表層に比べ水分を多く含み，深

第6章　土壌有機物の特性と機能

図6.13　埋没した黒ボク土（矢印で示した黒い層位）を含んだ土壌断面
数百～数千年前に降灰した複数の火山灰層の中に，黒色で有機質な土壌が見られる（北大苫小牧研究林内にて撮影）．

層における特徴的な微生物作用を暗示する．それゆえ，埋没黒ボク土は炭素蓄積場所として重要であるのみならず，深層の土壌有機物の未解明な機能や挙動を探る上で有用でもある．

## 6.7.2　森林と河川・海洋をつなげる土壌有機物

森林の土壌有機物の一部は粒子態の有機物（POM：particulate organic matter）や溶存態の有機物（DOM：dissolved organic matter）として，土壌溶液，湧水，地下水，渓流水を通じて森林外へと運ばれ，さらに一部は湖沼，海洋にまで達する．DOMを通じて陸域から海洋へ輸送される炭素は年間25 Tg（Tg$=10^{12}$ g）にのぼるとされる（Opsahl *et al.*, 1999）．リグニンは，湖沼や海洋のDOMにおいて陸域起源有機物を追跡するための有効な手段（バイオマーカー）となっている（Hedges *et al.*, 1997；Laskov *et al.*, 2002；Yamashita *et al.*,

2015).先述の通り，土壌有機物は養分となる元素を多く含んでいるほか，微生物のエネルギーともなりうる．そのため，森林から下流へ供給される有機物はその下流生態系の生物や物質動態，さらには生物生産に影響を与える可能性がある．それゆえ，森林土壌における溶存性の有機物の動態や溶脱は森林内のみならず森林外の系にとっても重要である．

陸域由来のDOMは，海洋中のDOMと比較すると比較的短い平均滞留時間をもち（Opsahl & Benner, 1997），エネルギーおよび栄養塩の供給を通じて特に沿岸域におけるプランクトンの増殖および生産性に寄与していると考えられる．他方で，湖沼堆積物中などにおいてリグニンを含んだ構造が長期保存されていた例などもある（Ishiwatari & Uzaki, 1987）．

近年，永久凍土の融解により生じたDOMが水域や海洋へ流出する影響が示唆されているが，鉱質土層はそのようなDOMの流出を，土壌有機物の吸着機能（6.6節参照）を通じてコントロールしている（Kawahigashi *et al.*, 2006）．陸域由来の炭素は，たとえば北極海の例では概ね若い年齢を示すとされており，長い期間土壌に蓄積された炭素はあまり海洋へ影響していないようだ（Benner *et al.*, 2004）．

森林などの陸域から海洋などへの有機物供給が重要となるもう1つの理由は，これらの有機物動態に鉄などの金属類が伴うためである．土壌溶液中の溶存態有機物は，鉄などとキレートを形成して挙動をともにしやすい．鉄は，海洋プランクトンの硝酸還元酵素や光合成色素の合成に関与し，海洋においてしばしば一次生産を制限する重要な元素である（武田，2007）．そのため，陸域から有機物とともに海洋にもたらされる鉄は，海洋の生産性に大きな影響を与えていると考えられる．

このように，一見つながりの薄いように見える森林と海洋も，実際には土壌有機物を通じて重要なつながりをもっていることがわかる．

# おわりに

土壌中の有機物は見た目こそ地味で動きのないもののように映るが，これまで紹介してきたように，実際には非常に多様なものから成り立ち，さまざまな

## 第6章　土壌有機物の特性と機能

動的可能性を秘めている．そして，土壌有機物は生態系においてさまざまな重要な役割を果たしているのみならず，系外や地球全体の環境にとっても大きな影響を及ぼしうる存在であることがおわかりいただけただろうか．

冒頭で述べた通り，日本は黒ボク土に代表されるように土壌有機物の豊富な土壌を多く有している．しかし黒ボク土のような土壌は，実は世界的には非常にマイナーな土壌であり，火山灰土壌でさえ地表の数％しか覆っていない．それゆえに，こうした恵まれた環境をうまく利用して，土壌有機物の新しい側面を見い出す研究が，日本から世界に向けて発信されていくことを大いに期待したい．

## 参考文献

Bot, A., Bentites, J. (2005) *The importance of soil organic matter*. FAO Soil Bulletin 80, FAO of United Nations, Rome.

Schlesinger, W.H., Bernhardt, E.S. (2013) *Biogeochemistry: An Analysis of Global Change*. 3rd ed. Academic Press.

## 引用文献

Amelung, W., Brodowski, S. *et al.* (2008) Combining biomarker with stable isotope analyses for assessing the transformation and turnover of soil organic matter. *Adv Agron*, **100**, 155-250.

Benner, R., Benitez-Nelson, B. *et al.* (2004) Export of young terrigenous dissolved organic carbon from rivers to the Arctic Ocean. *Geophys Res Lett*, **31**, L05305.

Berg, B., Ekbohm, G. (1991) Litter mass loss rates and decomposition patterns in some needle and leaf litter types: Long-term decomposition in a Scots pine forest VII. *Can J Bot*, **69**, 1449-1456.

Berg, B., McClaugherty, C. (2003) *Plant litter: Decomposition, humus formation, carbon sequestration*. Springer-Verlag, Berlin Heidelberg.（大園享司 訳（2004）．森林生態系の落葉分解と腐食形成．シュプリンガーフェアラーク東京）

Berg, B., McClaugherty, C., Johansson, M.B. (1997) Chemical changes in decomposing plant litter can be systemized with respect to the litter's initial chemical composition. *Dept For Ecol For Soil, Swed Univ Agric Sci Rep*, **74**, 85.

Calderoni, G., Schnitzer, M. (1984) Nitrogen distribution as a function of radiocarbon age in Paleosol humic acids. *Org Geochem*, **5**, 203-209.

Chapin III, F.S., Matson, P.A., Vitousek, P. (2011) *Principles of terrestrial ecosystem ecology. 2nd ed.* Springer-Verlag, New York.

Chapin, F.S., Moilanen, L., Kielland, K. (1993) Preferential use of organic nitrogen for growth by a non-mycorrhizal arctic sedge. *Nature*, **361**, 150-153.

Conant, R.T., Ryan, M.G. *et al.* (2011) Temperature and soil organic matter decomposition rates - synthesis of current knowledge and a way forward. *Glob Chang Biol*, **17**: 3392–3404.

Fujii, K., Uemura, M. *et al.* (2013) Environmental control of lignin peroxidase, manganese peroxidase, and laccase activities in forest floor layers in humid Asia. *Soil Biol Biochem*, **57**, 109–115.

Glaser, B., Turrión, M-B. *et al.* (2000) Soil organic matter quantity and quality in mountain soils of the Alay Range, Kyrgyzia, affected by land use change. *Biol Fertil Soils*, **31**, 407–413.

Guggenberger, G., Frey, S.D. *et al.* (1999) Bacterial and fungal cell wall residues in conventional and no-tillage agroecosystems. *Soil Sci Soc Am J*, **63**, 1188–1198.

Guggenberger, G., Kaiser, K. (2003) Dissolved organic matter in soil: Challenging the paradigm of sorptive preservation. *Geoderma*, **113**, 293–310.

Hedges, J.I., Blanchette, R.A. *et al.* (1988) Effects of fungal degradation on the CuO oxidation products of lignin: A controlled laboratory study. *Geochim Cosmochim Acta*, **52**, 2717–2726.

Hedges, J.I., Keil, R., Benner, R. (1997) What happens to terrestrial organic matter in the ocean? *Org Geochem*, **27**, 195–212.

Hedges, J.I., Oades, M. (1997) Comparative organic geochemistries of soils and marine sediments. *Org Geochem*, **27**: 319–361.

Henriksen, T.M., Breland, T.A. (1999) Nitrogen availability effects on carbon mineralization, fungal and bacterial growth, and enzyme activities during decomposition of wheat straw in soil. *Soil Biol Biochem*, **31**, 1121–1134.

Highley, T.L. (1987) Changes in chemical components of hardwood and softwood by brown-rot fungi. *Material und Organismen*, **21**: 39–45.

平舘俊太郎（1999）根から分泌される有機酸と土壌の相互作用．化学と生物，**37**, 454–459.

Hiradate, S., Hirai, H., Hashimoto, H. (2006) Characterization of allophanic Andisols by solid-state $^{13}C$, $^{27}Al$, and $^{29}Si$: NMR and by C stable isotope ratio, $\delta^{13}C$. *Geoderma*, **136**, 696–707.

Hiradate, S., Nakadai, T. *et al.* (2004) Carbon source of humic substances in some Japanese volcanic ash soils determined by carbon stable isotopic ratio, $\delta^{13}C$. *Geoderma*, **119**, 133–141.

Hiradate, S., Yamaguchi, N.U. (2003) Chemical species of Al reacting with soil humic acids. *J Inorg Biochem*, **97**, 26–31.

Hobara, S., Koba, K. *et al.* (2013) Geochemical influences on solubility of soil organic carbon in arctic tundra ecosystems. *Soil Sci Soc Am J*, **77**, 473–481.

Hobara, S., Kushida, K. *et al.* (2016) Relationships among pH, minerals, and carbon in soils from tundra to boreal forest across Alaska. *Ecosystems*, **19**, 1092–1103.

Hobara, S., Osono, T. *et al.* (2014) The roles of microorganisms in litter decomposition and soil formation. *Biogeochemistry*, **118**, 471–486.

IPCC (2013) Summary for Policymakers. In: *Climate Change 2013: The Physical Science Basis. Contribution of Working Group I to the Fifth Assessment Report of the Intergovernmental Panel on Climate Change.* (eds. Stocker, T.F., Qin, D. *et al.*) Cambridge University Press, Cambridge, United Kingdom and New York, NY, USA.

Ishiwatari, R., Uzaki, M. (1987) Diagenetic changes of lignin compounds in more than 0.6 million-year-old lacustrine sediment (Lake Biwa, Japan). *Geochim Cosmochim Acta*, **51**, 321–328.

## 第6章 土壌有機物の特性と機能

Jackson, R.B., Banner, J.L. *et al.* (2002) Ecosystem carbon loss with woody plant invasion of grasslands. *Nature*, **418**, 623-626.

Jenkinson, D.S., Powlson, D.S. (1976) The effects of biocidal treatments on metabolism in soil - I. Fumigacion with chloroform. *Soil Biol Biochem*, **8**, 167-177.

Jobbágy, E.G., Jackson, R.B. (2000) The vertical distribution of soil organic carbon and its relation to climate and vegetation. *Ecol Appl*, **10**, 423-436.

Kaiser, K., Guggenberger, G., Zech, W. (1996) Sorption of DOM and DOM fractions to forest soils. *Geoderma*, **74**, 281-303.

Kaiser, K., Guggenberger, G. *et al.* (1997) Dissolved organic matter sorption on subsoils and minerals studied by $^{13}$C-NMR and DRIFT spectroscopy. *Eur J Soil Sci*, **48**, 301-310.

Kawahigashi, M., Kaiser, K. *et al.* (2006) Sorption of dissolved organic matter by mineral soils of the Siberian forest tundra. *Glob Chang Biol*, **12**, 1868-1877.

Kielland, K., McFarland, J., Olson, K. (2006) Amino acid uptake in deciduous and coniferous taiga ecosystems. *Plant Soil*, **288**, 297-307.

Kögel-Knabner, I. (2002) The macromokcular organic composition of plant and microbial residues as inputs to soli organic matter. *Soli Biol Biochem* **34**, 139-162.

Kögel-Knabner, I., Zech, W., Hatcher, P.G. (1988) Chemical composition of the organic matter in forest soils: The hums layer. *J Plant Nutr Soil Sci*, **151**, 331-340.

Kononova, M.M. (1966) *Soil Organic Matter*. Elsevier.（菅野一郎・久馬一剛 他訳（1976）土壌有機物．新科学文献刊行会）

Laskov, C., Amelung. W., Peiffer, S. (2002) Organic matter preservation in the sediment of an acidic mining lake. *Environ Sci Technol*, **36**, 4216-4223.

Lehmann, J., Kleber, M. (2015) The contentious nature of soil organic matter. *Nature*, **528**, 60-68.

Marumoto, T., Anderson, J.P.E., Domsch, K.H. (1982) Decomposition of 14C and 15N-labelled microbial cells in soil. *Soil Biol Biochem*, **14**, 461-467.

Matsumoto, S., Ae, N., Yamagata, M. (2000a) Extraction of mineralizable organic nitrogen from soils by a neutral phosphate buffer solution. *Soil Biol Biochem*, **32**, 1293-1299.

Matsumoto, S., Ae, N., Yamagata, M. (2000b) Possible direct uptake of organic nitrogen from soil by chingensai (*Brassica campestris* L.) and carrot (*Daucus carota* L.). *Soil Biol Biochem*, **32**, 1301-1310.

Melillo, J.M., Steudler, P.A. *et al.* (2002) Soil warming and carbon-cycle feedbacks to the climate system. *Science*, **298**, 2173-2176.

Miltner, A., Bombach, P. *et al.* (2012) SOM genesis: Microbial biomass as a significant source. *Biogeochemistry*, **111**, 41-55.

Möller, A., Kaiser., K, Zech, W. (2002) Lignin, carbohydrate, and amino sugar distribution and transformation in the tropical highland soils of northern Thailand under cabbage cultivation, Pinus reforestation, secondary forest, and primary forest. *Aust J Soil Res*, **40**, 977-998.

Moran-Zuloaga. D., Dippold, M. *et al.* (2015) Organic nitrogen uptake by plants: reevaluation by positionspecific labeling of amino acids. *Biogeochemistry*, **125**, 359-374.

Näsholm, T., Ekblad, A. *et al.* (1998) Boreal forest plants take up organic nitrogen. *Nature*, 392, 914–916.

Nömmik, H., Vahtras, K. (1982) Retention and fixation of ammonium and ammonia in soils. In: *Nitrogen in agricultural soils.* (eds. Stevenson, F.J.) pp 123–171. Agronomy monographs, no 22. Agronomy Society of America, Madison, WI.

Northup, R., Yu, Z. *et al.* (1995) Polyphenol control of nitrogen release from pine litter. *Nature*, 377, 227–229.

Ono, K., Hiradate, S. *et al.* (2013) Fate of organic carbon during decomposition of different litter types in Japan. *Biogeochemistry*, 112, 7–21.

Opsahl, S., Benner, R. (1997) Distribution and cycling of terrigenous dissolved organic matter in the ocean. *Nature*, 386, 480–482.

Opsahl, S., Benner, R., Amon, R.M.W. (1999) Major flux of terrigeous dissolved organic matter through the Arctic Ocean. *Limnol Ocearogr*, 44, 2017–2023.

Osono, T., Takeda, H., Azuma, J.I. (2008) Carbon isotope dynamics during leaf litter decomposition with reference to lignin fractions. *Ecol Res*, 23, 51–55.

Paungfoo-Lonhienne, C., Lonhienne, T.G. *et al.* (2008) Plants can use protein as a nitrogen source without assistance from other organisms. *Proc Natl Acad Sci USA,* 105, 4524–4529.

Ping, C.L., Michaelson, G.J. *et al.* (2008) High stock of soli organic carbon in the North American Arctic region.

Rasmussen, J., Gilroyed, B.H. *et al.* (2015) Protein can be taken up by damaged wheat roots and transported to the stem. *J Plant Biol*, 58, 1–7.

Rasse, D.P., Rumpel, C., Dignac, M-F. (2005) Is soil carbon mostly root carbon? Mechanisms for a specific stabilisation. *Plant Soil*, 269, 341–356.

Rumpel, C., Kögel-Knabner, I. (2011) Deep soil organic matter—a key but poorly understood component of terrestrial C cycle. *Plant Soil*, 338, 143–158.

Sanaullah, M., Chabbi, A. *et al.* (2010) How does plant leaf senescence of grassland species influence decomposition kinetics and litter compounds dynamics? *Nutr Cycl Agroecosys*, 88, 159–171.

Saugier, B., Roy, J., Mooney, H.A. (2001) Estimations of global terrestrial productivity: Converging toward a single number? In: *Terrestrial Global Productivity.* (eds. Roy, J., Saugier, B. *et al.*) pp. 543–577, Academic Press, San Diego, CA.

Scharpenseel, H.W., Becker-Heidmann, P. *et al.* (1989) Bomb-carbon, $^{14}C$ dating and $^{13}C$ measurements as tracers of organic matter dynamics as well as of morphogenetic and turbation processes. *Sci Total Environ*, 81, 99–110.

Schmidt, M.W.I., Torn, M.S. *et al.* (2011) Persistence of soil organic matter as an ecosystem property, *Nature*, 478, 49–56.

Swift, R.S. (1996) Organic matter characterization. In: *Methods of soil analysis Part 3. Chemical Methods.* (eds. Sparks, D.L.) SSSA Book Series no. 5. Soil Science Society of America, Inc., American Society of Agronomy, Inc., Madison, Wisconsin, USA, pp. 1011–1069.

武田重信（2007）鉄による海洋一次生産の制御機構．日本水産学会誌，73, 429–432.

第 6 章　土壌有機物の特性と機能

Tian, J., McCormack, L. *et al.* (2015) Linkages between the soil organic matter fractions and the microbial metabolic functional diversity within a broad-leaved Korean pine forest. *Eur J Soil Biol*, **66**, 57-64.

Tremblay, L., Benner, R. (2006) Microbial contributions to N-immobilization and organic matter preservation in decomposing plant detritus. *Geochim Cosmochim Acta*, **70**, 133-146.

Wagai, R., Mayer, L.M. (2007) Significance of hydrous iron oxides for sorptive stabilization of organic carbon in a range of soils. *Geochim Cosmochim Acta*, **71**, 25-35.

Wagai, R., Mayer, L.M. *et al.* (2008) Climate and parent material controls on organic matter storage in surface soils: A three-pool, density-separation approach. *Geoderma*, **147**, 23-33.

Yamashita, Y., Fichot, C.G. *et al.* (2015) Linkages among fluorescent dissolved organic matter, dissolved amino acids and lignin-derived phenols in a river-influenced ocean margin. *Front Mar Sci*, doi: 10.3389/fmars.2015.00092.

Yoshida, T., Ae, N. *et al.* (2012) Detection of soil organic nitrogen in xylem sap collected from non-mycorrhizal plants using an immunological technique. *Commun Soil Sci Plant Anal*, **43**, 2669-2678.

Yu, Z., Zhang, Q. *et al.* (2002) Contribution of amino compounds to dissolved organic nitrogen in forest soils. *Biogeochemistry*, **61**, 173-198.

Zimov, S.A., Schuur, E.A.G., Chapin III, F.S. (2006) Permafrost and the global carbon budget. *Science*, **312**, 1612-1613.

# 索　引

## 【数字】

¹⁴C 年代 ·················································227
16S リボソーム RNA ·····························155
18S リボソーム RNA ·····························155
2 八面体 ················································77
2 八面体構造 ·········································78
3 八面体 ················································77
3 八面体構造 ·········································78
4 配位 Al ··········································89, 92
4 配位 Si ················································92
6 配位 Al ··········································89, 92

## 【欧文】

Alfisol ···················································53
Alo＋1/2Feo 値 ······································94
Alp/Alo ··················································95
Andisol ·················································52
archaea ···············································151
Aridisol ·················································53
bacteria ··············································151
C/N 比 ··········································221, 222
canopy ···················································3
Carl Woese ········································155
CEC ····················································217
DOC ···········································225, 226
DOM ···················································230
Earth microbiome project ···················178
Entisol ··················································54
Everything is everywhere ············179, 180
fungi ···················································151
Gelisol ··················································51
Histosol ················································51
Inceptisol ··············································53
litter ·······················································3
Mollisol ·················································53
nitrification ·············································8
Oxisol ···················································52
pH ·························································7
pH（NaF） ············································95
POM ···················································230
Sergei Winogradskyi ··························183
soil taxonomy ·······································50
Spodosol ··············································52
the environment selects ··············180, 181
throughfall ·············································3
Ultisol ···················································53
Vertisol ·················································52
WRB ····················································50

## 【あ行】

アーキア ·······························151, 157, 177
アーバスキュラー菌根菌 ······················174
亜酸化窒素 ···········································8
亜硝酸酸化 ································183, 188
アナモックス ·······································188
アミノ ·················································220
アミノ酸 ·············································213
アミノ糖 ·······························213, 214, 220
アロフェン ············································94
アンモニア化成 ···································194
アンモニア酸化 ···························183, 188
アンモニア酸化アーキア ··············184, 188
アンモニア酸化バクテリア ···········183, 188
アンモニウム ··········································8
アンモニウム生成 ·······························182
硫黄酸化物 ············································7
イオン交換 ··········································5, 7
遺存土壌 ·············································80
一次鉱物 ·············································21
遺伝子（gene） ···································167
遺伝子の垂直伝播 ······························165
遺伝子の水平伝播 ······························165
イモゴライト含量 ·································94
イライト ···············································25
陰イオン交換容量 ································29
永久凍土 ····························51, 216, 228, 231
栄養要求性 ······························162, 163, 164
塩基性岩 ·············································83
大型土壌動物 ····································115
温暖化効果ガス ······································6

237

# 索　引

## 【か行】

外生菌根菌 ……………………………… 174, 193
外生菌根種 ………………………………………… 193
海洋堆積物 ………………………………………… 208
カオリナイト ……………………………………… 24
化学合成微生物 …………………………………… 161
搔き起こし …………………………………………… 9
核酸抽出 …………………………………………… 169
火山ガラス ……………………………… 84, 88, 89
火山岩 ……………………………………………… 83
化石土壌 …………………………………………… 80
下層植生 ……………………………………………… 9
活性な表面水酸基 ……………………… 91, 93, 94
荷電 ………………………………………………… 5
荷電ゼロ点 ………………………………………… 28
カルサイト ………………………………………… 77
完新世 ……………………………………………… 79
乾性沈着 ……………………………………………… 7
完全硝化 …………………………………………… 186
気候変動 ……………………………………… 6, 144
キチン ……………………………………………… 212
ギブサイト ………………………………………… 25
吸着 ………………………………………… 5, 224
共生 ……………………………………… 152, 193, 195
キレート …………………………………………… 224
菌根菌 ……………………………………………… 37
菌類 ………………………………………… 151, 177
菌類経路 …………………………………………… 117
グライ化 …………………………………………… 49
黒雲母 ……………………………………………… 77
黒ボク土 …………………………………… 229, 230
クロライト ………………………………………… 25
系統的保存性 …………………………… 165, 166
ゲータイト ………………………………………… 26
ゲノム（genome）……………………………… 167
原核生物 …………………………………………… 155
嫌気的アンモニア酸化（アナモックス）… 186
広域テフラ ………………………………………… 86
広域風成塵 ………………………………………… 72
降下テフラ ………………………………………… 85
高荷電スメクタイト ……………………………… 76
交換性 Al …………………………………………… 97
孔隙 ………………………………………………… 4
光合成微生物 ……………………………………… 161

鉱質土壌層 ……………………………… 204, 205
黄土 ………………………………………………… 74
小型土壌動物 ……………………………………… 115
古土壌 ……………………………………………… 80
固有性（endemism）…………………………… 179
根圏 ………………………………………… 36, 117

## 【さ行】

細菌経路 …………………………………………… 117
最終氷期 …………………………………………… 79
最大増殖速度 …………………………… 162, 163, 164
ササ ………………………………………………… 9
里山 ………………………………………………… 10
酸化還元電位 ……………………………………… 190
酸化還元反応 ……………………………………… 189
酸緩衝能 …………………………………………… 7
酸性雨 ……………………………………………… 7
酸性岩 ……………………………………………… 83
酸性障害 …………………………………………… 97
残積土 ……………………………………………… 66
酸素安定同位体比 ………………………………… 74
シーケンサー ……………………………………… 170
脂質 ………………………………………………… 214
湿性沈着 …………………………………………… 7
渋民クラック帯 …………………………………… 81
重金属 …………………………………………… 8, 224
従属栄養微生物 ………………………… 161, 162
硝化 ……………………………………………… 8, 182
硝化菌 ……………………………………………… 8
硝酸 ………………………………………………… 8
硝酸還元 …………………………………………… 189
食物網 ……………………………………………… 117
初生土壌 …………………………………………… 192
白雲母 ……………………………………………… 77
真核生物 ………………………………… 155, 157
進化系統 ………………………………… 154, 164
シングルセルゲノミクス ………………………… 173
侵食 ………………………………………………… 9
深成岩 ……………………………………………… 84
薪炭 ………………………………………………… 10
森林施業 …………………………………………… 9
スメクタイト ……………………………………… 24
生活史戦略 …………………………… 121, 122, 144
生態系改変者 ……………………………………… 115
生物地理 …………………………………………… 178

238

索　引

生物地理パターン ·················· 180, 181
生理生態機能 ·························· 154, 164
施業 ············································· 9
石灰岩 ·········································· 69
セルロース ······························ 211, 218

【た行】

大気汚染 ········································ 7
堆積腐植型 ······························ 108, 110
堆積有機物層 ································· 16
脱重合反応 ·································· 193
脱窒 ··································· 182, 186, 188
ダルシー則 ·································· 42
単位胞 ········································ 77
炭化物 ······································ 103
タンパク質 ································ 213
団粒構造 ····································· 15
置換酸度 ································· 95, 98
地球温暖化 ···································· 6
窒素固定 ···························· 40, 182, 188
窒素固定微生物 ·························· 192
窒素酸化物 ···································· 7
窒素代謝 ··································· 182, 187
窒素沈着 ······································· 7
窒素動態 ··································· 182, 187
中型土壌動物 ································ 115
鉄アルミナ集積作用 ······················ 48
テフラ ········································· 85
電子供与体 ······················· 189, 190, 191
電子受容体 ································· 191
糖 ··············································· 213
同化 ··········································· 182
同形置換 ······································ 76
凍結・融解サイクル ······················· 7
独立栄養性微生物 ············· 161, 162, 192
土壌呼吸 ········································ 6
土壌酸性化 ·································· 46
土壌侵食 ····································· 40
土壌図 ········································· 11
土壌層位 ······································ 15
土壌団粒 ···································· 142
土壌動物 ······································· 4
土壌微生物 ···································· 4
土壌分類 ······································ 11
土壌有機物 ···························· 16, 202

土地利用 ····································· 144
土地利用変化 ································ 10
トランスクリプトーム（transcriptome）···169

【な行】

二次鉱物 ····································· 21
根リター ······································· 3
粘土化作用 ·································· 45
粘土の移動集積 ··························· 45

【は行】

バーミキュライト ························ 25
配位結合 ······································ 89
配位子交換反応 ··························· 29
バイオフィルム ··························· 177
バイオマーカー ················· 209, 230
バクテリア ··················· 151, 157, 177
伐採 ············································· 9
パリ協定 ····································· 104
微細石英 ····································· 75
非晶質鉱物 ·································· 26
微小食物網 ································· 117
微生物食者 ································· 115
微生物バイオマス ······················· 37
ヒドロキシアルミニウムイオン ···· 76, 92
氷河堆積物 ·································· 20
氷晶核 ········································ 78
貧栄養微生物 ····························· 163
フィードバック ············ 110, 112. 139, 228
風化 ············································· 5
風成塵 ········································ 20
富栄養微生物 ····························· 163
フェリハイドライト ····················· 27
フェルシック鉱物 ························ 83
腐植 ········································ 4, 14
腐植食物網 ································· 117
腐植物質 ····································· 86
腐植物質含量 ······························ 94
腐生菌 ········································ 37
不動化 ································· 219, 221
分離・培養 ···················· 152, 172, 173
ヘマタイト ·································· 26
ヘミセルロース ··················· 211, 218
変位荷電 ····································· 27
保水性 ········································· 4

239

# 索　引

ポドゾル化 ……………………………47
ポリメラーゼ連鎖反応（PCR）………170

### 【ま行】

埋没黒ボク土 …………………………229
マフィック鉱物 ………………………83
マンガンペルオキシダーゼ …………44
ムル ……………………………………112
メタゲノム（metagenome）…………167
メタゲノム解析 ……………171, 172, 173
メタトランスクリプトーム（metatranscriptome）…………………………………169
メタトランスクリプトーム解析 ……172
メッセンジャー RNA ………169, 172, 176
毛管張力 ………………………………42
毛管力 …………………………………4
木材 ……………………………………9
モダー …………………………………112
モル ……………………………………110

### 【や行】

有機物 …………………………………2, 4
有機物層 …………………………204, 205
有機物分解 ……………………………136

陽イオン交換容量 …………………28, 217
溶存態有機炭素 ………………………225
溶脱 …………………………………9, 41

### 【ら行】

落葉落枝 ………………………………3
落葉変換者 ……………………………115
ラッカーゼ ……………………………44
リグニン ………………103, 211, 218, 230
リグニンペルオキシダーゼ …………44
リター ………………………………3, 202
リターフォール ………………………3
リター分解 ………………………176, 195
リボソーム DNA ……157, 160, 163, 164, 167
リボソーム RNA ……155, 157, 160, 163, 167
林冠 ……………………………………3
リン酸吸収係数 ………………………94
リン脂質脂肪酸（PLFA）……………214
林内雨 …………………………………3
累積土 …………………………………66
レス ……………………………………74

### 【わ行】

ワジ ……………………………………75

240

*Memorandum*

*Memorandum*

【編者】

柴田英昭（しばた　ひであき）

1996年　北海道大学大学院農学研究科農芸化学専攻博士課程修了
現　在　北海道大学北方生物圏フィールド科学センター　教授，博士（農学）
専　門　生物地球化学，土壌学，生態系生態学
主　著　『森林集水域の物質循環調査法（生態学フィールド調査法シリーズ1）』
　　　　（共立出版，2015），『北海道の森林』（分担執筆，北海道新聞社，2011）

森林科学シリーズ 7
Series in Forest Science 7

森林と土壌
Forest and Soil

2018年3月15日　初版1刷発行

編　者　柴田英昭　©2018
発行者　南條光章
発行所　共立出版株式会社
　　　　〒112-0006
　　　　東京都文京区小日向 4-6-19
　　　　電話　（03）3947-2511（代表）
　　　　振替口座　00110-2-57035
　　　　URL　http://www.kyoritsu-pub.co.jp/

印　刷　精興社
製　本　加藤製本

一般社団法人
自然科学書協会
会員

検印廃止
NDC 650, 653.1, 653.17, 468
ISBN 978-4-320-05823-1

Printed in Japan

JCOPY　＜出版者著作権管理機構委託出版物＞
本書の無断複製は著作権法上での例外を除き禁じられています．複製される場合は，そのつど事前に，出版者著作権管理機構（TEL：03-3513-6969，FAX：03-3513-6979，e-mail：info@jcopy.or.jp）の許諾を得てください．

# Encyclopedia of Ecology
# 生態学事典

編集：巌佐 庸・松本忠夫・菊沢喜八郎・日本生態学会

「生態学」は、多様な生物の生き方、関係のネットワークを理解するマクロ生命科学です。特に近年、関連分野を取り込んで大きく変ぼうを遂げました。またその一方で、地球環境の変化や生物多様性の消失によって人類の生存基盤が危ぶまれるなか、「生態学」の重要性は急速に増してきています。
そのような中、本書は日本生態学会が総力を挙げて編纂したものです。生態学会の内外に、命ある自然界のダイナミックな姿をご覧いただきたいと考えています。

『生態学事典』編者一同

## 7つの大課題

I. 基礎生態学
II. バイオーム・生態系・植生
III. 分類群・生活型
IV. 応用生態学
V. 研究手法
VI. 関連他分野
VII. 人名・教育・国際プロジェクト

のもと、298名の執筆者による678項目の詳細な解説を五十音順に掲載。生態科学・環境科学・生命科学・生物学教育・保全や修復・生物資源管理をはじめ、生物や環境に関わる広い分野の方々にとって必読必携の事典。

A5判・上製本・708頁
定価（本体13,500円＋税）
※価格は変更される場合がございます※

共立出版
http://www.kyoritsu-pub.co.jp/